増補
新版

ウイスキー検定
WHISKY KENTEI
公式テキスト

土屋 守=執筆・監修

小学館

増補新版

ウイスキー検定 WHISKY KENTEI 公式テキスト

contents

カバー：秩父蒸溜所

第3章　アイリッシュウイスキー　*Irish Whiskey*

第4章　アメリカンウイスキー　*American Whiskey*

第5章　カナディアンウイスキー　*Canadian Whisky*

第6章　ジャパニーズウイスキー　*Japanese Whisky*

第7章　ウイスキーの製造工程　*How to make whisky*

第8章　ウイスキーの楽しみ方　*How to enjoy whisky*

この本を読まれる方へ

本書はウイスキー検定の公式テキストの増補新版です。ウイスキー検定は３級、２級、１級の常設級と、不定期で実施されるシングルモルト級（SM級）、ジャパニーズクラフト級（JC級）、バーボン級（BW級）などの特別級があります。３級、２級、特別級はどなたでも受験できますが、１級は、基本的に２級合格者のみが受験できる段階試験となっています。またコロナ禍以降、１級と一部の特別級を除いてすべての試験は在宅でのリモート試験も可能です。

３級、２級の試験はすべて四者択一式で、100 問ずつ（1問1点）。合格の基準は3級が 60 点以上、２級が 70 点以上となっています。１級は五者択一式 80 問と、記述が 20 問となっていて、合格ラインは 80 点です。問題の出題範囲は、３級が主に本書の第１章と第２章、２級が世界の５大ウイスキーすべて（第６章まで）と第８章「ウイスキーの楽しみ方」、そして１級は本書のすべてとなっています。

このテキストは世界の５大ウイスキーすべてを網羅したものとなっていますが、対象が広大であることから、必ずしもすべての銘柄、事柄をカバーしているわけではありません。学習にあたっては巻末の用語解説を活用するとともに、参考図書、特に隔月刊のウイスキー専門誌『ウイスキーガロア（Whisky Galore)』などを参考に、ウイスキーの奥深い世界にふれていただければと思います。

2018 年から 5 年半ぶりとなる今回の増補新版では、世界的なクラフトウイスキー、クラフト蒸留所ブームを受けて、大幅に新規蒸留所のページを増やしました。そういう意味では、検定テキストというにとどまらず、多くのウイスキーファンにとっても最新の事情を知ることができる、格好の書物となっています。

今、世界はかつて経験したことのないようなウイスキーの新時代を迎えています。ウイスキー検定の受験を機会に、多くの方がウイスキーの魅力に触れることを、心から願っています。

2024年4月

ウイスキー文化研究所／ウイスキー検定実行委員会　土屋 守

第1章
WHISKY KENTEI

酒の分類とウイスキーの原料

What is whisky?

　ウイスキーについて学ぶにあたって、まずは「酒の分類」から始めましょう。酒の分類方法はいろいろありますが、原料や製造方法による3分類がいちばん重要です。
　また、ウイスキーは産地や使用する原料によってさらに細かく分類することができます。シングルモルトとバーボンはどう違うのか、世界の5大ウイスキーとは——それらを知ることで、ウイスキーへの理解がぐっと深まります。

1 世界の酒とウイスキー

世界中のあらゆる酒類は「醸造酒」「蒸留酒」「混成酒」の3つに分けられます。それぞれには、次のような違いがあります。

■酒類の分類

醸造酒	ビール、日本酒、黄酒(ホワンチユウ)、紹興酒、マッコリ、ワイン、ペリー、シードル（サイダー）、ミードなど
蒸留酒	ウイスキー、ブランデー、ジン、ウォッカ、ラム、テキーラ、アクアビット、カルヴァドス、グラッパ、キルシュ、シュナップス、焼酎、泡盛、白酒(パイチユウ)など
混成酒	リキュール、ベルモット、梅酒、屠蘇、みりん、酒精強化ワイン、ヴァン・ド・リケール、薬用酒、カクテルなど

【醸造酒】

果実や穀物をそのまま、または糖化させた後に、自然界に存在する酵母の働きによってアルコール発酵させた酒類。発酵酒ともいいます。その歴史は古く、人類が初めて出会った酒が醸造酒です。なお、酵母はアルコール度数が高くなりすぎると活動ができなくなるため、醸造酒の度数は5〜10数%のものが多くなっています。清酒（日本酒）も醸造酒で、多くは15〜16%程度です。

【蒸留酒】

アルコール発酵後、さらに蒸留して造る酒のことです。簡単にいえば、ワインを蒸留したものがブランデーで、ビールを蒸留したものがウイスキーとなります。

醸造酒との一番の違いは、アルコールを含んだ溶液を蒸留することでアルコール度数が高くなる点で、50%を超えるものもあります。アルコール度数5〜10数%の醸造酒に比べて格段に強い酒であることから、酒精・スピリッツ（spirits）とも呼ばれてきました。発祥の地については諸説あり、中近東・ペルシャ地域から中国西部にかけてといわれています。その後、製造法がヨーロッパに伝わり、錬金術と併せて流行し、発達しました。また、インド、東南アジアへも伝播して、アラック、泡盛、焼酎へと進化したのです。アルコール度数が高いということは、腐敗防止、少量で陶酔できる、運搬効率が向上するといったメリットがあります。

蒸留方法には、モロミ（発酵液）をそのつど交換する単式蒸留と、連続投入する連続式蒸留があります。また、保存方法もさまざまです。木樽などに詰めて熟成させるものもあれば、そのまま製品化するものもあります。

【混成酒】

醸造酒や蒸留酒に、植物などの香味や糖分を添加した酒類。または、それらを混合したもの。代表的なものにリキュールがあり、種子や草木、果実、果皮をアルコールに混ぜて蒸留するか、アルコールに浸漬（しんし）させて香味を移すといった方法で、おもに造られています。

日本の伝統調味料「みりん」、梅酒のように果実酒に一定量以上の糖分・ブランデーなどを加えた「甘味（かんみ）果実酒」、アルコール・焼酎・ブドウ糖などの原料を混和させて造る「合成清酒」のほか、薬用酒などの「雑酒」も混成酒です。

2 ウイスキーの定義

ウイスキーは世界中で造られています。そのため、ウイスキーの定義は各国によって違いますが、一般的には次の3つの条件をクリアしていればウイスキーと定義できます。

条件１：**穀物を原料としていること**

原料は大麦、ライ麦、小麦、オート麦、トウモロコシなどの穀物である。

条件２：**糖化・発酵・蒸留を行っていること**

穀類を麦芽などで糖化させ、発酵によってアルコールを生じさせる。そして、そのアルコールを含んだ溶液を蒸留した蒸留酒である。

条件３：**木樽熟成をしていること**

蒸留して得られた液体ニュースピリッツ（new spirits）を木製の樽に貯蔵し熟成させる。ウイスキーの琥珀色は樽材成分が溶出したもので、ジンやウォッカなどホワイトスピリッツに対して、ウイスキーは〝ブラウンスピリッツ〟とも呼ばれる。

以上の条件から、ジンやウォッカは蒸留酒ですが、木樽で熟成させないのでウイスキーとは呼べません。同様に、ブランデーは木樽で熟成させますが、原料が果実（ブドウ）なのでウイスキーには該当しないということになります。

3 世界の5大ウイスキー

世界の5大ウイスキーと呼ばれるウイスキーがあります。スコットランドの「スコッチウイスキー」、アイルランドの「アイリッシュウイスキー」、アメリカの「アメリカンウイスキー」、カナダの「カナディアンウイスキー」、そして、日本の「ジャパニーズウイスキー」がそれです。5大ウイスキーには、それぞれ法的な定義があって、そのなかでさまざまな種類のウイスキーが生産されています。

■世界の 5 大ウイスキー

スコットランド

スコッチウイスキー

●おもな種類／モルトウイスキー、グレーンウイスキー

●特徴／ピートを焚くことで生まれるスモーキーな風味が、ほかにない個性を生む。モルトウイスキーに、グレーンウイスキーを混ぜるブレンデッドが主流。近年は、ひとつの蒸留所で造られたモルトウイスキーだけを瓶詰めした、シングルモルトが人気となっている。

ジョニーウォーカーとカードゥ蒸留所

ジェムソンと新ミドルトン蒸留所

アイルランド

アイリッシュウイスキー

●おもな種類／ポットスチルウイスキー、モルトウイスキー、グレーンウイスキー

●特徴／アイルランドはウイスキー発祥地のひとつ。3 回蒸留を行う製造法が主流だったが、現在はさまざまな製法がある。味わいはすっきりと穏やかで、オイリーさも感じられる。

日本

ジャパニーズウイスキー

●おもな種類／モルトウイスキー、グレーンウイスキー

●特徴／スコッチウイスキーの流れを汲む。風味はスコッチに近く、加えて優美さや繊細さ、軽やかさがある。近年、世界的な酒類品評会でジャパニーズウイスキーが数々の賞を獲得しており、世界中の注目が集まっている。

サントリーオールドと山崎蒸溜所

カナダ

カナディアンウイスキー

●おもな種類／フレーバリングウイスキー、ベースウイスキー

●特徴／軽く、味わいはマイルド。クセがなく飲みやすいため、カクテルのベースにも最適。禁酒法時代にアメリカに輸出をしたのがきっかけで、発展を遂げた。

カナディアンクラブとハイラムウォーカー社

アメリカ

アメリカンウイスキー

●おもな種類／バーボンウイスキー、テネシーウイスキー、コーンウイスキー、ライウイスキー

●特徴／最も有名なのはケンタッキー州などで造られるバーボンウイスキー。バーボン特有の赤銅色と芳しさは、内側を焦がしたオークの新樽で熟成させていることから生まれる。

ジムビームとビーム家6代目ブッカー・ノオの像

4 ウイスキーの原料①　穀物

【穀物】

ウイスキーのおもな原料は、穀物、水、酵母の3つです。このうち、穀物はウイスキーの種類によって細かい規定があります。たとえば、スコッチやジャパニーズのモルトウイスキーには、単なる大麦ではなく、発芽させたものを使います。これをモルト（大麦麦芽）といいます。わざわざ発芽させてから使うのは、そのほうが製造過程で発酵しやすいからなのです。

グレーンウイスキーにはトウモロコシや小麦が使われますが、やはり、モルトが必要となります。一部のウイスキーでは、ライ麦を発芽させたライモルト（ライ麦芽）が使われることもあります。

■ 5大ウイスキーとその原料

生産国	ウイスキーの種類	原料
スコットランド	モルトウイスキー	モルト（大麦麦芽）のみ
	グレーンウイスキー	トウモロコシ、小麦、大麦、モルトなど
アイルランド	ポットスチルウイスキー	モルト、大麦、オート麦など
	モルトウイスキー	モルトのみ
	グレーンウイスキー	トウモロコシ、小麦、大麦、モルトなど
アメリカ	バーボンウイスキー	トウモロコシ51%以上、モルト、ライ麦、小麦など
	ライウイスキー	ライ麦51%以上、モルト、小麦など
	ホイートウイスキー	小麦51%以上、モルト、ライ麦など
	コーンウイスキー	トウモロコシ80%以上、モルトなど
カナダ	フレーバリングウイスキー	ライ麦、トウモロコシ、モルトなど
	ベースウイスキー	トウモロコシ、ライ麦など
日本	モルトウイスキー	モルトのみ
	グレーンウイスキー	トウモロコシ、ライ麦、モルトなど

【大麦の分類】

大麦は小麦、トウモロコシ、米とともに人類が食用とする重要な穀物です。その歴史は古く、人類が利用しはじめたのは1万年ほど前といわれています。大麦は小麦などに比べるとグルテンが少なく粘り気がないため、粉にしても加工しにくいのが特徴です。そのため、食用以外にウイスキー、ビール、焼酎などの酒類や、味噌、醤油などの原料としても使われています。

◎学名：*Hordeum vulgare L.*　大麦
（*Hordeum vulgare L. var. distichon*　二条大麦）
◎英名：barley（バーレイ）

大麦の品種には、二条種と六条種があって、それぞれ特徴が異なります。
◎二条種（二条大麦：two rowed barley）
粒が2列についているのが特徴。スコッチやジャパニーズなどのウイスキー、ビールなどの醸造用の原料となります。通称「ビール麦」。
◎六条種（六条大麦：six rowed barley）
粒が6列あり、上から見ると正六角形に実がなっているように見えます。食用（麦飯・押麦）、麦茶などに利用されるのが一般的ですが、グレーンウイスキーなどで、トウモロコシ、小麦などの糖化用に使われます。

■二条大麦と六条大麦の違い

	二条大麦（ビール麦）	六条大麦
種粒	大きい	二条より小さい
殻皮	薄い	厚い
デンプン	多い	少ない
タンパク質	少ない	多い
エキス分	多い	少ない
酵素力	小さい	大きい
用途	醸造用、麦芽糖、デンプン	食用、デンプン、飼料

このほか、大麦は播種（はしゅ）時期によって、春に種を播いて夏から秋にかけて収穫する春播き（spring barley、春大麦）、秋に種を播いて初夏に収穫する秋播き（winter barley、冬大麦）に分類できます。ウイスキーに用いられるのはおもに春播きです。また、脱穀時に皮が取れないものを皮麦（かわむぎ）、皮と粒がたやすく分離するものを裸麦（はだかむぎ）といい、二条種の大部分は皮麦で、六条種の多くは裸麦です。

【スコットランドにおける大麦】

19世紀以前のスコットランドで知られていた大麦は、ベア種（Bere、粗四条種）、ビッグ種（Big、粗六条種）の2つでした。ベア種は5,000年前からある古代品種といわれています。イングランドでは、アーチャー種（Archer）が長く主流でしたが、1826年（または1825年）にシュバリエ種（Chevalier）が発見され、これが1900年頃まで主要品種となりました。

スコットランド産大麦は、イングランド産に比べて生産量も品質も劣っていましたが、その状況に変化をもたらしたのが、1960年代後半に登場したゴールデンプロミス種（Golden Promise）でした。これはイングランド産に対抗できる品質をもつ画期的な大麦だったのです。以降、品種改良が続けられ、現在では1ヘクタール当たりの収穫量も、大麦1トンから造られるアルコール収量も格段に上がってきています。

■1950年代以降の代表的な大麦品種とその変遷

期間	代表的な品種	アルコール収率（LPA／トン麦芽）
1950〜1968年	ゼファー　Zephyr	370〜380
1968〜1980年	ゴールデンプロミス　Golden Promise	385〜395
1980〜1985年	トライアンフ　Triumph	395〜405
1985〜1990年	カーマルグ　Camargue	405〜410
1990〜2000年	チャリオット　Chariot	410〜420
2000〜2015年	オプティック　Optic	410〜420
2011年〜	コンチェルト　Concerto	410〜420
2018年〜	ロリエット　Laureate	410〜430

※LPA／トン麦芽……1トンの麦芽より得られるアルコールのこと。LPAは100%アルコールに換算した場合の収量（リットル）を表している

【日本における大麦】

二条大麦が日本で初めて栽培された時期については諸説ありますが、1873（明治6）年頃に、北海道の札幌（さっぽろ）醸造所（官営ビール工場）が醸造用品種を欧米から導入して本格栽培がスタートしたとされています。スコットランドのシュバリエ種をはじめとする品種が導入されました。1881年頃には、ゴールデンメロン種（Golden Melon）が、オーストラリアまたはアメリカからもたらされ、全国で栽培されることとなりました。現在の代表的な品種にはニシノチカラ、ミカモゴールデン、あまぎ二条、はるな二条、みょうぎ二条、サチホゴールデンなどがあります。ただし、国産の二条大麦はほとんどがビール醸造用で、ウイスキー用は輸入に頼ってきました。現在日本

各地にクラフト蒸留所が相次いで誕生していますが、そこでは国産、あるいはその地域で取れる国産大麦を使うケースも増えています。金子ゴールデンやスカイゴールデン、彩の星、りょうふう、小春二条などが知られています。

【小麦】

小麦は、1万2,000年以上も前から食用として利用されてきました。この小麦を加えることで、ウイスキーはよりマイルドな風味とソフトな舌触りが得られるといいます。スコットランドで製造されるグレーンウイスキーは、現在トウモロコシに代わって小麦が主要原料となっています。

【トウモロコシ】

トウモロコシは北米原産といわれ、デントコーン、ポップコーン、スイートコーン、フリントコーンの4種類に大別できます。このうち、ウイスキーに使われるのはデントコーンです。ポップコーンはその名の通りポップコーンの原料、スイートコーンは食用、フリントコーンは家畜の飼料および工業用がおもな用途です。

【ライ麦】

アメリカンウイスキーおよびカナディアンウイスキーにとって、なくてはならない穀物がライ麦です。ライ麦を使用することで、ウイスキーにはライ由来のスパイシーでドライ、オイリーなフレーバーが加わるといいます。なお、現在ライ麦のほとんどはヨーロッパで栽培されています。

【そのほか】

日本人の主食である米も、ウイスキー原料のひとつです。日本でも、かつてキリン・シーグラム社（当時）がライスウイスキーを発売しています（1994年、静岡県限定販売)。このほか、アワ、キビ、オート麦、ソバ、キヌアなどの穀類でウイスキーを実験的に造っている蒸留所もあります。キヌアはアメリカのNASAが21世紀の宇宙食と絶賛する穀物で、南米ボリビアが原産国。アメリカのクラフトディスティラリーが、すでにこのキヌアを原料にウイスキーを造っています。

5 ウイスキーの原料② 酵母

酵母(イースト菌)は微生物の一種です。何千という種類が存在しますが、酒造りや製パンなどに利用される酵母は、分類上すべて、サッカロミセス・セレビシエ(*Saccharomyces cerevisiae*)になります。自然界に存在する酵母を野生酵母(ワイルドイースト)、人工的に純粋培養された酵母を培養酵母といいます。

酵母は、酸素のない環境において糖分を炭酸ガスとアルコールに分解します。この働きを利用してアルコール発酵を行うのが酒造りです。発酵の過程で、アルコールに香りを与える香気成分も生み出されます。酵母の種類によって香気成分に違いが生じるため、酵母を使い分けることで、酒の性質をコントロールすることが可能となるのです。

【代表的な酵母の種類】

◎ディスティラリー酵母(蒸留酒酵母) *distiller's yeast*

蒸留酒製造所において、穀物、ジャガイモ、果実などの発酵液中に増殖する酵母です。1950年代にウイスキー造りの特性にあわせて開発されました。蒸留に使用される材料の種類によって、酵母の香りが異なります。ペースト状、リキッド状(液状)のほか、顆粒状のドライイーストなどがあります。

◎ブリュワーズ酵母(ビール酵母・エール酵母) *brewer's yeast(ale yeast)*

ビールの発酵に利用される酵母です。発酵の最終段階で発酵液の表面に浮かんでくる上面発酵酵母(top yeast)と、発酵の末期に沈降する下面発酵酵母(bottom yeast)の2つがあります。ホップの苦味、およびビールの香りをもつ黄褐色のペースト状、または固体状で提供されます。

◎ベーカー酵母(パン酵母) *baker's yeast*

パン造りに利用される酵母です。ほかの酵母に比べて強い発酵力をもっています。これは、発酵の過程で生じる炭酸ガスで生地を膨らませる必要があるためです。

酵母にはほかに、清酒酵母、焼酎酵母、泡盛酵母、ワイン酵母、アルコール酵母、醤油酵母、飼料酵母、石油酵母などがあります。スコッチではアフリカのポンベ酵母（Pombe yeast）を使った例があります。ポンベ酒はミレット（雑穀）などから造られるビール状の醸造酒で、一般的な酵母が出芽酵母であるのに対して、ポンベ酵母は分裂酵母、シゾサッカロミセス・ポンベ（*Schizosaccharomyces pombe*）に分類されます。

【ウイスキー造りに関する酵母】

ウイスキー造りには、ディスティラリー酵母とブリュワーズ酵母のいずれか、または両方を混合して用います。スコッチウイスキーでは、もともとブリュワーズ酵母が使われていました。ウイスキーの原料はビールと同じ麦芽であり、また、ウイスキー産業以前にビール産業が興っていたため、ブリュワーズ酵母が利用されていたのです。

しかし、1950年代にディスティラリー酵母が開発されると、入手方法、管理が容易なことから、こちらが主流となりました。現在、ブリュワーズ酵母を使っているところは、スコッチではほとんどありません。英国には、ケリーとマウリという巨大な酵母会社があり、この2社がほぼすべてのスコッチの蒸留所に酵母を供給しています。ペーストやリキッド、ドライなどの形状があり、それぞれの蒸留所は求める酒質によって、それらを使い分けています。

酵母がウイスキーの風味に与える影響については、各製造元によって考え方はかなり異なります。そのなかで、酵母の研究や品質管理に力を注いでいるのが日本とアメリカです。特に、ビールを自社または関連会社で造っている製造元が多い日本は、酵母の研究・管理の分野はかなり進んでいます。

たとえばサントリーの場合、約3,000種類の酵母を保有し、そのうちウイスキー醸造に好ましい約200種類の酵母の中から、製品に合わせて複数の酵母を使い分けているのです。

スコッチのプルトニー蒸留所が使っているのはドライイースト。

■酵母の種類と特性

	ディスティラリー酵母	ブリュワーズ酵母
特徴	1950年代に開発された培養酵母	ビール工場から出る余剰酵母
発酵時間	短い	長い
発酵能力	高い	低い（他の酒類よりは強い）
アルコール収率	高い	低い
香味の特徴	クリーン、エステリーな香味	芳醇な香味

6 ウイスキーの原料③　水

水も、ウイスキーの重要な原料のひとつです。製麦から糖化、樽詰めといった一連の製造工程で用いられる水は「仕込水」（process water／mother water）と呼ばれ、酒質や風味、香りを大きく左右します。そのため、ほとんどの蒸留所では化学的処理を施した水道水ではなく、天然水を使用しています。良質な天然水を豊富に得られるかどうかが、蒸留所の立地を決める重要なポイントになります。過去には、水源が枯れたため閉鎖した蒸留所もあるくらいです。

【仕込水の硬度】

雨水が地中へ浸透する際、地層の質や浸透の速度によって、その水に含まれるミネラル（マグネシウム、カルシウムなど）の種類や量が決まるといわれています。このミネラルのバランスが、水の味や飲み口を決める要素となります。ミネラルの多寡を表す指標を「硬度」といい、日本・アメリカなどでは、下記の計算式で硬度を算出しています。

◎計算式　硬度＝(カルシウム量×2.5)＋(マグネシウム量×4.1)
◎単位　mg/ℓ……アメリカや日本では1mg/ℓを1度としている

日本では習慣的に100度未満を軟水、100度以上300度未満を中硬水、300度以上を硬水としています。次の表は、日本で市販されているおもなミネラルウォーターの種類と硬度です。

カルシウム、マグネシウム、亜鉛等は酵母の増殖に必須なミネラルですが、酒造りにおいては、原料の穀物成分を抽出する力が大きい軟水が適しているとされています。そのため、多くの蒸留所は軟水を使用していますが、なかには硬水を使用しているところもあり、硬軟どちらがよいかは一概にはいえません。

■市販のミネラルウォーターの硬度

区分	硬度	銘柄
軟水 0〜100度未満	1	アイスエイジ(加)
	23	月山自然水(山形)
	28	バナチュラ 富士山天然水(山梨)
	30	サントリー天然水 南アルプス(山梨)
	38	クリスタルガイザー(米)
	40	アサヒおいしい水 天然水六甲(兵庫)
	60	ボルヴィック(仏)
中硬水 100〜300度未満	102	ティナント(威)
	143	ハイランドスプリング(蘇)
	177	バルヴェール(白)
	249	ヒルドン(英)
	290	パラディーゾ(伊)
硬水 300度以上	304	エビアン(仏)
	400	ペリエ(仏)
	674	サンペレグリノ(伊)
	768	ヴィッテル(仏)
	1158	シャテルドン(仏)
	1310	ゲロルシュタイナー(独)
	1468	コントレックス(仏)

米=アメリカ、仏=フランス、英=イングランド、独=ドイツ、蘇=スコットランド、威=ウェールズ、白=ベルギー、伊=イタリア、加=カナダ　※硬度は「水広場」HPの値を基準としている

■仕込水とその硬度

国	蒸留所名	仕込水	硬軟
スコットランド	グレンモーレンジィ	ターロギー、ケルピーの泉	中硬水
	アードベッグ	ウーガダール湖、アリナムビースト湖	軟水
	ハイランドパーク	クランティットの泉	中硬水
アメリカ	フォアローゼズ	ソルトリバー上流の泉	硬水
	ジャックダニエル	ケーブスプリング	硬水
日本	サントリー山崎	天王山水系の湧水	軟水
	サントリー白州	南アルプス甲斐駒ヶ岳の伏流水	軟水
	ニッカ余市	余市川の伏流水	軟水
	ニッカ宮城峡	新川の伏流水	軟水
	キリン富士御殿場	富士山の伏流水	軟水

※中硬水は日本の習慣的硬度区分による

【pH値】

ペーハー値（またはピーエイチ値）は、液体の水素イオン濃度を表す数値で、0〜14の範囲で示されます。7を基準の中性とし、これより値が小さければ酸性が強く、大きければアルカリ性が強いことを示します。酸性のものにはすっぱい酸味が、アルカリ性のものには苦味、もしくはアクのような舌を刺激する味と、石鹸のようなぬるぬるとした感触があります。

ウイスキーの製造では、国内主要メーカーの場合はpH6.8〜7.8程度の仕込水が

使われていて、ほとんどが中性に近いものか、弱酸性または弱アルカリ性となっています。ただし、できあがったウイスキー製品自体は酸性となります（酸性度が強い製品でpH3程度）。

■酸性、アルカリ性とその例

◎酸性……胃液1.5〜2、レモン汁2〜3、食酢3程度、ワイン3〜4、ビール・コーヒー5程度
◎アルカリ性……血液7.4、涙8.2、海水8.4、石鹸液10〜11、石灰水12程度

Chaser 1

ブレンデッドウイスキーの考案者

アンドリュー・アッシャーはブレンデッドウイスキーを最初に考案した人物といわれ、いわばスコッチの今日の隆盛を築いた、最大の功労者のひとりです。

アッシャー家の出身はスコットランドのボーダーズ地方で、1813年に父アンドリュー（同姓同名）がエジンバラでワイン・スピリッツ商を始めました。同社は1820年代からジョージ・スミスのグレンリベットを扱うようになり、1840年代に独占販売権を手に入れています。その後1853年に息子のアンドリュー・アッシャー（アンドリュー2世）が考案したのが、スコッチ初のブレンデッドウイスキーといわれています。じつは母マーガレットは、リキュールなどのブレンドのエキスパートで、そこからヒントを得て、ウイスキーのブレンドを思いついたのだといいます。

彼が考案したブレンデッドは今日のそれとは違い、熟成年数の異なるグレンリベットのモルト原酒同士を混合（ヴァッティング）した、いわゆるヴァッテッドモルトでした。このウイスキーは「アッシャーズ・オールド・ヴァッテッド・グレンリベット」と名付けられ、たちまち大評判となりました。当時ウイスキーは酒屋の店頭で量り売りされるのが一般的であったため、毎回味が違い、品質にバラつきがありました。複数の樽を混ぜることでバラつきをなくし、品質も一定に保つことができた意義は大きいといえます。人々は安心して買い求めることができ、それゆえに人気を博しました。当時の法律では、モルトとグレーンをブレンドすることは禁止されていましたが、その後、1860年の酒税法改正によりこれが可能になりました。モルト同士のヴァッティングでブレンドの技術を磨いていたアンドリュー2世は、すぐさまこの新しいブレンドに挑戦し、今日のようなブレンデッドスコッチを完成させたのです。

第2章
WHISKY KENTEI

スコッチウイスキー
Scotch Whisky

世界のウイスキーの中で、〝蒸留酒の王様〟〝ウイスキーの代名詞〟といわれるのが、スコッチウイスキー。スコッチが全消費量の5割近くを占めています。

スコッチにはどんな種類があるのか、今話題のシングルモルトとは。スコッチが造られるスコットランドの風土や、モルトの生産地区分、ブレンデッドスコッチ、ボトラーズなどを、ボトル写真とともに解説。知れば知るほど面白いのが、スコッチの世界です。

1 スコットランドについて

【概要】

面積…約7万9,000㎢

人口…約550万人

住民…ケルト系、アングロサクソン系

首都…エジンバラ（人口約53万人）

主要都市…グラスゴー（約64万人）、アバディーン（約20万人）、インバネス（約5万人）

元首…チャールズ国王（チャールズ3世）

通貨…ポンド

国花…アザミ

守護聖人…聖アンドリュー

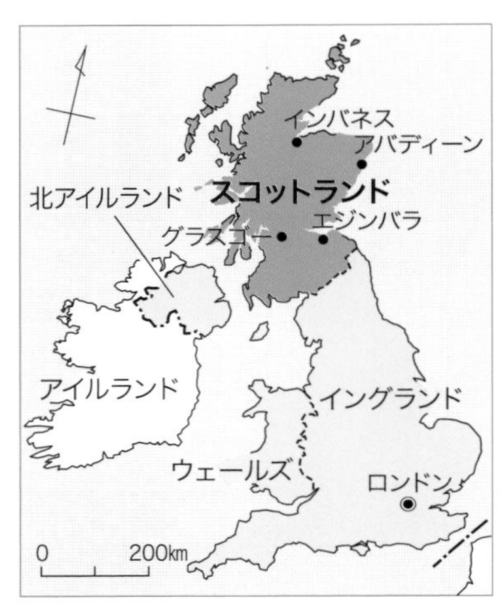

【地理・気候】

スコットランドはグレートブリテン島の北約3分の1と、ヘブリディーズ諸島、オークニー諸島、シェットランド諸島などの島々で構成されます。緯度は本島で北緯54度40分から58度40分と日本の稚内（わつかない）（北緯45度25分）よりはるかに北に位置します。

海流の影響で、西岸と東岸で気候は異なります。西岸はメキシコ湾流（暖流）と偏西風の影響をうけた海洋性気候で、高緯度のわりに穏やかです。夏は涼しく（15℃程度）、冬も氷点下を下回ることはほとんどなく、年間を通じて平均的に降水があります。それに対して東岸は北海の影響をうけるため西岸より寒冷で、雨も少なめです。そのため日照時間が長く、大麦などの生育には適しているといわれています。

地理的には、南北で違いがあり、北部（ハイランド）は山岳地帯で海岸部はフィヨルド地形など険しい土地柄ですが、南部（ローランド）は北部に比べると平坦な丘陵地帯が多く、人口および商業の中心地は南部に集中しています。エジンバラ、グラスゴー、パースを結ぶ三角地帯で人口の約8割を占めています。

エジンバラ以南のローランド地方も南部高地と呼ばれる起伏に富んだ地形で、やがてイングランドとの境界線に至ります。なお、紀元2世紀はじめに造られたローマ皇帝ハドリアヌスの長城（世界遺産に登録）は、北海側のニューカッスル・アポン・タインから、西海岸ソルウェイ湾沿いのカーライルまでの約120㎞を結ぶ軍事的な防御壁で、現在のスコットランドとイングランドの境界線を定めるのに影響を与えたとされています。

【政治・産業】

スコットランドは英国（United Kingdom）を構成する独自の文化・歴史をもつ独立した4地域（イングランド、スコットランド、ウェールズ、北アイルランド）のひとつで、人口・面積はイングランドに次ぐ規模です。1707年にイングランドに併合されましたが、1999年にスコットランド自治議会が復活し、英国全般に関する法律、軍事・外交以外の立法権を復活させました。2014年秋に独立の是非を問う国民投票が実施されましたが、反対票が賛成票をわずかに上回り、300年ぶりの独立はなりませんでした。

18世紀の産業革命に際しては中心的な役割を果たし、石炭・機械・造船・繊維産業が盛んでしたが、1970年以降は北海油田の開発で、アバディーンを中心に石油産業が成長しました。現在はそれに加えて半導体や情報産業、バイオ産業も成長の一途を辿っています。

スコットランド独自の文化のひとつがキルトとバグパイプ。

エジンバラ城とホリールードパレスを結ぶ1マイルの道が通称ロイヤルマイルで、現在、世界遺産に登録されている。

2 スコッチウイスキーの定義

スコッチウイスキーは〝地理的呼称〟が認められたウイスキーで、「スコットランドで蒸留・熟成されたウイスキー」がスコッチウイスキーのおおまかな定義ですが、英国の法律ではさらに細かく、次のように定められています。

・水とイースト菌と大麦の麦芽のみを原料とする（麦芽以外の穀物の使用も可）
・スコットランドの蒸留所で糖化、発酵、蒸留を行う
・アルコール度数94.8%以下で蒸留
・容量700ℓ以下のオーク樽に詰める
・スコットランド国内の保税倉庫で3年以上熟成させる
・水と（色調整のための）プレーンカラメル以外の添加は認めない
・最低瓶詰めアルコール度数は40%

仕込みから発酵、蒸留、熟成まではスコットランド国内で行わなければなりませんが、瓶詰めに関しては、シングルモルト以外はスコットランド国外でも認められています。ただし現在は樽や木製容器でのスコッチの輸出は禁止されていますし、同じ英国でも北アイルランドやイングランド、ウェールズで造られたウイスキーをスコッチと呼ぶことはできません。

3 スコッチウイスキーの分類

スコッチウイスキーは、原料と製法の違いから、「モルトウイスキー」と「グレーンウイスキー」の2つに大別されます。モルトウイスキーは、大麦麦芽（モルト）のみを使い、単式蒸留器（ポットスチル）で2回もしくは3回蒸留したもので、原料や仕込み、製造工程由来の香味成分が豊富で、独特の個性があり、〝ラウドスピリッツ〟とも呼ばれています。

それに対してグレーンウイスキーは、トウモロコシや小麦など大麦以外の穀物（グレーン）を主原料に連続式蒸留機で蒸留したものです。モルトウイスキーに比べてアルコール度数が高く、穏やかでクリーンな酒質から〝サイレントスピリッツ〟とも呼ばれています。

製品としてみた場合、スコッチウイスキーにはブレンデッドウイスキー、ブレンデッドモルト、ブレンデッドグレーン、シングルモルト、シングルグレーンの5つの種類があります。

ブレンデッドウイスキーは数種類から数十種類のモルトウイスキーとグレーンウイスキーを混和（ブレンド）したもので、19世紀半ばに誕生しました。現在でも世界で飲まれるスコッチウイスキーの8割近くはブレンデッドです。

ブレンデッドモルトはグレーンウイスキーを使わずに複数蒸留所のモルトウイスキーのみを混和したもので、ブレンデッドグレーンは複数蒸留所のグレーンウイスキーを混和したものです。かつてはヴァッテッドモルト、ヴァッテッドグレーンという言い方もありましたが、現在はブレンデッドモルト、ブレンデッドグレーンに統一されています。

シングルモルトとシングルグレーンは共に、他の蒸留所のモルトやグレーンを混ぜず、単一の蒸留所で造られるモルトウイスキー、グレーンウイスキーのみを瓶詰めしたもので、シングルとは「単一の蒸留所」を意味しています。シングルモルトのバリエーションとしては、ひとつの樽からの原酒のみを瓶詰めしたシングルカスク（カスクは樽の意）などもあります。

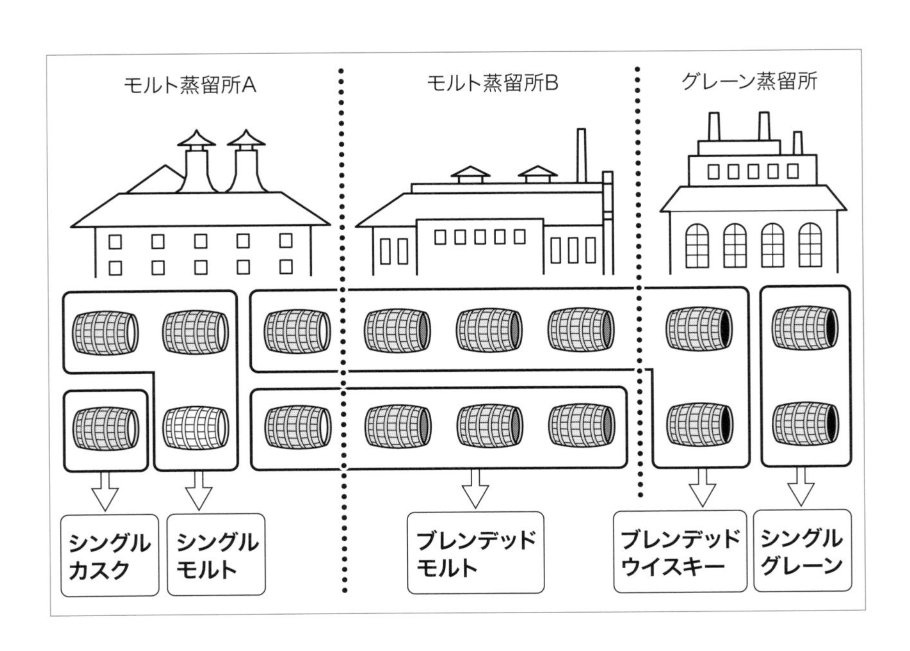

4 スコッチモルトウイスキーの製造

スコッチのモルトウイスキーの製造について、その概略を①製麦、②糖化、③発酵、④蒸留、⑤熟成、⑥瓶詰めの順に説明します。

①製麦／モルティング —— *malting*

大麦は大別して二条大麦と六条大麦の2つがありますが、スコッチのモルトウイスキーで使用するのはおもに二条大麦です。それも、デンプンが多くタンパク質や窒素の含有量が少ない品種が選ばれます。種子に含まれるデンプンは、そのままでは発酵させることができないため、これを糖（ブドウ糖、麦芽糖など）に変える必要があります。大麦を2～3日水に浸けておくと発芽が始まります。このときに生成される酵素が、デンプンを糖に変える働きをします。大麦を水に浸ける浸麦槽のことをスティープといい、このときに使用する水がいわゆる仕込水です。

伝統的なやり方では、この大麦をコンクリートの床に広げ、発芽が均一に進行するよう、木製のシャベルや機械によって攪拌（かくはん）を繰り返します。この作業をフロアモルティングといい、麦芽づくりをする職人をモルトマンといいます。季節や大麦の種類によって日数が異なりますが、およそ6～7日、殻の中の芽が麦粒の8分の5くらいの長さになったところで発芽の進行を止めます。そうしないとウイスキーの原料となる糖分が逆に失われてしまいます。発芽の進行は、乾燥させて発芽に必要な水分を取り除けば止まります。この作業を行うのが、キルンと呼ばれる乾燥塔です。

キルンの床は麦粒が落ちないように細かいメッシュ（簀の子状）になっていて、その下でピート（泥炭）や無煙炭などを焚きます。もともとスコットランドでは燃料といえばピー

ラフロイグ蒸留所のフロアモルティング。コンクリートのフロアが4面ある。

ダラスドゥー蒸留所のキルン。現在は博物館になっていて、内部の見学が可能だ。

トしかなく、かつては麦芽の乾燥にピートだけを焚いていました。スコッチ独特のスモーキーフレーバーは、このピートの燻蒸によるものです。収穫直後の大麦の含水率は16～20%程度ですが、浸麦後には45%に高められます。この水分を含んだ大麦をグリーンモルトといいます。これを乾燥させて4～5%程度まで水分を落としたものが麦芽、すなわちモルトです。以上が伝統的なフロアモルティングですが、現在ではこれを行う蒸留所はほとんどなく、モルトスターと呼ばれる専門の製麦会社から仕入れるのが一般的です。代表的なモルトスターは、シンプソンズ、ベアード、クリスプなどです。

②糖化／マッシング —— *mashing*

乾燥が終了した麦芽はゴミや小石を取り除いて、モルトミルという機械で粉砕します。この粉砕麦芽がグリストで、グリストはマッシュタン（糖化槽）と呼ばれる大きな金属の器の中に移されます。マッシュタンはステンレス製で蓋の付いたものが主流ですが、なかには鋳鉄製で蓋のないオープンスタイルのものもあります。グリストに約67～70℃のお湯が加えられ、ゆっくりと攪拌されます。そうすることによって発酵に必要な糖液を抽出するのですが、この作業のことをマッシングといいます。加えるお湯の回数は通常3回から4回。そのたびにお湯の温度を上げていきます。このときに使用される水（お湯）も蒸留所の仕込水です。こうして得られた糖液（麦汁）をワート、あるいはウォートといいます。糖液を抽出した後の搾りカス（麦芽粕）はドラフと呼ばれ、こちらは家畜の飼料などに再利用されます。

ボウモア蒸留所のマッシュタン。一度に8トンの麦芽を仕込むことができる。

③発酵／ファーメンテーション —— *fermentation*

糖液はヒートエクスチェンジャーという熱交換装置を使って20℃前後に冷却されます。そしてウォッシュバック（発酵槽）と呼ばれる巨大な桶に移され、これに酵母（イースト菌）を加えて発酵を行います。20℃前後に冷却するのは、高温だと酵母が死んでしまうためです。蒸留所によってステンレス製のウォッシュバックを使用するところと、伝統的な木製の桶を使用するところに分かれます。木桶ではダグラスファーやオレゴンパインなどがおもな材質で、ステンレスか木製かによっても、できあがるウイスキーの風味は変わってきます。ウォッシュバックのサイズは蒸留所によってまちまちですが、だいたい1万ℓから10万ℓくらいまでの容量があります。

酵母は糖を食べて（資化して）、それをアルコールと炭酸ガスに分解します。ウォッシュバックには重い木製の蓋をかぶせてありますが、ときにはガスの勢いでそれが噴き飛ばされることもあります。そのため、蓋の下部にはスイッチャーという泡切り装置が付いています。発酵は通常2〜4日で終了し、アルコール度数7〜9%の発酵液（モロミ）ができあがります。このモロミのことを英語ではウォッシュといいます。

北欧産カラ松材でできているスプリングバンク蒸留所のウォッシュバック。

グレンファークラス蒸留所のウォッシュバックは、ステンレス製。

④蒸留／ディスティレーション —— *distillation*

続いて蒸留が行われます。モルトウイスキーの場合、ポットスチルと呼ばれる銅製の単式蒸留器が使われますが、蒸留所によって形、大きさが異なり、ひとつとして同じものはありません。スチルの上部が白鳥の首のように優美な曲線を描いていることから、一般的にスワンネックと呼ばれますが、細かく見ていくとストレートヘッド、ランタンヘッド、ボール（バルジ）、T字シェイプ、オニオンシェイプなどいくつかのパターンがあり、この差異が、モルトウイスキーの個性の違いに寄与しているといわれます。

スコッチではいくつかの例外を除いて、2

グレンドロナック蒸留所のポットスチル。2005年まで石炭直火焚き蒸留を行っていた。

回蒸留が基本です。1回目の蒸留を行うスチルをウォッシュスチル（初留釜）、2回目のそれをスピリッツスチル（再留釜）、あるいはローワインスチルと呼んで区別しています。蒸留は水とアルコールの沸点の違いを利用して水とアルコールを分離させることです。アルコールの沸点は1気圧のもとでは約78.3℃と水より低いので、モロミを熱するとアルコールが先に気化して出てきます。

まず、モロミが初留釜に移されて1回目の蒸留が行われます。スチルを加熱する方法には2通りあり、ひとつは伝統的な直火焚きで、石炭もしくはガスを使います。もうひとつはスチームのパイプを蒸留釜の中に通す方法で、スチームコイルやスチームケトルなどの形状があります。直火焚きに比べて焦げつく心配もなく、内部の清掃も楽なことから、現在はこちらが主流となっています。いずれにしろ、気化したアルコールは蒸留釜の首の部分からパイプ状のラインアームを通りコンデンサー（冷却装置）に運ばれ、そこで冷却されて再び液化します。こうして得られた初留液をローワインといいます。通常1回の蒸留でアルコール度数は約3倍に高められますので、ローワインは度数22〜25%程度の蒸留酒になるわけです。

スピリッツセイフでアルコールの品質をチェックする、ブナハーブン蒸留所のスチルマン。

次に、これを再留釜に移して2回目の蒸留を行います。蒸留のやり方は1回目と変わりませんが、スピリッツセイフと呼ばれるガラス箱の中でミドルカットという作業を行うのが大きな違いです。コンデンサーを通って液化されたアルコールが、このセイフの中を通る仕組みになっていて、アルコールは3つの部分に分けられます。

最初に出てくる液体をフォアショッツあるいはヘッズ、中間をミドルあるいはハーツ、最後の部分をフェインツ、テールと呼んで区別しています。フォアショッツ、フェインツはアルコール度数が高すぎたり低すぎたり、あるいは不快な香気成分が混入しているため、この部分はカットします。これをミドルカットといい、熟成に回すのは中間の部分、ハーツだけです。ミドルカットの作業は人の手によって行われていて、スチルマンと呼ばれる蒸留職人の技術と経験が要求されます。ミドルカットの幅（長さ）は蒸留所によって差がありますが、通常その量は再留釜に張りこんだ量の20〜30%くらいとされています。

こうして取り出されたスピリッツは、スピリッツレシーバーと呼ばれるタンクにいったんためられます。それ以外のフォアショッツ、フェインツは次回のローワインに混ぜられ、再び蒸留されることになります。冷却装置は現在シェル&チューブというコンデンサーが主流となっていますが、なかには昔ながらのワームタブを使用するところもあります。ワームタブというのは水を張った巨大な桶で、中に蛇管（ワーム）が通っています。広いスペースと大量の冷水を必要としますが、香味が豊かで、重めの酒質になるといいます。

タリスカー蒸留所の伝統的な屋外ワームタブ。これは初留釜のもの。

なお、オーヘントッシャンのように3回蒸留を行っている蒸留所もあります。3回蒸留では初留・再留の間に後留（中留）を行います。

⑤熟成／マチュレーション —— *maturation*

2回の蒸留を終えてできあがった酒は、無色透明の蒸留酒ですが、この段階ではまだウイスキーと呼ぶことはできません。スコッチでは最低3年の熟成が義務づけられているため、この熟成前の無色透明の酒をニューポット、ニュースピリッツといって、ウイスキーと区別しています。

タリバーディン蒸留所のウエアハウス。鉄製の巨大な棚に樽を並べていくラック式だ。

このスピリッツを樽に詰めて寝かせるのが熟成ですが、そのままの状態で詰めるわけではありません。できたてのスピリッツはアルコール度数が70～72%程度あります。これに水を加えて、度数を63%前後に落としてから樽に詰めます。そのほうが樽材成分が溶出しやすいからです。

樽はオーク（oak）でできています。オークはブナ科コナラ属の広葉樹、ブナやナラなどの総称で全世界に300種以上あるといいます。しかしスコッチの熟成に使用されるのは、アメリカンホワイトオーク（学名クエルクス・アルバ）やスパニッシュオーク、ヨーロピアンオークと呼ばれるコモンオーク（学名クエルクス・ロブール）など、ごく限られた種類です。前者はバーボンの熟成に使われるオークで、後者はヨーロッパに多く見られます。そのほかポート樽やワイン樽など様々な樽があり、さらに容量・サイズもバレル、ホグスヘッド、バットなどさまざまです。使用した樽によっても、できあがるモルトウイスキーの個性は、違ったものになります。

スピリッツを詰めた樽はウエアハウスと呼ばれる熟成庫に運ばれ、そこで長い眠りにつきます。ウエアハウスは保税倉庫と呼ばれることもありますが、それはウエアハウス内は免税になっているからです。蒸留釜から流れ出した瞬間から、その酒は課税の対象となっているため、蒸留所の職人でも、保税官の立ち会いなくしては、一滴の酒も飲んではいけないことになっています。

⑥瓶詰め／ボトリング——*bottling*

熟成の完了した樽はいったんすべてタンクに集められ、混合されます。これは熟成場所（倉庫の建設位置、倉庫内の樽の位置、ラックの段数など）によって、ウイスキーの風味が違ってくるためです。もちろん樽そのものの個性によっても味が変わってきます。そのため、複数の樽をヴァッティング（混合）して、そのブランドとして必要な風味をつくり出すことが不可欠となるのです。

エドリントングループの瓶詰工場。

さらにこのままではアルコール度数が高すぎるため、加水して40〜46%に落とし、そのうえで瓶詰めを行います。かつて輸出用は43%でしたが、現在はEU規格の40%が一般的となっています。

このときに加える水は蒸留所の仕込水である必要はありません。蒸留所内に瓶詰め設備を持つスプリングバンクやブルックラディ、グレングラントなどは仕込水と同じ水を使用していますが、大部分は瓶詰工場内の水を使用しています。ただし、これは不純物などを取り除いたピュアな精製水です。

ボトリングに際しては一般的に冷却濾過（チルドフィルター）を行いますが、最近は冷却濾過を行わないノンチルフィルタード（ノンチル）、アンチルフィルタードを売りにしている製品も多く見かけます。また加水を一切行わないものは、カスクストレングスと呼ばれます。

5 モルトウイスキーの生産地区分

【生産地区分とは】

スコットランド全土で稼働しているモルトウイスキー蒸留所は、2024年2月現在、計画中のものも含めると約200カ所近くありますが、これらは生産地区によって6つに分類されます。❶ハイランド、❷スペイサイド、❸アイラ、❹アイランズ、❺ローランド、❻キャンベルタウンの6つで、そのなかでも「スコッチの聖地」と呼ばれるのがアイラとスペイサイドです。

❶ ハイランドモルト *Highland Malt*

スコットランドはもともと、文化的にも民族的にも異なるハイランドとローランドの2つの地域から構成されていました。北のハイランドはケルト民族のピクト族やゲール族（スコット族）、南のローランドはブリトン族（ケルトの一派）やアングル族（ゲルマン）、デーン族（ノルマン）などが支配してきました。キルトやバグパイプ、クラン制度などといったスコットランド独自の文化は、もともとハイランド地方の伝統文化だったといいます。ハイランドとローランドは、造られるウイスキーも、古くからその性格を異にしていました。両者を分ける境界線は、必ずしも文化的・行政的区画と一致するものではなく、また歴史的に変動もありましたが、現在は東のダンディー（Dundee）と西のグリーノック（Greenock）を結ぶ想定線の北をハイランド、南をローランドと分類しています。スペイサイドモルトもかつてはハイランドに含まれていましたが、今日ではスペイサイドは独立した生産地区分とするのが一般的です。

現在ハイランドモルトに分類されるのは、準備中の蒸留所も含めて約60蒸留所となっています。ただしハイランドは広範囲にわたるため、東西南北に区分することもあります。現存する最古の蒸留所グレンタレット（1763年創業）もハイランドに所在します。

❷ スペイサイドモルト *Speyside Malt*

ハイランド地方北東部を流れるスペイ川流域で造られるモルトウイスキーが、スペイサイドモルトです。このスペイ川はスコッチウイスキーの故郷としてはもちろんですが、サーモンフィッシングの聖地としても広く知られています。

スペイサイドには、モルトウイスキー蒸留所のうち、50以上の蒸留所が集中しています。スコッチのモルトウイスキーのなかで最も華やかで、バランスに優れた銘酒が揃っています。風味ではアイラモルトと対極にありますが、どちらもスコッチの聖地として名声が高く、ブレンデッドウイスキーには欠かせない原酒となっています。

スペイサイドは、さらに細かく8つの地域に分けられます。フォレス地区、エルギン地区、キース地区、バッキー地区、ローゼス地区、ダフタウン地区、リベット地区、スペイ川中・下流地域の8カ所です（54ページの地図参照）。そのなかで最も有名なのがダフタウン地区で、「ローマは7つの丘から成るが、ダフタウンは7つの蒸留所から成る（hillとstillで韻を踏んでいる）」と自慢するほど、蒸留所が集中しています。またリベット地区には、この地域の味わいの特徴を代表する、有名なザ・グレンリベットがあります。スペイ川中・下流域には、マッカランをはじめとする15以上の蒸留所がひしめいています。

マッカラン蒸留所のすぐそばを流れるスペイ川。

❸ アイラモルト *Islay Malt*

スコットランドの西岸に連なる島々をヘブリディーズ諸島といいます。そのヘブリディーズ諸島の最南端のアイラ島で造られるウイスキーがアイラモルトで、独特のスモーキーさ、ヨード臭、ピート香で有名です。アイラ島は面積約620㎢と、日本の淡路島（約592㎢）よりひと回りほど大きい島ですが、人口は3,400人と極端に少なく、ウイスキーの生産が島の重要な産業になっています。

アイラ島は、ヘブリディーズ諸島の中では比較的気候が温暖なため大麦の生育に適していました。また、島の4分の1ほどが厚いピート層に覆われ、良質な水に恵まれていることから、ウイスキー造りが盛んになりました。また、スコットランドで最初にウイスキー造りが伝わった土地ともいわれ（14世紀）、手つかずの美しい自然が残っていることも、ウイスキー造りの条件を考える上では重要な要素でしょう。

現在アイラ島には、ブナハーブン、カリラ、アードベッグ、ラガヴーリン、ラフロイグ、ボウモア、ブルックラディ、キルホーマン、アードナッホー、ポートエレンの10の蒸留所のほか、計画中のものが2〜3あります。キルホーマン、アードナッホー以外はすべて海辺に立ち、それがアイラモルトの特徴である「潮の香り、海藻のような」といわれる個性の元になっています。名だたるブレンデッドスコッチで、アイラモルトが入っていないウイスキーはないといってよいでしょう。

❹ アイランズモルト *Islands Malt*

アイランズモルト（諸島モルト）に分類される蒸留所は20カ所近く。オークニー諸島のハイランドパーク、スキャパ、ルイス島のアビンジャラク、ハリス島のアイル・オブ・ハリス、スカイ島のタリスカー、トルベイグ、スカイ島の隣のラッセイ島のアイル・オブ・ラッセイ、マル島のトバモリー、ジュラ島のアイル・オブ・ジュラ、そしてアラン島のロックランザとラグ、そのほか5〜6カ所で準備が進められています。

オークニーは大小70あまりの島からなる群島で、木はほとんど生えておらず、島の産業は牧畜と漁業と観光だけです。北方にあるシェットランド諸島とともにヴァイキングの影響が色濃く残っていて、スコットランドのなかでも異国の情緒があります。スカイ島は切り立った高い山と複雑な海岸線が織り成す風光明媚な島で、数々の伝説とケルト神話に彩られた神秘の島でもあります。マル島は聖地アイオナ島への玄関口として賑わう島で、ジュラ島は野生の鹿が人口よりはるかに多い〝鹿の島〟。アラン島は地理的にも気候的にも〝スコットランドの縮図〟と呼ばれ、リゾート地として観光客に人気です。

スカイ島の周辺には多くのアザラシが棲息している。

❺ ローランドモルト *Lowland Malt*

ローランドは、かつてハイランドのモルトウイスキー業者と激しい競争を繰り広げましたが、風味という点では、ハイランドのウイスキーに勝てませんでした。そこでローランドの業者は、19世紀半ばに実用化されたイーニアス・コフィーの連続式蒸留機を積極的に導入しました。これにより大麦麦芽以外の穀物を主体とした安価なグレーンウイスキーの大量生産が可能になり、やがてスコッチのブレンデッド時代が到来したのです。ローランドというと、DCL社に代表されるようにグレーンウイスキー生産地区というイメージが強いですが、かつては数十ものモルト蒸留所があって、ライトボディで穀物様のフレーバーの強い、モルトウイスキーを造っていました。ローズバンクやオーヘントッシャンなどはアイリッシュの製法を取り入れ、スコットランドでは珍しい3回蒸留を行っていました（オーヘントッシャンは現在も3回蒸留)。しかし次第に衰退し、現在まで操業を続けているのは、グレンキンチー、オーヘントッシャン、ブラッドノックの3つだけになってしまいました。ただしこの10年近くはエジンバラやグラスゴー、ファイフ地方を中心にダフトミルやインチデアニー、キングスバーンズ、エデンミル、リンドーズアビー、クライドサイド、アイルサベイ、ボーダーズ、アナンデール、ロッホリー、ホーリルードなど、新しい蒸留所がいくつもオープンしています。

❻ キャンベルタウンモルト *Campbeltown Malt*

アーガイル地方のキンタイア半島先端の町、キャンベルタウンで造られるモルトウイスキーです。キャンベルタウンという町名はアーガイル公キャンベルにちなんだもので、人口5,000人ほどの小さな町中に、かつては30を超える蒸留所が存在しました。1880年代でもまだ20を超える蒸留所が稼働していましたが、1930年代には3つとなり、第二次大戦後まで生き延びたのは、スプリングバンクとグレンスコシアの2つだけでした。キャンベルタウンが衰退した原因はいくつか考えられますが、一番の要因は、アメリカの禁酒法時代（1920〜33年）に最大のマーケットであったアメリカ市場を失ってしまったことと、同時期に石炭を掘りつくし燃料が枯渇したことなどです。

スプリングバンクは180年近くにわたって創業者一族が経営する独立系の蒸留所で、麦芽のピートレベルや、蒸留方法を変えることで、異なる3銘柄（スプリングバンク、ロングロウ、ヘーゼルバーン）を生産しています。さらに同社は2004年3月に、かつてのグレンガイル蒸留所を再建して操業にこぎつけました。グレンガイルとしては約80年ぶりの生産再開でした。

6 モルトウイスキーのおもな蒸留所

ハイランド

ロイヤルファミリーの夏の離宮、バルモラル城。

フェッターケアン蒸留所のディスプレイ用の樽。

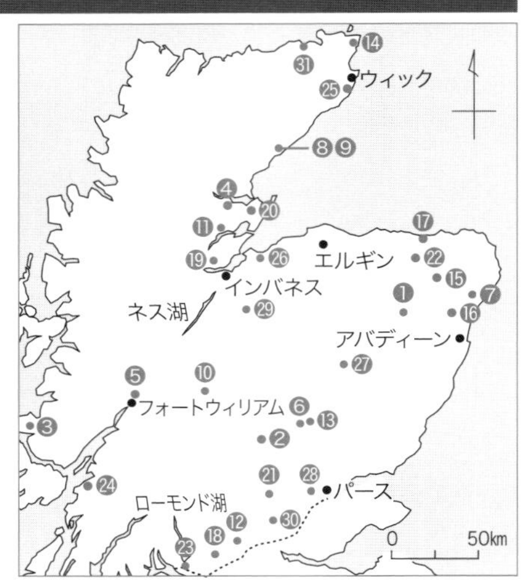

❶ アードモア *Ardmore* （サントリー（ビームサントリー社））

アードモアはスモーキーでピーティな風味があり、ハイランドモルトとしては異色の存在です。名前はゲール語で「大きな丘」を表し、場所はハントリーの南約 10km、スペイサイドと東ハイランドのほぼ境界線上に位置しています。

創業は 1898 年。自社のブレンデッドの原酒を確保するため、ウィリアム・ティーチャー＆サンズ社が建てた蒸留所です。1950 年代から 70 年代にかけて2度拡張工事が行われ、ポットスチルは 1955 年に2基から4基、74 年には8基に増設。東ハイランドでは最大級の蒸留所になりました。2002 年まで石炭による直火焚き蒸留を続けるなど、伝統を守ってきた蒸留所のひとつでもあります。その後アライド社の所有となりましたが、2005 年にアメリカのビーム・グローバル社（現ビームサントリー社）が買収しました。現在はアードモア レガシーがシングルモルトとして販売されています。

アードモア レガシー

❷ アバフェルディ *Aberfeldy* バカルディ社（ジョン・デュワー&サンズ社）

パースとインバネスを結ぶ幹線道A9号線をピトロッホリーの手前で下り、テイ川沿いに西に15㎞ほど行ったところに蒸留所はあります。テイサイド（テイ川流域の一帯）のリゾート地として知られたアバフェルディ村のはずれで、アバフェルディはゲール語で「パルドックの河口」のことだといいます。

創業者はパースのジョン・デュワー&サンズ社で、同社のブレンデッドスコッチ、デュワーズのモルト原酒を確保するため、1896年に建てられました。アバフェルディは同社の創業者ジョン・デュワーの出身地で、当時鉄道がパースとの間に敷かれていて、交通の便に恵まれていました（現在は廃線）。さらに良水として評判だったピティリー川がそばにあったことから、この地が選ばれました。テイサイドにはかつて10近い蒸留所がありましたが、現在残っているのはこのアバフェルディのみです。

蒸留所の背後には美しい森が広がっていて、そこには赤リスが棲息しています。もともと赤リスは英国原産でしたが、北米からやってきた灰色リスにテリトリーを奪われ、今では湖水地方やスコットランドのごく一部でしか見ることができないといいます。そのためキャップなどに赤リスが描かれ、それがシンボルとなっています。

発酵槽はシベリア産カラ松製が8基、ステンレス製が2基。ポットスチルは大型のストレートヘッド型で、初留、再留合わせて4基。以前から観光客の受け入れに積極的でしたが、1998年にバカルディ社に売却されたのを機に、ビジターセンターを大改造。現在は「デュワーズ・ワールド・オブ・ウイスキー」として、年間5万人以上の観光客が訪れる人気のスポットとなっています。

デュワーズ人気で、蒸留所を訪れるのはアメリカ人観光客が多いという。

アバフェルディ 12年

❸ アードナマッハン *Ardnamurchan* アデルフィー・ディスティラリー社

スコットランド本土最西端のアードナマッハン半島に2014年にオープンしたのが、アードナマッハン蒸留所。創建したのはボトラーのアデルフィー社で、自社のシングルモルト用と、他社のブレンデッド用に原酒を供給することが目的だったといいます。フォートウィリアムから車で1時間半という辺境にあるため、電気は水力を利用した自家発電で、熱源になるボイラーもウッドチップを燃やして蒸気をつくる仕組みだといいます。ワンバッチの麦芽量は2トンで、発酵槽は木製4基、ステンレス製3基の計7基。木製のうちの1基はオーク製で、残りはオレゴンパイン製。スチルは初留・再留1基ずつで、ピート麦芽（30～35ppm）とノンピート、両方の仕込みを行っています。すでに自社のシングルモルトをリリース。さらに自社のモルト原酒と日本の秩父の原酒を混ぜた「グラバーシリーズ」を出しています。

周辺はヤマネコの自然保護区になっている。

❹ バルブレア *Balblair* タイ・ビバレッジ社（インバーハウス社）

1790年にジョン・ロスがエダートン村のはずれに創建。現存するハイランドの蒸留所では3番目の古さとなっています。バルブレアとはゲール語で「平地の集落」の意味。現在の建物は1894年、当時のオーナーが元の場所より数km離れた場所に新築したものです。1970年にカナダのハイラムウォーカー社が買収しましたが、1996年にインバーハウス社がオーナーとなりました。親会社はタイのタイ・ビバレッジ社です。

かつてはバランタインの重要な原酒のひとつで入手困難でしたが、インバーハウス社になってからは入手しやすくなっています。バルブレアは熟成年表示ではなくヴィンテージ表記が特徴でしたが、現在は一般的な年数表示に変わっています。仕込水はオルトドレッグ川からで、スチルは2基のみ。ケン・ローチ監督の映画『天使の分け前』（2013年日本公開）の舞台となったことで、話題となりました。

バルブレア 12年

❺ ベンネヴィス *Ben Nevis* ニッカウヰスキー

ベンネヴィス 10年

ロングジョンの愛称で親しまれたジョン・マクドナルドが1825年に創業した蒸留所で、西ハイランドのフォートウィリアム地区では最も古い公認蒸留所です。ベンネヴィスは同市の背後にそびえる山の名前で、イギリスの最高峰（標高1,345m）。ベンはゲール語で「山」、ネヴィスは「水」の意味です。

その後1955年にジョセフ・ホッブスが買収。従来のポットスチルの横にパテントスチル（連続式蒸留機）を設置し、モルトとグレーンを同時に生産していましたが、現在はパテントスチルは取り外され、ポットスチルが4基になっています。

1981年にビール会社のウィットブレッド社がオーナーになりましたが、83年にあえなく生産停止。その後1989年に日本のニッカウヰスキーが買収し、翌年から同社のもとで生産が再開されました。

❻ ブレアアソール *Blair Athol* ディアジオ社

ブレアアソール 12年

蒸留所があるピトロッホリーの町は、保養地として有名で、夏目漱石もロンドン留学中の1902年に訪れています。名前の由来はアソール公爵の居城ブレア城ですが、実際の城は18km北に行ったところにあって、昭和天皇が皇太子時代に滞在した城としても有名です。創業は1798年ですが、何度もオーナーが代わり、1932年には閉鎖されました。それをアーサー・ベル&サンズ社が買い取り1949年に生産再開。現在はディアジオ傘下となっています。スペースを有効活用するために、8基あるウォッシュバックのうち4基が四角形をしていましたが、現在は円形のステンレス製6基に変わっています。仕込水は町の背後にあるベン・ヴラッキー山の泉の水を使用。これはオルトダワーという小川となって蒸留所内を流れていますが、オルトダワーとはゲール語で「カワウソの小川」のことで、カワウソがシンボルとなっています。

❼ ブリュードッグ *BrewDog* ブリュードッグ社

アバディーン市郊外のエロンの地に2016年に創業したのがブリュードッグ蒸留所。当初は〝一匹狼〟、ローンウルフと名乗っていましたが、2019年にブリュードッグに改名。ブリュードッグは最も成功したクラフトビールの会社で、全世界にファンがいます。蒸留所も当初はビール工場の中に間借りするかたちでオープンしましたが、2022年に敷地内に新しく蒸留棟を建設。従来からあった2基のポットスチルに1基を加え、スチルは現在3基に。それとは別に高さ19m、60段の棚がある特殊なコラムスチルもあり、ジンやウォッカ、ラム、ウイスキーなど多彩なスピリッツを生産しています。ジンやウォッカはすでに販売していますが、モルトウイスキーは未発売。ただし2019年にライウイスキーを発売して話題になりました。現在は生産量を45万ℓに上げ、シングルモルトの販売にも取り組むといいます。

ユニークなスチルと壁に描かれた狼のイラスト。

❽ ブローラ *Brora* ディアジオ社

モルトファンの間でカルト的人気を誇るのがこのブローラで、北ハイランドのブローラの町に 1819 年に創業しました。当初はクライヌリッシュといっていましたが、1967 年に隣に新しい蒸留所ができ、そちらをクライヌリッシュ、古いほうはブローラと改められました。当初生産の予定はありませんでしたが 1969 年に再稼働。クライヌリッシュがノンピートだったのに対し、ブローラはピート麦芽での仕込みを開始。ただし生産は 1980 年代前半までで、その後 30 年近くもモスボール状態が続きました。ブローラが再建されたのは 2021 年。古い建物はそのままに、スチルや発酵槽、屋外ワームタブまで、忠実に昔のものを再現。マッシュタンもあえてプラウ＆レイキという、旧ブローラのスタイルを再現しています。ワンバッチの仕込みも昔と同じ麦芽 6 トン。ただし使うのはライトピート麦芽のみです。

スチルは昔と同じ形、容量にこだわった。

⑨ クライヌリッシュ *Clynelish* ディアジオ社

インバネスから約90㎞北のブローラの町にあります。クライヌリッシュはゲール語で「金色の湿地」の意味。サザーランド公爵が、余剰大麦の消費と密造酒対策のため1819年に設立したもので、1925年にDCL社が買収し、現在はディアジオ社系列になっています。1967年に新しい蒸留所が隣に建設され、そちらがクライヌリッシュを名乗ることになり、それまでの古い蒸留所はブローラと改名されました。現在クライヌリッシュとして出回っているのは、新しい蒸留所のものです。

ポットスチルは胴部がボール状に膨れたバルジ型で、初留、再留合わせて6基。仕込水はクラインミルトン川の水を利用しています。年間生産能力は約480万ℓで、その95%はブレンド用。ジョニーウォーカーなどの重要な原酒になっています。北ハイランド一帯に棲息する山猫がシンボルとなっています。

クライヌリッシュ 14年

⑩ ダルウィニー *Dalwhinnie* ディアジオ社

インバネスから南に80㎞ほど下ったスペイ川最上流部に位置しています。ダルウィニーとはゲール語で「集結場」の意味。かつてハイランドからローランドに家畜を売りに行く際、この地で集結させたことが語源とされます。

創業は1897年で、当時はストラススペイという名前でしたが、1905年にアメリカの会社が買収し、ダルウィニーと改名されました。現在はディアジオ社の所有で、ブラック&ホワイト、ロイヤルハウスホールドなどの原酒となっています。年間生産能力は220万ℓで、そのうちシングルモルトになるのは5%もありませんが、ディアジオ社のクラシックモルトシリーズのひとつとなっています。仕込水のアルタナスルイー川の水はグランピアン山脈の雪解け水で、このソフトな軟水がダルウィニーの穏やかな味を生み出しています。蒸留所は気象観測の測候所にもなっていて、気象観測がマネージャーの仕事のひとつだったといいます。

ダルウィニー 15年

⑪ ダルモア *Dalmore* エンペラドール社（ホワイト&マッカイ社）

ジャーディン&マセソン商会の共同経営者、アレクサンダー・マセソンが1839年に設立し、1867年にマッケンジー兄弟が入手しました。マッケンジー兄弟はブレンデッドで有名なホワイト&マッカイ社の創業者と友人で、その関係からずっと同社に原酒を提供していました。1960年代にダルモアとホワイト&マッカイ社は合併しましたが、その後もマッケンジー家の代表が同社の役員を務めていました。2007年にインドのUBグループが買収しましたが、2014年に今度はフィリピンのエンペラドール社が買収し、現在は同社がオーナーになっています。

ポットスチルは計8基。非常にユニークな形をしていて、初留釜はランタンヘッド型にT字シェイプ。再留釜は首の部分がチューリップの花のように、上にいくほど広がっています。これはネックの周りにウォータージャケットを取り付けているためで、アルコール蒸気を直接冷却し、重くてオイリーな成分を還流させるのが目的です。そのうちのひとつは1874年製で、今もそのまま使われています。

製品ラインナップは何度か変更になりましたが、現在は12年、15年、18年、25年などが定番商品となっています。ダルモアのボトルには雄鹿のエンブレムが取りつけられていますが、それには次のようなエピソードがあります。1263年、国王アレクサンダー3世が雄鹿に襲われそうになった時、マッケンジー家の勇者が王の命を救いました。以来、同家は雄鹿の紋章を使うことが許されたといいます。その伝統をもとに2009年に「ダルモア1263キング・アレクサンダー3世」というボトルが発売になっています。

1966年に増設されたポットスチル。形は以前と同じだが、サイズは倍に。

ダルモア 12年

⑫ ディーンストン *Deanston* CVHスピリッツ社（バーンスチュワート社）

スコットランド版ロビンフッド、ロブ・ロイの物語の舞台であるトロサック地方のティス川のほとりに蒸留所があります。創業は 1965 年ですが、建物は 1785 年に建てられた紡績工場の一部を利用したもので、歴史的に重要な建築物となっています。良質な水を大量に必要とし、温度と湿度を一定に保つ必要があったレンガ造りの紡績工場は、ウイスキーの貯蔵庫としてもうってつけでした。

ポットスチルは初留、再留合わせて4基。仕込水は蒸留所の横を流れるティス川の水を利用しています。1972 年にインバーゴードン社が買収し、その後操業が停止されていましたが、1990 年にグラスゴーのブレンダーであるバーンスチュワート社が新オーナーとなり、翌 91 年に操業再開。2013 年からは南アフリカに本拠を置くディステル社の傘下となっていました。映画『天使の分け前』のロケ地としても有名です。

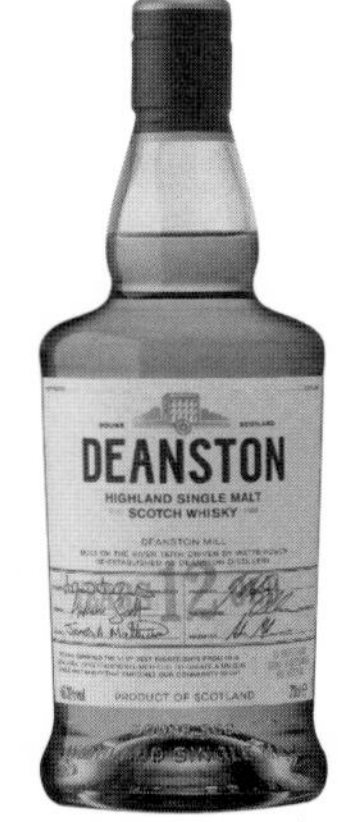

ディーンストン 12年

⑬ エドラダワー *Edradour* シグナトリー社

ピトロッホリーの町から東に約3kmの小さな集落の谷間に立っています。エドラダワーとはゲール語で「エドレッドの小川」の意味。地元の農夫が共同でアソール公爵の領地を借り受け、1825年に設立しました。その後幾度となくオーナーは代わりましたが、農家が兼業でウイスキー造りをしていた当時のスタイルを残す、貴重な蒸留所です。フロアモルティングこそしていませんが、マッシュタンも発酵槽もポットスチルも創業時のまま。麦汁の冷却にもオープンワーツクーラーが使われています。ポットスチルは最小の2基で、容量2,000ℓとスコットランド最小規模。1週間の生産量はホグスヘッド樽（250ℓ）に換算してわずか14樽という少なさです。ただし2021年に第2蒸留所が完成し、現在は倍の生産能力となっています。かつてはほぼブレンド用でしたが、ボトラーズのシグナトリー社が2002年に買収し、現在はすべてがシングルモルト用です。

エドラダワー 10年

⑭ 8ドアーズ *8 Doors* エイトドアーズ・ディスティラリー社

スコットランド本土最北端、つまり大ブリテン島の最北にあるのが、ジョン・オグローツという北海に突き出た小さな半島。その半島のすぐそばに2022年にオープンしたのが、8ドアーズ（エイトドアーズ）蒸留所です。サーソーの郊外にあるウルフバーン蒸留所より北、これがスコットランド本土最北の蒸留所となっています。

8ドアーズとは、この地に伝わる伝説がもとになっていて、7人の息子がいた土地の有力者が息子たちを平等に扱うため、8つの扉のある家を建てたことに由来するといいます。蒸留所のマスターブレンダーに就任したのは、元エドリントングループのジョン・ラムゼイ氏。マッカランやハイランドパーク、フェイマスグラウスのマスターブレンダーで、その道40年という業界のレジェンドのひとり。まだ自社原酒の製品はありませんが、他社原酒を使った「セブンサンズ」、7人の息子というシングルモルトと、ブレンデッドウイスキーを、すでにリリース。さらにカスクオーナー制度の874というクラブも創設。この874とはイギリス最西端のランズエンドから、このジョン・オグローツまでの距離、874マイルのことだといいます。

⑮ グレンドロナック *Glendronach* ブラウンフォーマン社

ハントリー郊外にあり、ちょうどハイランドとスペイサイドの境界線上に位置しています。グレンドロナックとはゲール語で「ブラックベリーの谷」の意味。地元のジェームズ・アラデスによって建てられたのが1826年。すぐに地元の有力貴族、第5代ゴードン公の愛飲するウイスキーとなりました。しかし1837年に火災で焼失し、その後再建されたものの人手に渡ってしまいました。1960年にウィリアム・ティーチャー&サンズ社が買収し、以来ティーチャーズの原酒として使われてきました。

ウォッシュバックには二酸化炭素の回収装置が付いていて、これは時代を先取りした環境配慮型システムです。ポットスチルは初留2基、再留2基の計4基。2005年にペルノリカール社に移りましたが、2008年秋にベンリアック社が買収。さらに2016年にアメリカのブラウンフォーマン社が買収し、オーナーになっています。

グレンドロナック 12年

⑯ グレンギリー *Glen Garioch* サントリー（ビームサントリー社）

蒸留所のあるオールドメルドラム村は古くから大麦などの一大生産地として知られてきた場所で、かつて「アバディーン州の穀物庫」といわれました。豊富な大麦を原料に古くからウイスキー造りが行われ、グレンギリーも創業は1785年と、ハイランドでは最古の蒸留所のひとつに数えられています。またスチルの熱源に北海油田から産出する天然ガスを使用していること、余熱や発酵過程で生まれる二酸化炭素を利用して巨大な温室を作っていたことなどで知られていました。ただし温室は1995年に取り壊されています。1937年にはDCL社の傘下に。その後1970年にモリソンボウモア社が買収。同社はオーヘントッシャン、ボウモアも含め3つの蒸留所を所有することになりましたが、1994年にサントリーがオーナーになっています。現在は再び直火蒸留にもどし、フロアモルティングも再開しています。

グレンギリーのポットスチルは２基のみ。

⑰ グレングラッサ *Glenglassaugh* ブラウンフォーマン社

マレイ湾に面した漁村ポートソイの3㎞西に位置し、蒸留所の屋上に上ると美しいマレイ湾の海岸と、広々とした大麦畑を見渡すことができます。創業は1875年。地元の実業家が町おこしのために建てたもので、1890年代にハイランドディスティラーズ社が買収しましたが、その後生産休止に。長い間1滴のウイスキーも造られることなく熟成庫のみが使用されていましたが、2008年にロシアや東欧の投資家が中心となり生産が再開。現在はアメリカのブラウンフォーマン社が所有し、生産が続けられています。

発酵槽はオレゴンパインとステンレスがそれぞれ4基と2基。ポットスチルはボール型が初留、再留計2基。変わっているのは初留釜の加熱にエクスターナルヒーティングを採用していることで、これはハイランドディスティラーズ社時代に、グレンバーギやミルトンダフをモデルに導入されたものです。

グレングラッサ リバイバル

⑱ グレンゴイン *Glengoyne* イアンマクロード社

ローランドとの境界線に位置しますが、仕込水の泉が北のダムゴインの丘にあるため、昔からハイランドモルトとされてきました。創業は1833年。グレンゴインのゴインはゲール語で「野生の雁」のことだとか。1967年の増改築まで、スチルは初留、再留各1基とスコットランドで最小の蒸留所のひとつでしたが、現在は初留1基、再留2基となっています。熟成庫は道路を挟んだ南側（ローランド）にあり、ニュースピリッツは地下に埋設されたパイプで樽詰所に送られます。

かつてはイングランド産のゴールデンプロミス種にこだわっていましたが、現在はスコットランド産のコンチェルト種などがメイン。使用するのはノンピート麦芽のみで、熟成は3分の1をシェリー樽で行い、残りをリフィル樽で行っています。2003年以降、ブレンダー兼ボトラーのイアンマクロード社が運営しています。

グレンゴイン 10年

⑲ グレンオード *Glen Ord* ディアジオ社

北ハイランドの中心地インバネスから北北西に20㎞ほど行ったミュア・オブ・オードという町に蒸留所があります。トーマス・マッケンジーによって1838年に創業され、1923年にジョン・デュワー&サンズ社が買収、現在はディアジオ社の系列となっています。ポットスチルは初留、再留合わせて14基、年間の生産能力は1,190万ℓとディアジオ系列では最大級。特筆すべきは旧DCL社系列の蒸留所の中で実験的蒸留所だったことで、石炭直火に代わる方法として、スチームパイプによる蒸気蒸留方式の有用性を初めて実証しました。ドラム式モルティングを採用したのも初めてで、現在は蒸留所に隣接して巨大な製麦所があり、グループの蒸留所などへ麦芽を提供しています。製品にはオード、グレンオーディなどがありましたが、現在はシングルトン・オブ・グレンオードに統一しています。

スチルがずらりと並ぶ第 2 蒸留棟。

⑳ グレンモーレンジィ *Glenmorangie* モエ ヘネシー・ルイ ヴィトン社

創業は1843年。ポットスチルはもともとジン用の中古で、首が異様に長く煙突のような奇妙な形をしていましたが、それが思わぬ結果を生んで、すばらしい風味を生み出しました。そのため現在もその形を踏襲し、スチルの首は全蒸留所で最長の5.14mです。グレンモーレンジィは早くから「樽のパイオニア」として知られてきました。シェリーやポート、マデイラなどのワイン樽に詰め替えて後熟を施す「ウッドフィニッシュ」を市場に投入したのは同社が初めて。さらにバーボン樽にこだわり、アメリカ・ミズーリ州でホワイトオークの原木を買い付け、「デザイナーカスク」と呼ばれる独自の樽を調達しています。天日乾燥は24カ月で、製樽はケンタッキーで行い、オリジナルの樽に仕上げています。2004年に「アーティザンカスク」として一度ボトリングされましたが、2008年から「アスター」として新登場しました。また、ウッドフィニッシュはその後「エクストラマチュアードシリーズ」に改められ、現在はシェリーとポートとソーテルヌの3種が出ています。

世界的な人気の高まりもあって、ここ数年、巨額の投資を行い、増産体制が強化されました。ポットスチルは12基で、生産能力は710万ℓ。シングルモルトの売り上げでは、ザ・グレンリベット、グレンフィディック、マッカランに次いで、現在第4位。地元スコットランドでは人気No.1。仕込水はターロギーの泉という硬度190の中硬水。2021年に実験的なウイスキー造りが可能なライトハウスという蒸留所が敷地内に建てられました。

グレンモーレンジィ オリジナル

スコットランドで一番背の高いポットスチル。

㉑ グレンタレット *Glenturret* ラリックグループ社

創業は1763年。名前は「タレット川の谷」の意味で、南ハイランドの商業都市パースから西に約20㎞、クリーフの町の郊外に建てられています。現存する蒸留所の中では最古を誇り、密造酒時代の1717年からウイスキーを造っていた記録が残っています。1923年から59年まで閉鎖されていましたが、ジェームズ・フェアリーが買収し復興させました。当時としては珍しいビジターセンターを設け、見学者の受け入れを開始。また生涯に2万8,899匹のネズミを捕まえ、ギネスブックに載ったウイスキーキャットのタウザーがいたことでも有名です。ブレンデッドのフェイマスグラウスの原酒蒸留所として有名でしたが、2020年にクリスタルで有名なラリック社が買収し、今はシングルモルトに力を入れています。ポットスチルはボール型が2基のみですが、年間の生産能力は50万ℓと以前に比べれば倍近くになっています。

グレンタレット
トリプルウッド

㉒ ノックドゥー *Knockdhu* タイ・ビバレッジ社（インバーハウス社）

1894年にDCL社が自らの手で建てた蒸留所で、ハントリーの北にあるノック村に建てられました。ノックヒルの麓で発見された泉の水があまりにも良質だったため、DCL社が蒸留所建設を決めたといいます。ノックドゥーとはゲール語で「黒い丘」の意味。おもにブレンデッドスコッチ、ヘイグのキーモルトを生産してきましたが、1983年に閉鎖され、88年にインバーハウス社が買収。翌年から操業が再開され、それ以降はシングルモルトとしても出回るようになりました。

ノックドゥーという名前がノッカンドオやカードゥと混同されやすいため、1993年からアンノックというブランド名で販売され、今ではイタリアやイギリスでよく飲まれるシングルモルトのひとつになっています。2001年にタイ資本のパシフィックスピリッツ社（現タイ・ビバレッジ社）に買収されました。

アンノック 12年

㉓ ロッホローモンド *Loch Lomond* ヒルハウス・キャピタルマネージメント社

ロッホローモンドとはローモンド湖のこと。スコットランドを代表する湖のひとつで、湖面面積ではネス湖をしのいでいます。蒸留所のあるアレキサンドリアはヴィクトリア時代に建設された工業団地で、染色産業で栄えたところ。蒸留所もキャラコの染色工場を 1965 年から 66 年にかけて改造したもの。キャラコとウイスキーは、ともに大量の水を必要とした点が共通していました。仕込水はリーヴン川の源であるローモンド湖の水を利用しています。

ここの最大の特徴は同じ建物内に連続式蒸留機と、ポットスチルが同居していること。さらにポットスチルも非常にユニークで、ネックの部分に棚段が入った〝ローモンドスチル〟となっています。もともと同系列であったリトルミルが開発したものといいます。現在は香港ベースのヒルハウス・キャピタルマネジメント社がオーナーになっています。

ロッホローモンド
クラシック

㉔ オーバン *Oban* ディアジオ社

ヘブリディーズ諸島の玄関口として古くから栄えたオーバンの港町の中心に位置しています。オーバンはゲール語で「小さな湾」の意味。作曲家のメンデルスゾーンが、スタッファ島にある「フィンガルの洞窟」へ向かう途中、オーバンに立ち寄ったのは1829年のこと。この時の旅の成果が交響曲第3番「スコットランド」と、序曲「フィンガルの洞窟」になりました。

蒸留所は1794年に創業。創業者のスチーブンソン兄弟はウイスキーだけでなく造船業、鉱業などの事業も興し、町の発展に貢献しました。ポットスチルはランタンヘッド型で初留、再留合わせて2基のみと小規模です。仕込水はかつては背後の丘にあるアードコネル湖の水でしたが、現在はグレネベリー湖の水を使用しています。大部分がシングルモルトとして出荷されていて、ディアジオ社のクラシックモルトシリーズの1本となっています。

オーバン 14年

㉕ プルトニー *Pulteney* タイ・ビバレッジ社（インバーハウス社）

スコットランド北部の町ウィックは、かつてヨーロッパ最大のニシン港として栄えました。そのためニシンが蒸留所のシンボルとなっています。蒸留所のあるプルトニータウンは、19世紀初頭に港を見下ろす高台につくられた漁師村。蒸留所は1826年の創業で、その後1世紀以上、創業者のジェームズ・ヘンダーソン家が経営していましたが、1955年にハイラムウォーカー社の所有となり、1995年にインバーハウス社に売却されました。かつてはバランタインの主要モルトで、シングルモルトは販売されていませんでしたが、現在は12年や15年、18年、25年などが出回るようになっています。

ポットスチルは、初留釜がずんぐりとしたひょうたん型で、さらに上部がスワンネックではなく、T字シェイプをしています。蒸留所の温排水などを利用した暖房用のスチームや、廃材を使用した発電設備による電力を地元に供給しています。

オールドプルトニー 12年

㉖ ロイヤルブラックラ *Royal Brackla* バカルディ社

蒸留所は、古くから高級リゾート地として知られてきた北海沿岸のネアンの町から1.5㎞南に下ったところにあります。1812年の創業当時は、密造酒との競争を避け、もっぱらイングランドやローランドで売られたせいか国王ウィリアム4世のお気に入りとなり、1835年に初のロイヤルワラント（王室御用達の勅許状）を授かりました。全蒸留所の中でロイヤルと冠せられているのは、ロイヤルロッホナガー、グレンユーリー・ロイヤル、そしてこのロイヤルブラックラの3つのみです。ブレンデッドスコッチを考案したアンドリュー・アッシャーが経営に携わり、ブレンド用の原酒として使用したのもこのロイヤルブラックラでした。

ポットスチルはストレートヘッド型で1970年の増改築の際に、2基から4基に増設されました。また仕込水はコーダー城のそばを流れるコーダー川から引いています。

ロイヤルブラックラ 12年

㉗ ロイヤルロッホナガー *Royal Lochnagar* ディアジオ社

ロイヤルロッホナガー 12年

ディー川上流、英王室の夏の離宮バルモラル城の隣にある蒸留所で、地元の資産家ジョン・ベグが1845年に創建しました。ロッホナガーとは、ディー川の南にある山（標高1,156m）の名前で、ゲール語で「岩の露出した湖」の意味。ロッホナガー山麓から湧き出る水が仕込水に使われています。

1848年にヴィクトリア女王がバルモラル城を購入したため、ベグは女王一家を招待しました。数日後、ベグのもとに「王室御用達」（ロイヤルワラント）を許可する勅許状が届けられ、以来ロッホナガーは頭にロイヤルを付けて呼ばれることになったのです。

ポットスチルは2基しかなく、年間生産能力も50万ℓとディアジオ社が所有する31蒸留所の中で、最小規模です。生産量のほとんどが、ジョニーウォーカー・ブルーラベルなどの原酒に用いられているため、シングルモルトとして出回る量はごくわずかです。

㉘ ストラスアーン *Strathearn* ダグラスレイン社

スコッチウイスキーが不文律としてきた「400 ガロン（約 2000ℓ）以下のスチルを認めない」という関税当局の方針を変えさせたのが、ストラスアーン蒸留所の創業者、トニー・リーマン・クラーク氏と、その仲間たちでした。2013 年、ついにその障壁が取り除かれ、今日のクラフトブームがつくられました。ストラスアーン蒸留所が創業したのは、まさにその年で、建物は農家の馬小屋を改造したもの。スチルもポルトガルのホヤ社製の 1,000ℓと 500ℓの小さな物でしたが、創業から 6 年後の 2019 年に、ボトラーのダグラスレイン社が買収。現在の造りはワンバッチ麦芽 0.4 トンで、発酵槽はニューオーナーになってから、それまでの 2 基から 8 基に増設されています。スチルも現在は 1,000ℓの初留器が 2 基、同じく 1,000ℓの再留器が 1 基の 3 基体制になっています。

スチルはポルトガルのホヤ社製。

㉙ トマーティン *Tomatin* 宝酒造

インバネスから南に24kmほど下ったトマーティン村のはずれにあります。トマーティンはゲール語で「ネズの木の茂る丘」の意味。付近にはカローデンの戦い（1746年）ゆかりの「別れの丘」があり、仕込水に使っている小川も「オルタ・ナ・フリス＝自由の小川」という名前で、カローデンの戦いと関係があるといいます。

創業は1897年。1960年代から70年代にかけて増改築が繰り返され、2基だったポットスチルは当時としてはスコットランド最大級の23基まで増設されました（現在は12基）。最盛期の年間生産量は1,200万ℓに達しましたが、1980年代の不況で倒産。1986年、宝酒造と大倉商事が共同出資して買収し、日本企業が所有する最初の蒸留所となりました。もともと数多くのブレンデッドスコッチの原酒として使われてきましたが、2004年以降はシングルモルトにも力を入れています。

トマーティン 12年

㉚ タリバーディン *Tullibardine* ピカール社

蒸留所のある南ハイランドのブラックフォード村は古くから良水に恵まれており、ビールの名醸地として有名でした。タリバーディン蒸留所も、スコットランド王ジェームス4世の戴冠式（1488年）の際に供されたエール醸造所の跡地に建てられました。

蒸留所の創業は1949年。ジュラやグレンアラヒーを手がけたデルム・エヴァンスの設計ですが、1971年からはインバーゴードン社が所有。1993年にホワイト&マッカイ社が買収し、その後休止。2003年に4人の投資家によりタリバーディン社が設立され、ホワイト&マッカイ社から買収に成功し、操業を再開しました。

その後2011年からはフランスのワイン商、ピカール社傘下のテロワール社の所有となり、蒸留所に併設してビジネスセンターやボトリング施設、ウエアハウス、樽工場も開設。同社は現在ブレンデッドのハイランドクィーンのブランド権も所有しています。

タリバーディン 15年

㉛ ウルフバーン *Wolfburn* オーロラ・ブリューイング社

ウルフバーン蒸留所は2013年にスコットランド本島最北の町、サーソーで操業を開始した新しい蒸留所です。創業者はアンドリュー・トンプソン氏。ウルフバーンとは「狼の小川」という意味で、かつてサーソー周辺には野生の狼が棲んでいたといいます。

ウルフバーン 10年

ポットスチルは初留がストレートヘッド型、再留がバルジ型の1基ずつ。2013年1月に最初の蒸留を行い、現在の生産能力は年間14万ℓとなっています。仕込水の水源はアッパーオームリーという場所に湧いている泉で、スコットランドでは珍しい硬水です。樽は3分の1がバーボン樽を組み換えたクォーターカスク、3分の1が通常のバーボンバレル、ホグスヘッド、残りの3分の1がシェリーバットだといいます。もともとこの地には1822年から60年まで操業していた同名の古い蒸留所があり、仕込水や冷却水は旧蒸留所と同じものを使っているといいます。

7 ハイランドのクラフト蒸留所

北ハイランドにはユニークな蒸留所がいくつかオープンしています。ひとつは村人が出資してつくったグレンウィヴィス蒸留所で、3,000人の住人が出資して2017年にオープンしました。いわば究極の村おこし、地域経済の活性化で、世界中の行政機関からの視察が絶えないそうです。ドーノッホに2016年オープンしたドーノッホ蒸留所もユニークなクラフトで、年間生産量は1万2,000ℓとスコッチ最小規模ですが、〝イースト菌おたく〟を自称するトンプソン兄弟によって、数々のエール酵母が試されています。2人は有名なコレクターでもあり、世界中のモルトファンが、彼らが経営するホテルに集います。アードロス蒸留所はテキーラの蒸留所を所有する会社が創業した蒸留所で、蒸留所設備とは別にセオドアという実験棟も併設し、あらゆるタイプのウイスキー造りの実験を行っています。

ドーノッホ蒸留所のトンプソン兄弟。

スペイサイド

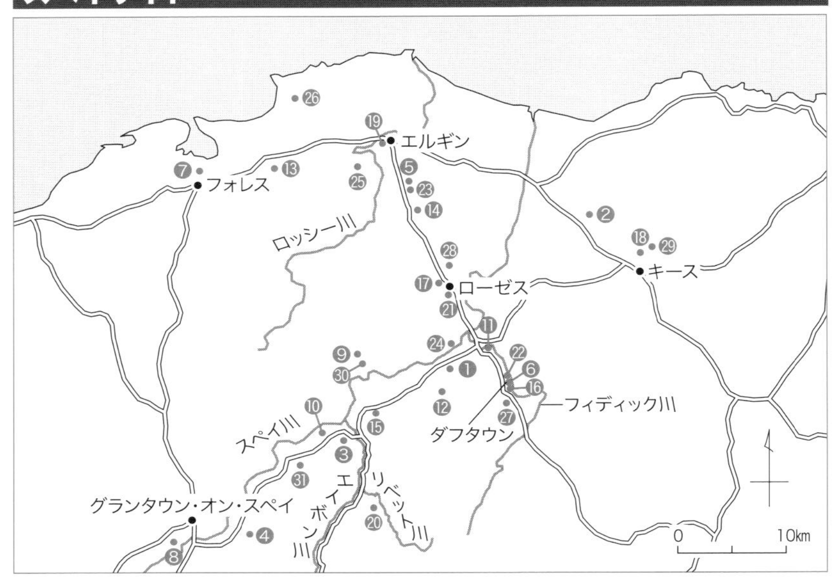

❶ アベラワー *Aberlour* ペルノリカール社

アベラワーとはゲール語で「ラワー川の落ち合い」の意味。秀峰ベンリネス山を源とするラワー川沿いに建てられていて、創業は1826年。もともと密造酒造りの盛んな地域で、密造者たちが利用したのが聖ダンスタンの井戸水。これはピクト族の洗礼に使われた水で、聖なる水が密造酒に化けていたことになります。かつてはアベラワーもこの水を使っていましたが、現在はベンリネス山の中腹にある泉から引いています。マッシュタンはステンレス製で、ワンバッチは麦芽12トン。ウォッシュバックもステンレス製で、7万ℓの容量のものが6基。ポットスチルはストレートヘッド型で、初留、再留計4基ですが、現在拡張工事が行われていて、倍の8基になる予定です。現在の建物は、1879年の火災後に建てられたもので、当時蒸留所建設の第一人者といわれたチャールズ・ドイグが設計したヴィクトリア朝の美しい建物です。

アベラワー 12年
ダブルカスクマチュアード

❷ オルトモア *Aultmore* バカルディ社

オルトモアはゲール語で「大きな小川」の意で、そばを流れるオーヒンデラン川から名付けられました。アレクサンダー・エドワードが1896年に創業。同地を選んだのはここが密造酒の中心地だったからだといいます。1923年からはジョン・デュワー&サンズ社（DCL社、のちのディアジオ社）が経営にあたっていましたが、1998年にバカルディ社が買収、現在は同社の経営となっています。

ここは蒸留後の廃液処理のパイオニアとしても知られ、麦汁抽出後のマッシュタンの搾りカス（ドラフ）と、ウォッシュ蒸留後のポットスチル内の初留廃液（ポットエール）を乾燥・圧縮し、ダークグレインと呼ばれるペレット状の飼料をつくり出すことに成功したといいます。ワンバッチは麦芽10.25トンで、ポットスチルは初留２基、再留２基が稼働しています。オフィシャルボトルは12年、18年、21年、25年などがラインナップされています。

オルトモア 12年

❸ バリンダルロッホ *Ballindalloch* バリンダルロッホ・ディスティラリー社

スペイ川沿いを走る幹線道路A95と、リベット谷に通じるB9008の分岐点に位置するのがバリンダルロッホの地で、そのジャンクションのすぐそばに2014年にオープンしたのが、バリンダルロッホ蒸留所です。スペイサイドに初めて建てられたクラフト蒸留所で、創業したのは同地に広大な土地を所有するマクファーソン・グラント家。同家が16世紀から住み続けるバリンダルロッホ城がすぐ近くにあり、蒸留所の土地もすべてマクファーソン・グラント家のものだといいます。ワンバッチは1トンですが、目指したのは〝シングルエステート蒸留所〟。大麦も領地で穫れたもので、麦芽の搾りカスは黒毛牛のアバディーンアンガス牛の餌になります。マッシュタンはセミロイタータンで、発酵槽はオレゴンパイン製が4基。スチルは2基のみで、冷却は伝統的な屋外ワームタブ方式を採用しています。

木製の屋外ワームタブが目を引く。

❹ バルメナック *Balmenach* タイ・ビバレッジ社（インバーハウス社）

蒸留所はグランタウン・オン・スペイの町から7㎞下った地にあります。ホーズ・オブ・クロムデイルと呼ばれるスペイ川中流の沖積平野で、クロムデイルの丘から幾筋もの小川が流れ、スペイ川本流に注ぎ込んでいます。バルメナックの仕込水は、クロムデイル川の水を利用しています。19世紀初頭に3人のマクレガー兄弟がこの地にやってきて、その中のひとり、ジェームズ・マクレガーが建てたのがバルメナック蒸留所です。正式にオープンしたのは1824年ですが、もともとクロムデイル一帯は密造酒造りの中心地でもありました。創業から100年近くマクレガー家が経営にあたっていましたが、1930年にDCL社が買収。現在はインバーハウス社のもとで生産が続けられています。ポットスチルは初留3基、再留3基、ウイスキーとは別にスコティッシュジンの「カルーンジン」を造っていることでも知られています。

ハートブラザーズ
バルメナック 10年

❺ ベンリアック *Benriach* ブラウンフォーマン社

ロングモーン蒸留所に隣接し、かつては親会社も同じでしたが、現在はそれぞれ別の会社が所有しています。1898年にジョン・ダフによって創業されましたが、わずか2年で閉鎖。その後60年以上にわたって生産は行われませんでした。1965年にグレンリベット社と合併し操業を再開。78年にはシーグラム社の傘下となりましたが、2004年にビリー・ウォーカー氏らが買収。しかし現在はアメリカのブラウンフォーマン社が所有しています。

ポットスチルは細身のストレートヘッド型で、1970年代から80年代にかけて2基から4基に増設されました。一時期、3回蒸留を行っていたことでも知られています。少量ですがフロアモルティングを行い、年に4週間だけヘビリーピーテッドのフェノール値55ppmの麦芽で仕込んでいます。スペイサイドにしては珍しくスモーキーでピーティな風味を持っているのはそのためです。

ベンリアック 10年

⑥ バルヴェニー *Balvenie* ウィリアム・グラント&サンズ社

バルヴェニーは、グレンフィディック創業5年後の1892年に、ウィリアム・グラントによって建てられたグレンフィディックの姉妹蒸留所です。バルヴェニーとはダフタウンにある古城の名前で（現在は廃墟）、ゲール語で「山の麓の集落」を意味するそうです。グレンフィディックと敷地は隣接し、酵母も仕込水もほぼ同じものを使っていますが、不思議なことにできあがるモルトはまったく性格が異なっています。グレンフィディックが軽く、フローラルでスイートなのに対して、バルヴェニーは蜂蜜のようなコクと、リッチさが特徴となっています。

バルヴェニーは、今でも伝統的なフロアモルティングを行っていて、大麦も一部、自社畑で栽培したものを使っています。一度のフロアモルティングには大麦約9トンを用い、7日から10日かけて製麦を行います。麦芽の乾燥にはスペイサイドのトミントール産ピートを使い、最初の12時間はピート、それ以降は無煙炭を焚いて乾燥させています。

マッシュタンはステンレス製で、ワンバッチは麦芽11.8トン。ウォッシュバックはオレゴンパイン製9基にステンレス製5基の計14基。発酵に要する時間は平均して64〜68時間です。ポットスチルはグレンフィディックと同じく、当初はラガヴーリンやグレンアルビンなどの中古を使っていましたが、2008年に新しく2基を追加し、現在は初留5基、再留6基の計11基となっています。

バルヴェニーのキルンはピートと無煙炭の焚き口が別になっている。

バルヴェニー 12年

❼ ベンローマック *Benromach* ゴードン&マクファイル(GM)社

1898年にフォレスに創業。操業と休止を繰り返し、1938年にジョセフ・ホップスに買収されましたが、ほどなくしてアメリカのナショナルディスティラーズ社に売却。その後DCL社が所有していましたが、規模が小さすぎたため1983年に再び閉鎖されました。1993年にエルギンに本拠を構えるボトラーズの雄、GM社が購入し5年の歳月をかけて大改造。生誕100周年にあたる1998年に生産を再開しています。

ベンローマック 10年

ウォッシュバックはカラ松製で現在は13基。ポットスチルはストレートヘッド型とボール型が1基ずつの2基のみで、スペイサイド最小規模です。仕込水はチャペルトンの泉の水を利用し、熟成にはバーボン樽とオロロソシェリー樽を主に使用。生産能力は年間70万ℓほどですが、現在は50万ℓを生産。オーガニックウイスキーなど、ユニークなウイスキーを出しています。

❽ ケアン *Cairn* ゴードン & マクファイル社

今日のシングルモルトブームをつくった立役者のひとりがボトラーのゴードン&マクファイル社、通称GM。そのGM社の第2の蒸留所としてスペイサイドに2022年にオープンしたのが、ケアン蒸留所です。GMはスペイサイドのエルギンに本拠を構えるボトラーで、1993年にフォレスにあるベンローマック蒸留所を買収して、自社でのモルトウイスキー生産に乗り出しました。これは既存の小さな蒸留所でしたが、その30年後、ベンローマックの2〜3倍の規模の新しい蒸留所を創業。ワンバッチは麦芽5.8トンと、ベンローマックの3倍以上。発酵槽はステンレス製で現在は6基ですが、近い将来12基に倍増予定。スチルは初留2基、再留4基の6基が稼働します。ベンローマックがライトピート麦芽だったのに対し、ケアンはノンピートのみ。シングルモルトをリリースするのは、2030年代半ばだといいます。

蒸留所のすぐ後ろをスペイ川が流れている。

⑨ カードゥ *Cardhu* ディアジオ社

スペイ川中流域のマノックヒルの丘の上に立つ蒸留所で、カードゥは「黒い岩」の意味です。創業者のジョン・カミングが農閑期の副業として密造酒をはじめたのが1811年のこと。妻ヘレンは密造酒造りを支える女傑として近所でも有名な存在でした。1824年に政府公認蒸留所となってからは嫁のエリザベスが優れた経営手腕を発揮し、19世紀後半にはカードゥの名声を不動のものにして、「ウイスキー産業の女王」と称されました。

カードゥ 12年

1893年にジョン・ウォーカー&サンズ社が買収してからは、ジョニーウォーカーの重要な原酒として今日に至っています。ウォッシュバックは計10基。ポットスチルはストレートヘッド型が6基。仕込水はマノックヒルの水を使用しています。年間生産能力は約340万ℓで、そのうちの30%がシングルモルト用。その7割以上がスペインに出荷されるといいます。蒸留所は現在、ジョニーウォーカーの〝4コーナーズ〟のひとつとなっています。

⑩ クラガンモア *Cragganmore* ディアジオ社

スペイ川中流、エイボン川（現地の発音はアーン川）がスペイ川に注ぐ合流点の近くにあります。創業は1869年。創業者のジョン・スミスは、ザ・グレンリベットを造ったジョージ・スミスの私生児という説も。ジョンは、当時の偉大なウイスキー職人のひとりで、クラガンモア創立以前に、マッカラン、グレンリベット、グレンファークラスなど、そうそうたる蒸留所のマネージャーを歴任しました。そのジョンが理想の蒸留所を造るために白羽の矢を立てたのが、現在のバリンダルロッホの地でした。

特筆すべきは、再留釜が一般的なスワンネック型ではなく、煙突のようなT字シェイプをしていること。この珍しいスチルは、理想を追求したジョン・スミスのオリジナルデザインだといいます。オールドパーなどの重要な原酒で、ディアジオ社の「クラシックモルト」の1本。スペイサイドを代表するシングルモルトです。

クラガンモア 12年

⑪ クレイゲラキ *Craigellachie* バカルディ社

クレイゲラキは古くから交通の要衝として知られてきたところ。スペイ川右岸沿いを走る幹線道A95と、ローゼス、エルギンに向かうA941が交差し、トーマス・テルフォードが設計した美しい橋がスペイ川に架けられています。

蒸留所の創設者はピーター・マッキーで、彼の叔父のJ・L・マッキーは当時ラガヴーリン蒸留所を所有していました。若きピーターはそこでウイスキー造りのイロハを会得し、1891年にクレイゲラキを創業。彼は〝レストレス（不眠不休）・ピーター〟と呼ばれ、巨漢でじつにエネルギッシュな人物だったといいます。ここはもともと、ピーターが創始したホワイトホースの原酒用にと建てられた蒸留所です。

長くDCL社、UD社傘下の蒸留所として稼働してきましたが、1998年にバカルディ社に売却され、現在はバカルディ社のブレンデッドスコッチ、デュワーズのキーモルトとして使われています。

クレイゲラキ 13年

⑫ グレンアラヒー *Glenallachie* グレンアラヒー・ディスティラーズ社

グレンアラヒーは「アラヒーの谷」の意味で、アラヒーはゲール語の「岩だらけの」意味だといわれています。もともとブレンデッドのマッキンレーズの原酒確保のため、スコティッシュ&ニューカッスル社が1967年に創業しました。所有者は1985年にインバーゴードン社、89年にキャンベルディスティラーズ社（ペルノリカール社）と移り、さらに2017年に現オーナーのビリー・ウォーカー氏へと移りました。

仕込水はベンリネス山近くの泉の水で、かつてはクランキャンベルなどのブレンド用でしたが、現在は自社ラベルのシングルモルトに注力しています。白い近代的な建物は蒸留所設計の第一人者といわれたデルム・エヴァンスが設計したもので、周囲の風景とよくマッチしています。エネルギー効率化のパイオニアでもあり、熱変換器を使ったプレヒーティングシステムを導入した最初の蒸留所でもあります。

グレンアラヒー 12年

⑬ グレンバーギ *Glenburgie* ペルノリカール社

バランタインの主要原酒で、シングルモルトとして出回ることはほとんどありませんが、瑞々しい洋ナシのような香味があり、スイートでふくよか。その洗練された味わいは、さすがバランタインの原酒と思わせるものがあります。1810年の創業ですが、1936年にカナダのハイラムウォーカー社が買収。同社が開発したローモンドスチルが1958年に2基導入され、81年に取り外されるまでグレンクレイグという別のモルトウイスキーも造っていました。ポットスチルはストレートヘッド型で計6基。初留釜の加熱は外部加熱方式（エクスターナルヒーティング）で、エネルギー効率を高めています。

かつては仕込水不足で、年間生産量は200万ℓほどでしたが、現在は新たな水源を確保し、倍以上の425万ℓの生産能力をもっています。

2004年に新しく建て替えられたグレンバーギ蒸留所。

⑭ グレンエルギン *Glen Elgin* ディアジオ社

1898年から1900年にかけて、グレンファークラスの元所長ウィリアム・シンプソンと地元の企業家ジェームズ・カールの共同出資によって創業されました。しかし1930年にDCL社に渡り、現在はディアジオ系列の蒸留所となっています。ホワイトホースの核となるモルト原酒で、かつて出回っていた12年物には、トレードマークの白馬が描かれ、グレンエルギンという文字の上に大きくホワイトホースと強調してありました。ただし現行品には白馬のマークはありません。

ポットスチルはストレートヘッド型で初留、再留合わせて2基しかありませんでしたが、1964年の改装で6基になりました。容量はスペイサイドでは小型の部類です。仕込水はミルビュイズ湖付近の泉の水を利用。冷却装置は屋外ワームタブで、これが蒸留所のシンボルとなっています。

グレンエルギン 12年

⑮ グレンファークラス *Glenfarclas* J&Gグラント社

蒸留所はスペイ川中流域、クレイゲラキとグランタウン・オン・スペイのほぼ中間に位置します。グレンファークラスはゲール語で「緑の草原の谷間」の意味。創業は1836年ですが、本格的にウイスキー造りを始めたのは、ジョン・グラントが経営に乗り出した1870年代以降のこと。今でも家族経営を続ける数少ない蒸留所のひとつで、現社長のジョージ・グラント氏は一族の6代目にあたります。

仕込水は背後のベンリネス山の湧水を利用。シェリー樽にこだわっているのはマッカランと同じですが、マッカランがスパニッシュオーク以外も使うのに対し、グレンファークラスはすべてスパニッシュオークのシェリー樽にこだわっています。ポットスチルはバルジ型で合計6基。マッカランがスペイサイド最小であるのに対してこちらは最大級。1基あたりの容量は初留2万6,500ℓ、再留2万1,000ℓと巨大です。しかも加熱方法はすべてガス直火焚きというのも特筆すべき点。

10年物から30年、40年、さらに105と、多くのボトルを出しているのも人気の理由で、105とは105プルーフのことで、アルコール度数60％で瓶詰めしていることを意味しています。さらに2007年からファミリーカスクというシリーズを出していますが、1952年から現在までのすべてのヴィンテージを揃えたもので、シングルカスクからのボトリングです。ビジターセンターを設けたのも早く（1970年代）、90年代には立派なホールに改築されました。その内装には、かつての豪華客船「オーストラリアの皇后」号の士官室の廃材が利用されています。

スペイサイド最大級のポットスチルが並ぶ蒸留棟。

グレンファークラス 12年

⑯ グレンフィディック *Glenfiddich* ウィリアム・グラント&サンズ社

ウィリアム・グラントが20年間勤めたモートラック蒸留所を辞め、念願の蒸留所を造ったのは1887年のこと。フィディック川の谷にあることから、グレンフィディック（鹿の谷）と名付けられました。9人の子供を抱えるグラント家の生活は楽ではありませんでしたが、コツコツと資金を貯め、家族全員が協力して、自分たちの手で蒸留所を建てたといいます。家族が力を合わせるのがグラント家の伝統で、現在もグラント一族が経営にあたっています。

当初はグランツなどのブレンド用でしたが、1963年、シングルモルトとして世界に売り出すことを決定。当時はシングルモルトが一般消費者に受け入れられるとは誰も思わず、同業者から「無謀な行為」と笑いものにされたといいます。しかし、1964年に4,000ケース（1ケースは12本換算）だった売り上げは、10年後の74年には12万ケースと30倍に増えました。現在は年間160万ケースを販売し、シングルモルトの売り上げではザ・グレンリベットに次ぐ世界第2位となっています。

製法は伝統的で、スチルは小型のボール、ストレート、ランタンヘッド型の3タイプ。資金難から、開業時にカードゥなどの中古品を購入した名残です。加熱方法はガスの直火焚きを続けてきましたが、現在は一部を残し、スチーム式に切り替わっています。規模が大きいのが特徴で、マッシュタンはステンレス製のフルロイタータンが4基。ウォッシュバックはダグラスファー製で、合計48基。スチルも初留16基、再留27基、合計43基とスコットランド最多です。年間生産量2,100万ℓというのも、もちろんスコットランド最大を誇ります。

ビジターセンターには創業者ウィリアム・グラントの肖像画が飾られている。

グレンフィディック 12年

⑰ グレングラント *Glen Grant* カンパリ社

ジェームズとジョンのグラント兄弟が、スペイ川下流のローゼスに蒸留所を建てたのは1840年のこと。ローゼスの町では最も古い蒸留所です。もともとジェームズは地元エルギンの法律家、政治家であり、ジョンは穀物商のかたわら、アベラワー蒸留所で蒸留技術を学んでいました。なお、グレンファークラスやグレンフィディックなどのグラント家とは別のグラント家です。

その後1952年にザ・グレンリベットと合併、72年にはロングモーンもグループに加わりました。しかし78年にカナダのシーグラム社に買収され、2001年にはペルノリカール社の所有となっています。さらに2006年、今度はイタリアのカンパリ社が1億1,500万ユーロで買収して話題になりました。

意外かもしれませんが、フランスやイタリアといったワイン大国は、一方でスコッチの大消費国でもあるのです。グレングラントは、イタリアで圧倒的な人気を博しています。そのシェア率は70%で、イタリアでシングルモルトといえば、このグレングラントを指すくらいなのです。

ポットスチルは変形ボール型と、ストゥーパ（仏舎利塔）とでも呼びたくなるような奇妙な形の2タイプで、初留、再留合計8基。しかも、すべてに精留器が取り付けられているという大変ユニークなもの。仕込水は蒸留所背後の谷を流れるグレングラント川の水源地近くの泉から引いています。

カンパリ社が買収してからボトルのパッケージ変更が行われ、さらに2013年には瓶詰めプラントも完成し、仕込みから瓶詰めまで一貫して蒸留所で行えるようになりました。

仏舎利塔のような奇妙な形をしたグレングラントのポットスチル。

グレングラント 10年

⑱ グレンキース *Glen Keith* ペルノリカール社

スペイサイドのキースの町には、ローゼスやエルギン、ダフタウンと同様にモルトウイスキーの蒸留所が集中しています。狭い町中にストラスアイラ、グレンキース、ストラスミルがあり、さらに郊外にはオスロスク、グレントファース、オルトモアがあります。これら6つを合わせてキース地区の蒸留所と呼んでいます。グレンキースは1957年にストラスアイラの第2蒸留所として創設されました。前身は製粉工場で、その建物を改造して蒸留所としました。熟成はシーバス社の集中熟成庫で行われています。

1970年までシーバスリーガルやパスポート用に、3回蒸留を行っていたのもユニーク。すべてがブレンド用でしたが、1994年に初めてオフィシャルのシングルモルトが市場に登場。その後ウイスキー市場の低迷で2000年から生産が休止していましたが、2013年にリニューアルオープンしました。

グレンキース 21年

⑲ グレンマレイ *Glen Moray* ラ・マルティニケーズ社

蒸留所名はマレイ州からとったもの。北海に面したマレイ州一帯は「レアック・オ・マレイ」と呼ばれ、比較的気候が温暖なため大麦の主産地として知られてきました。1897年に地元エルギンの実業家がビール工場を改造し、この蒸留所を建設。ビール工場の前は処刑場で、1962年に熟成庫を建設中に数個の頭蓋骨が出土して話題になったそうです。ポットスチルは背の低いストレートヘッド型で合計10基。仕込水はロッシー川の水を利用しています。

創業後しばらくして操業停止に追い込まれましたが、1920年にマクドナルド・ミュアー社が買収して生産を再開。1996年からグレンモーレンジィ社に社名が変わり、2005年にLVMH社の傘下となりましたが、2008年にフランスのラ・マルティニケーズ社によって買収され、フランス資本の蒸留所となりました。フランス国内で人気の「ラベル5」の原酒として使われています。

グレンマレイ 12年

⑳ ザ・グレンリベット *The Glenlivet* ペルノリカール社

創業は1824年ですが、この1824年という年は、スコッチの歴史において記念すべき年でした。その前年に酒税法が改正され、1世紀以上続いた密造酒時代が終わりを告げました。それを受け、ジョージ・スミスがグレンリベットを政府公認第1号蒸留所としてスタートさせたのが、この年だったのです。

傑出したウイスキー職人だったスミスがウイスキー造りの地として選んだのがグレンリベット、すなわちリベット川の谷でした。良質な水と豊富なピート、清涼な空気に恵まれたリベット谷は、密造酒造りの一大中心地でもあり、数百の密造所があったといいます。時の国王ジョージ4世も、リベット谷の密造酒を愛飲していたのです。そんな〝密造者の谷〟で、あえて政府公認の道を選んだスミスは裏切り者扱いされましたが、その先見の明はすぐに証明され、19世紀半ばにはモルトウイスキーの代名詞とまでいわれるようになりました。ところが、こんどはその名声にあやかろうと、勝手に「グレンリベット」と名乗る蒸留所が次々と出てくる事態に。それに対しスミス家は訴訟を起こし、それに勝訴。以来単独で「グレンリベット」と名乗ってよいのは、他と区別するために定冠詞を付した「ザ・グレンリベット」だけとなったのです。その後もスミス家が経営にあたってきましたが、現在はペルノリカール社が所有。仕込みはワンバッチ14トン。使用するのはノンピート麦芽のみで、得られる麦汁は5万9,500ℓ。2010年に第2生産棟が完成、さらに2022年に第3蒸留所が竣工し、ポットスチルは初留・再留計28基になりました。

すべて同じランタンヘッド型のポットスチルがずらりと並ぶ。

ザ・グレンリベット 12年

㉑ グレンロセス *Glenrothes* エドリントングループ社

創業は1878年で、ローゼス川の谷にあることからグレンロセスと名付けられました。不運なことに創業してまもなく、資金援助を受けていた銀行が倒産。そのため、当初予定していた規模を縮小して建てざるを得なかったといいます。そうした苦難の歴史とは逆に、ウイスキー自体は早くから評価され、ブレンダーの間ではつねにスペイサイドの「トップ6」にランク付けされるモルトでした。現在でも95%がブレンド用に出荷され、シングルモルトとして出回るのは全体の5%のみです。

現行ボトルはヴィンテージ表記がコンセプトの丸型のボトルで、ラベルはブレンダーがテイスティング時に使用するサンプルボトルのラベルを模しています。以前はロンドンのBBR社がシングルモルトのブランド権を、蒸留所オーナーのエドリントングループがブレンデッドのカティサークのブランド権を持っていましたが、現在はグレンロセスはエドリントングループが、カティサークはラ・マルティニケーズ社が所有しています。

マッシュタンはステンレス製で、一度の仕込みは麦芽約5.5トン。ウォッシュバックはステンレス製と木製の2タイプで計20基。1基の容量は約2万5,000ℓ、発酵時間は60時間です。ポットスチルはボール型で、体育館のような大きな蒸留棟の中に初留5基、再留5基、合計10基がずらりと並んでいます。1基あたりの容量も大きく、初留釜が2万2,990ℓ、再留釜は2万5,400ℓあります。仕込水はローゼスの町の背後にある、アードカニーとフェアリーズウェルの2つの泉から引いています。

グレンロセスのスチルルーム。小さな体育館のよう。

グレンロセス ヴィンテージリザーブ 12年

㉒ キニンヴィ *Kininvie* ウィリアム・グラント&サンズ社

キニンヴィ蒸留所は、グレンフィディック、バルヴェニー、ガーヴァンに次ぐ第4の蒸留所として、ウィリアム・グラント&サンズ社によってスペイサイドのダフタウンの町に建てられました。創業は1990年と新しく、バルヴェニー、グレンフィディックとは敷地を接しています。

建物は四角いコンクリート造りで、パゴダ屋根もなく、一見すると蒸留所の建物とは思えませんが、ウイスキーの造りはいたって伝統的。9基あるウォッシュバックは木製で（マッシュタンとウォッシュバックはバルヴェニー蒸留所内にあります）、ポットスチルもグレンフィディックと同じように小さめのものを使用。初留3基、再留6基の計9基が稼働しています。麦芽はバルヴェニーと違って専門の業者から仕入れていますが、使用するのはノンピート麦芽のみです。熟成は主としてバーボン樽を使用していますが、すべてがブレンド用の原酒で、シングルモルトとしてはごくわずかの限定ボトルが出回るのみです。ただし同社のブレンデッドモルト、「モンキーショルダー」は、このキニンヴィがキーモルトとして使われているといいます。

㉓ ロングモーン *Longmorn* ペルノリカール社

ゲール語で「聖人の場所」の意味。1894年にジョン・ダフが創業しましたが、1909年にはJ・R・グラントが買収。その後70年代までグラント一族が経営にあたっていました。しかし72年にグレングラント、ザ・グレンリベットと合併、78年にシーグラム社の傘下に入りました。現在はペルノリカール社の所有となっています。

糖化槽は最新鋭のブリッグス製でワンバッチは8.5トン。ウォッシュバックはステンレス製で計10基。ポットスチルはストレートヘッド型で初留・再留合わせて計8基。初留釜と再留釜がそれぞれ別の部屋になっているのが特徴で、これは94年まで初留が石炭直火だったためですが、現在はすべてスチーム加熱となっています。ロングモーンはニッカウヰスキーの創業者、竹鶴政孝（たけつるまさたか）が1919年4月に修業に訪れた蒸留所のひとつで、その意味では、ジャパニーズウイスキーの母なる蒸留所といえるのかもしれません。

ロングモーン 18年

㉔ マッカラン *Macallan* エドリントングループ社

創業は1824年ですが、1892年にエルギンの酒商ロデリック・ケンプが買収して以来、ケンプ家が経営に関わってきました。前オーナーでハリウッドの有名な脚本家でもあったアラン・シャイアックもそのひとりで、インテリジェンス溢れる広告戦略に大いに貢献しました。現在の所有者はエドリントングループ社。ただし株式の25%は日本のサントリーが所有しています。シングルモルトの売り上げはザ・グレンリベット、グレンフィディックに次いで世界第3位を誇り、日本でも長い間、輸入シングルモルト第1位の座をキープしています。

もともとマッカランはスパニッシュオークのシェリー樽を使うことで有名で、専用の樽材を得るため1976年にはスペインに進出。直接スパニッシュオークの原木を選んで、現地で2年間天日乾燥。その後シェリーの産地である南スペインのヘレスに運び、再び2年間天日乾燥。そのうえで地元の製樽会社でマッカラン専用の樽に組み上げ、その樽にオロロソシェリーを詰めて2年間熟成（シーズニング）。その後空き樽をスペイサイドに運び、マッカランを詰めています。

高まる需要を受け、1980年代以降使われていなかった第2生産棟を2008年に改修して再稼働させましたが、現在は第1、第2蒸留棟にかわる最新鋭の蒸留所が2018年にオープンしました。ポットスチル36基を擁する巨大な蒸留所で、スコットランド最大級となっています。

2018年5月に正式オープンとなった最新鋭のマッカラン蒸留所。スチルが円形に並んでいる。

マッカラン 12年 シェリーカスク

㉕ ミルトンダフ *Miltonduff* ペルノリカール社

蒸留所のすぐ近くに、1236年に建てられたプラスカーデン修道院があり、ベネディクト派の修道僧たちが古くからウイスキー（アクアビット）造りを行っていました。ミルトンダフは、同修道院が経営していた製粉所の建物を利用して1824年に創業しました。ミルトンとは「製粉所のある村」の意で、ダフと付けられたのは、その土地がファイフ伯ダフ一族によって所有されていたからです。

1936年にカナダのハイラムウォーカー社が買収し、傘下のバランタイン社が蒸留免許を取得。以来バランタインの重要なモルト原酒になっています。1964年には同社が2基のローモンドスチルを導入。これでモストウィーというウイスキーも造っていましたが、1981年にローモンドスチルは撤去。現在残っているのはストレートヘッド型の6基だけです。

どっしりとしたストレートヘッド型のスチル。

㉖ ローズアイル *Roseisle* ディアジオ社

2009年に操業を開始した、ディアジオ社最大のモルト蒸留所です。スペイサイドの中心地、エルギンの町から西北西に12㎞ほど離れた場所にあり、周囲には見事なまでの大麦畑が広がっています。同社の製麦工場のひとつが元からここにあり、その敷地内に建設されました。

ほぼすべてがブレンデッド用ですが、ローズアイルの12年物のシングルモルトが一度発売されています。年間約1,250万ℓの生産が可能で、これはディアジオ社が所有している31のモルト蒸留所では最大です。14基のストレートヘッド型スチルで蒸留が行われていますが、すべてはコンピューター制御のワンマンオペレーションで、1日3シフト、3人の製造スタッフしかいません。

まるで巨大な体育館のような建物で異彩を放っている。

㉗ モートラック *Mortlach* ディアジオ社

創業は1823年とダフタウンにある蒸留所の中で最も古く、1887年にグレンフィディックができるまでは、町で唯一の蒸留所でした。モートラックとは、ゲール語で「椀状のくぼ地」のことだといいます。蒸留所は創業以来、何度もオーナーが代わり、生産と休止が繰り返されてきました。19世紀にはグレングラント蒸留所が所有していた時期もありましたが、1923年にジョン・ウォーカー&サンズ社がオーナーとなってからは、ジョニーウォーカーの重要なモルト原酒となってきました。シングルモルトとして出回ることは少なく、1990年代に「花と動物シリーズ」の16年物が販売されたくらいでした。しかし、現在はシングルモルトにも力を入れ、12年や18年などが定番製品として販売されています。

マッシュタンはステンレス製で、ウォッシュバックはカラ松製が6基。ポットスチルは1897年に3基から6基に増設されましたが、形や大きさがばらばらで、しかも通常と違って初留、再留がペアになっていません。その中の一番小さなスチルは「小さな魔女」というニックネームがつけられています。このスチルがモートラックの個性を生み出していると、職人たちは昔から信じてきました。また一部を3回蒸留しているため、蒸留作業は複雑を極め、職人でも理解するのに半年かかるといわれています。このこともモートラックの複雑で豊かなコクを生み出す要因となっているのです。こうしたことから、モートラックは「ディアジオの異端児」、「ダフタウンの野獣」と呼ばれています。

小さな魔女が住むといわれているスチルは、一番奥にある。

モートラック 12年

㉘ スペイバーン *Speyburn* タイ・ビバレッジ社（インバーハウス社）

蒸留所はローゼスの町のはずれ、グレン・オブ・ローゼスの森の谷間にあります。蒸留所の設計はヴィクトリア期の著名な建築家、チャールズ・ドイグによるもので、見事なまでに周囲の景色に調和していて、スペイバーンはドイグの傑作ともいわれています。創業した1897年はヴィクトリア女王在位60年のダイアモンド・ジュビリーの年。オーナーはどうしてもこの年に始業したかったので、12月最終週、まだ窓もドアも完成していない蒸留棟で雪嵐の中、職人たちは分厚い外套を着て作業したそうです。

スペイバーン 15年

1991年にUD社からインバーハウス社に経営が代わり、現在はインバーハウス傘下の5蒸留所のひとつとなっています。スペイバーンはドラム式モルティングをいち早く導入した蒸留所でしたが、現在は使われていません。仕込水はグランティ川とバーチフィールド川から引いています。

㉙ ストラスアイラ *Strathisla* ペルノリカール社

ストラスはゲール語で「広い谷」の意で、ストラスアイラは「アイラ川流域の広い谷」を意味します。蒸留所があるキースの町はかつてリネン産業で栄えましたが、18世紀後半に衰退。地元の起業家ジョージ・テイラーとアレクサンダー・ミルンが、リネンにかわるものとして選んだのがウイスキーの蒸留でした。蒸留所が建てられたのは1786年で、これはスペイサイド最古。当初はミルタウン、ミルトンと名乗っていましたが、1950年にシーグラム社に買収され、現在のストラスアイラに改名されています。

ストラスアイラ 12年

ポットスチルはボール型とランタンヘッド型の2タイプあり、初留、再留計4基。1965年に2基増設されましたが、以前からあるオリジナルの2基は90年代後半まで石炭直火焚きを行っていました。シーバスリーガルの核となる原酒で、シングルモルトとして出回るのは極めて少量です。

㉚ タムドゥー *Tamdhu* イアンマクロード社

ストラススペイ鉄道の開通により、1890年代末に相次いで3つの蒸留所がスペイ川中流域の左岸沿いにオープンしました。ノッカンドオとインペリアル、そしてタムドゥーです。タムドゥーとは「黒い小丘」「黒い塚」を意味します。昔から良質の水に恵まれ「密造者の谷」といわれた場所にあり、タムドゥー川の伏流水が仕込みに使われています。また現在は取り壊されましたが、サラディンボックス式の製麦施設があり、かつては麦芽自給率100%を誇りました。

1897年の創業ですが、不況と大戦で需要が落ち込み、1927年から20年間は操業停止となっています。グレンロセスと並ぶエドリントングループのスペイサイドでの拠点で、フェイマスグラウスやカティサークの原酒を造っていましたが、2011年に中堅ブレンダーのイアンマクロード社が買収に成功し、現在はシングルモルトの販売にも注力しています。

タムドゥー 10年

㉛ トーモア *Tormore* エリクサーディスティラーズ社

トーモアとはゲール語で「大きな丘」の意味。創業は1958年で、生産開始は翌年という、比較的新しい蒸留所です。白壁とモスグリーンの屋根、アーチ状の装飾は、元ロイヤルアカデミー会長、サー・アルバート・リチャードソンが設計したもので、建築学上の評価も高く、美しい蒸留所といわれています。

建築や設備は近代的ですが、製法はスペイサイドの伝統を踏襲しています。仕込水は、蒸留所背後の丘の上にあるロッホ・アン・オー（黄金の湖）から流れ出たアクボッキー川の水を利用。マッシュタンはフルロイタータンで、発酵槽はステンレス製、ポットスチルは初留4基、再留4基の計8基が稼働しています。2022年に蒸留所は、ペルノリカール社からエリクサーディスティラリーズ社に売却されています。

スペイ川を見下ろす高台に建てられているトーモア蒸留所。

アイラ

アイラ島
ジュラ島
フィンラーガン湖
インダール湾
ポートエレン製麦所
⑧ ① ⑨ ⑤ ④ ③ ⑩ ⑦ ⑥ ②
0 10km

オークニー諸島
ルイス・ハリス島
83ページ
スコットランド
0 100km

❶ アードナッホー *Ardnahoe* ハンターレイン社

アイラ島9番目の蒸留所として2017年にオープンしたのが、アードナッホー蒸留所。アードナッホーとはゲール語で「高い丘の上」のことで、文字どおり標高約200mの丘の斜面に建てられています。すぐそばに同名の湖があり、この湖はアイラの中で最も水深の深い湖として知られています。蒸留所はまさにその豊富な水を仕込水にも、冷却水にも使用しています。アードナッホーを創業したのは「OMCシリーズ」などで知られるグラスゴーのボトラー、ハンターレイン社です。仕込みはワンバッチ2.75トンで、発酵槽はオレゴンパイン製が5基。スチルは2基のみですが、ラインアームが7.5mと、異様に長いことで知られています。これはスコッチで一番長いとか。冷却もアイラでは唯一となるワームタブ方式を採用。仕込みの90%はフェノール値40ppmのヘビリーピート麦芽だといいます。

アードナッホーのスチルは大きなランタンヘッド型。

❷ アードベッグ *Ardbeg* モエ ヘネシー・ルイ ヴィトン社

アイラ島南岸にはラフロイグ、ラガヴーリン、アードベッグと3つの蒸留所があり、所在する教区の名前を取って「キルダルトン3兄弟」と呼ばれています。アードベッグは3つの中で最もクラシックで、ピート香やヨード臭、スモーキーフレーバーが強いことで知られています。アードベッグはゲール語で「小さな丘、岬」の意味です。

1815年にジョン・マクドーガルが創業し、100年近くマクドーガル家が経営していましたが、20世紀に入ってから何度もオーナーが代わりました。生産は不定期になり、1980〜89年の間は生産休止に追い込まれています。その後アライドディスティラーズ社のもとで生産を再開しましたが、数年で再び休止。1997年にグレンモーレンジィ社（現モエ ヘネシー・ルイ ヴィトン社）が買収して、ようやく蘇りました。

麦芽のフェノール値は最も高く、55〜65ppm。しかし、再留釜のラインアームの部分に取り付けられたピュアリファイアー（精留器）によって、クリーンでフルーティ、スイートな芳香が生まれるといいます。仕込水は、蒸留所の北にあるウーガダール湖とアリナムビースト湖の水を使用。非常にピート色の強い水で、エスプレッソコーヒーのような色をしています。年間生産能力は240万ℓで、そのうち90%以上は自社のシングルモルト用で、ごくわずかな量だけがブレンデッドの原酒用に出荷されます。ポットスチルは背の高いランタンヘッド型で、2021年に2基増設され、現在は合計4基となっています。

アードベッグ TEN

かつてのキルンはショップとカフェに変身…。

❸ ボウモア *Bowmore* サントリー（ビームサントリー社）

島の中心、ボウモアの町の小さな港のそばに立っています。海に突き出た桟橋から見ると、まるで要塞のようで、風の強い日にはまともに波しぶきが当たり、蒸留所内にも潮の香りが漂います。ボウモアとはゲール語で「大きな岩礁」の意味。島の商人デイビッド・シンプソンが1779年に創業した、アイラ島では最も古い蒸留所です。

1994年まではモリソンボウモア社の所有でしたが、同年7月にサントリーが買収して、現在はビームサントリー社の所有となっています。仕込水は、アイラ島最大の川であるラーガン川の水を利用。現在もフロアモルティングを行っている数少ない蒸留所のひとつで、必要量の25%をそれでまかなっています。フロアは3面あり、週に42トンの麦芽をつくることが可能です。乾燥には季節にもよりますが、ピートで約10時間、熱風で34時間、計44時間を要します。

仕込みでは自家製麦芽2トンに、モルトスターから買い入れた麦芽6トンを混ぜて使用しています。かつては同じアイラ島のポートエレン製の麦芽を使っていましたが、現在は本土のシンプソンズ社から購入しています。麦芽のフェノール値は、両者とも25〜30ppm。ボウモアの年間生産能力は約215万ℓで、以前は70%が他社のブレンド用でしたが、現在は100%自社のシングルモルト用となっています。

早くから観光客を積極的に受け入れていて、ビジターセンターや売店も充実。蒸留廃液（スペントウォッシュ、スペントリース）の高熱を利用して温水プールをつくり、島民の福祉に貢献しているのもユニークな点です。このプールができるまで大半の島民は泳げなかったといいますから、貢献度は大です。

ピート採掘場から切り出したピートを、キルンの焚き口にくべる。

ボウモア 12年

❹ ブルックラディ *Bruichladdich* レミーコアントロー社

ブルックラディとはゲール語で「海辺の丘の斜面」の意味です。創業は1881年。1994年にJBB社がインバーゴードン社から買収しましたが、直後に閉鎖となり、その後ほとんど生産は行われていませんでした。蒸留所消滅の危機を救ったのが、元ボウモア蒸留所のジム・マッキューワン氏とボトラーズのマーレイ・マクダビッド社でした。両者が中心となってJBB社から買収し、蒸留所は2001年の春に再オープンしました。現在は、ノンピートのブルックラディと、ヘビリーピート（30〜40ppm）のポートシャーロット、ウルトラヘビーピート（80〜300ppm）のオクトモアという、3つの異なるタイプのウイスキーを造っています。

またアイラ島の農家と契約して、大麦の栽培を行っている点もユニーク。かつてはアイラ島でも大麦の栽培が盛んでしたが、ここ100年ほどは行われていなかったといいます。ブルックラディの仕込みで必要な麦芽のうちアイラ産は40%くらいですが、将来はすべてアイラ産に切り替えたいとしています。大麦の品種もさまざまで、コンチェルト種やロリエット種、さらには古代品種のベア種の仕込みも行っています。また、どこの農場で栽培されたのかもラベルに表記するなど、モルトウイスキーの世界にトレーサビリティとテロワールを導入したパイオニア的存在として知られています。

ブルックラディはボトリング設備を持っていて、大麦の調達からボトリングまで、すべてアイラ島で行うことが可能になっています。

蒸留所は海岸道路から一歩中に入ったところにあり、とても開放的。

ブルックラディ ザ・クラシック・ラディ

❺ キルホーマン *Kilchoman* キルホーマン・ディスティラリー社

リンス半島の西側に位置するロックサイドファーム一帯は、もともとアイラ島の領主、アンガス・オグが 14 世紀に夏の宮殿を置いたところで、アイラ島でも由緒ある土地柄です。蒸留所は、この地の古い農家の建物を改造して建てられました。

それまでのアイラの蒸留所と違って海に面しておらず、１㎞ほど内陸に入っています。蒸留所としてはアイラ最小ですが、カフェや大きな売店が併設されており、年間約２万人もの観光客が訪れる人気のスポットだといいます。

創業は 2005 年６月で、創業者はアンソニー・ウィリス氏と、ロックサイド・ファームを経営するマーク・フレンチ氏。マッシュタンもステンレス製のウォッシュバックも、４基あるポットスチルもフォーサイス社が製作しました。

創業直後の 2006 年に火災が発生し、キルン塔の一部を焼失しましたが、現在は新たな製麦施設を建て、ロックサイド農場産の大麦でフロアモルティングも行い、必要とする麦芽の２割程度をそれでまかなっています。

さらに小規模ながらボトリング設備も併設していて、大麦の栽培から製麦、仕込み、発酵、蒸留、そして熟成、ボトリングまで、すべてアイラ島内で行うことができる唯一の蒸留所となっています。

2015 年にフレンチ氏が引退し、現在は農場ともども、アンソニー・ウィリス氏の単独所有となっていて、生産量も倍増。ポットスチルも４基に増設し、現在は年間 65 万ℓの生産を目指しています。

小規模ながらフロアモルティングも行い、これで2割近くをまかなう。

キルホーマン マキヤーベイ

❻ ラガヴーリン *Lagavulin* ディアジオ社

アイラ島の南の玄関口、ポートエレン港から海岸沿いに3km東に行ったところにあります。かつてはホワイトホースの大きな看板があり、ホワイトホースの原酒であることが強調されていましたが、現在は「LAGAVULIN」の文字のみとなっています。ラガヴーリンはゲール語で「水車小屋のある湿地」の意味。創業は1816年ですが、それ以前に周辺には密造所が10カ所以上もあったといいます。ホワイトホース社の創業者ピーター・マッキーが若い頃修業した蒸留所としても知られています。

仕込みはワンバッチ5.4トン。使用する麦芽はすべてポートエレン製で、麦芽のフェノール値は34〜38ppm。これは同系列のカリラと同じですが、できあがるウイスキーは性格が異なっています。ラガヴーリンはカリラと違って、ピーティさやスモーキーさの中に、どっしりとしたコクと、ベルベットのような舌触りがあり、アイラモルトの中で最もリッチで重厚なモルトウイスキーとされています。

ポットスチルは初留・再留計4基。1基の発酵槽で得られた約2万1,000ℓのモロミを2等分し、同時に初留釜2基に投入します。そこで得られたローワインと前回蒸留分のフェインツを合わせて、こんどは1基の再留釜に投入。つまり初留釜2基に対して再留釜1基で対応しているのですが、初留に約5時間、再留に10時間と、再留に倍の時間をかけることで、バランスを保っています。現在は、ラガヴーリンの熟成庫に6,000樽、カリラとポートエレンの熟成庫に数千樽が眠っているといいます。

タマネギのようにくびれがなく、どっしりとしたポットスチル。

ラガヴーリン 16年

❼ ラフロイグ *Laphroaig* サントリー（ビームサントリー社）

ポートエレン港から東に2㎞、静かで美しい入り江に建てられているのがラフロイグで、ラフロイグとはゲール語で「広い入り江の美しいくぼ地」の意味。蒸留所はジョンストン兄弟によって1815年に建てられました。1950〜70年代にかけてはベッシー・ウィリアムソンという女性が所長を務めていましたが、これはスコッチの長い歴史の中でも初めてのケースだったといいます。その後アライドディスティラーズ社の下で生産を行ってきましたが、2005年にアメリカのビーム社が買収。そのビーム社を2014年に日本のサントリーが買収して、現在はビームサントリー社の傘下となっています。

ラフロイグはフロアモルティングを行っていますが、麦芽の乾燥には独自のピートボグ（湿原）から切り出したピートを使っています。このピートボグは海に近く、ヘザーや苔、海藻などが混入していて、それがラフロイグ独自の風味を生むといいます。麦芽の乾燥にはピート10〜12時間、熱風15〜18時間を要します。この自家製麦芽のフェノール値は50〜60ppm。もちろん自家製麦芽は一部だけで、ポートエレン製麦所と本土のクリスプ社などから残りを買い入れています。ポートエレン麦芽はラガヴーリンやカリラと同じフェノール値30〜45ppm。自家製麦芽の比率は15%ほどだといいます。熟成に使用するのはファーストフィルのバーボン樽が70%、残りはリフィルカスクです。チャールズ国王愛飲の酒で、シングルモルトとしては唯一、王室御用達の勅許状（ロイヤルワラント）を賜っています。

ラフロイグのキルンは今も現役。いつも煙を吐いている。

ラフロイグ 10年

⑧ ブナハーブン *Bunnahabhain* CVHスピリッツ社（バーンスチュワート社）

創業は1881年で、アイラ島の北の玄関口、ポートアスケイグ港からさらに北へ4kmほど行ったところにあります。ブナハーブンは「河口」の意味。現在の仕込みはワンバッチ麦芽8トンで、約5万ℓの麦汁を得ています。ウォッシュバックはオレゴンパイン製が6基で、容量は約7万ℓとこちらも巨大。ポットスチルは独特のタマネギ型をしていて、1963年に2基から4基に増設されました。

ブナハーブンは、アイラ島のすべてのモルトウイスキーをブレンドしたブラックボトルのホーム蒸留所としても知られています。またアイラモルトの中では最も軽いといわれていますが、近年のアイラモルトブームでスモーキーな原酒が入手できなくなったため、1990年代終わりから自前でスモーキーなモルトの生産に乗り出しています。現在では生産量の33%がヘビリーピート麦芽で、残りの67%がノンピートだといいます。

ブナハーブン 12年

⑨ カリラ *Caol Ila* ディアジオ社

蒸留所はポートアスケイグ港の1kmほど北にあり、Caolはゲール語で「海峡」、Ilaは「アイラ島」のことです。蒸留所が建てられたのは1846年ですが、1972年から74年にかけて近代的な蒸留所に建て替えられました。一度の仕込みは麦芽12.5トンと巨大で、ポットスチルはストレートヘッド型で、建て替えの際に2基から6基に増設されました。ひとつひとつのサイズも2万5,000～3万ℓと大きく、年間生産能力も650万ℓと、アイラ島最大を誇っています。仕込水は1.5km離れた丘の上にあるナムバン湖の水を利用していますが、非常にピート色の濃い軟水だといいます。

ほとんどがジョニーウォーカーなどのブレンド用だったため、かつては非常に入手しにくい酒でしたが、2002年からは、ヒドゥンモルトシリーズのひとつとして、12年、18年、カスクストレングスなどがリリースされるようになりました。

カリラ 12年

⑩ ポートエレン *Port Ellen* ディアジオ社

ハイランドのブローラ同様カルト的人気を誇るのが、アイラ島のポートエレン。創業は1825年ですが、ウイスキーが不況時代を迎えた1983年に閉鎖。その後建物も取り壊されてしまいました。そのポートエレンがブローラとともに復活するとディアジオ社から発表されたのが2017年で、ブローラは2021年に完成しましたが、ポートエレンはすべて一からつくり直さざるを得なく、思った以上に時間がかかりました。当初2022年にオープン予定でしたが、2024年3月のオープンとなりました。

もともとポットスチル4基で年間160万ℓを生産していましたが、新しいポートエレンはスチル2基で、75万ℓの生産を目指すといいます。隣にはアイラ島で唯一の巨大なポートエレン製麦所があり、それも含めてビジターセンターを併設、ディアジオ社のアイラ島の拠点にする計画だといいます。

ポートエレン港の桟橋から見た蒸留所。

Chaser 2

番犬ならぬ番ネコのチャンピオン

原料となる大麦を喰いあらすネズミや小鳥を退治するために、かつてスコットランドの蒸留所ではウイスキーキャット、ディスティラリーキャットという、番犬ならぬ〝番ネコ〟を飼っていました。彼（彼女）らは害獣駆除員という肩書きを与えられ、蒸留所のスタッフリストにも載せられていたといいます。

そんな番ネコのチャンピオンが、2万8,899匹のネズミを捕まえ、ギネスブックにも載ったタウザーという雌ネコ。グレンタレット蒸留所のウイスキーキャットで23歳11カ月という長寿を全うし、1987年3月に亡くなりました。そのニュースは全英中を駆け巡り、彼女の死を多くの人が悼んだといいます。

それにしても、毎朝彼女が所定の場所に置いていったネズミをコツコツと台帳に記録した蒸留所のスタッフもエライと思うのですが…。

アイランズ

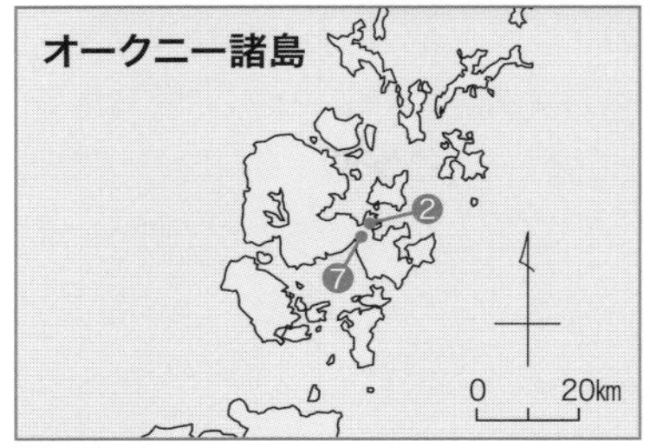

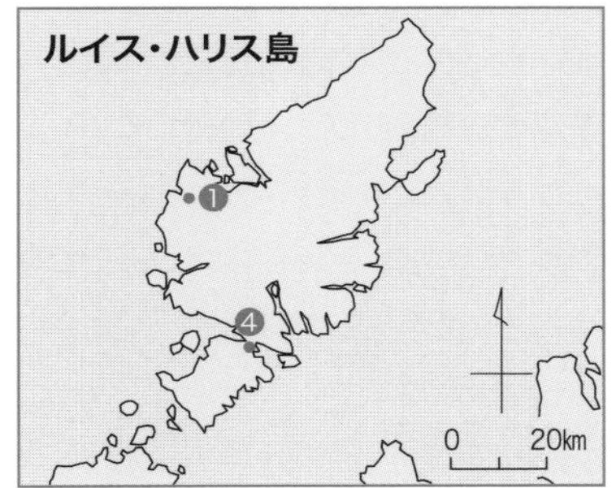

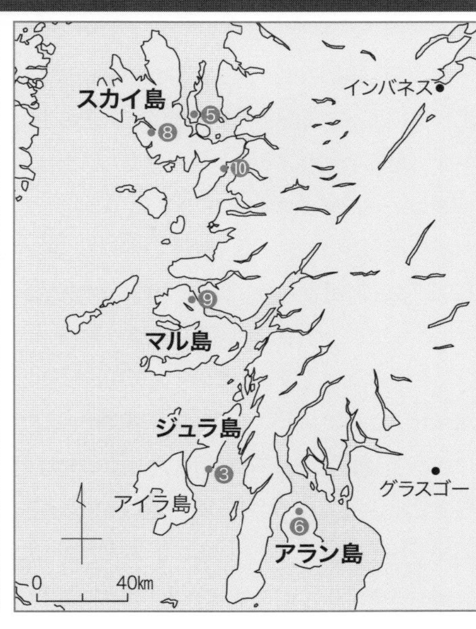

❶ アビンジャラク *Abhainn Dearg* マーク・テイバーン

アウターヘブリディーズ諸島のルイス島に 2008 年に誕生したユニークな蒸留所で、ルイス島に蒸留所が誕生したのは、160 年ぶりのこと。ヘブリディーズとは、「地の果て」を意味するヴァイキングの言葉です。

創業したのは地元出身のマーク・テイバーン氏。建物の一部はかつて鮭の孵化養殖場だったもので、蒸留所の横をゲール語で「赤い川」を意味するアビンジャラク川が流れています。ユニークなのは、地元で「ヒルスチル」と呼ばれていた密造用スチルを現代に蘇らせたこと。ヘッドが極端に細く小さく、ラインアームも奇妙に曲げられているのが特徴です。年間生産量は2万ℓで、現在はすべてルイス島産の大麦を使っています。それも、かつて一世を風靡したゴールデンプロミス種にこだわっています。

奇妙なポットスチル。冷却は屋内ワームタブ。

❷ ハイランドパーク *Highland Park* エドリントングループ社

大小70あまりの島からなるオークニー諸島は8世紀以降、数百年にわたってヴァイキングによって支配されてきました。その中心に位置するメインランド島のカークウォールにあるのがハイランドパークで、スコットランド最北（北緯59度）の蒸留所です。創業は1798年ですが、かつてそこには伝説の密造者マグナス・ユウンソンの密造所があったといいます。蒸留所がハイパークと呼ばれる高台にあったことから、ハイランドパークと名付けられました。仕込水は背後の丘にあるカティーマギーの泉から引いていましたが、現在は蒸留所下のクランティットの井戸水を使っています。

ここは今でもフロアモルティングを行っている数少ない蒸留所のひとつで、ピートはホービスターヒルという独自の採掘場から切り出しています。フォギー、ヤフィー、モスという3層のピートですが、オークニーは寒冷地で風が強いため樹木はまったく育ちません。そのため、樹木が堆積したアイラ島や本土のピートと違って、オークニーのピートはすべてヘザーや草、苔などが堆積してできたものだといいます。

麦芽の乾燥には8時間ピートを燃やし、残りの19時間はコークスを使います。できあがる麦芽のフェノール値は30〜40ppm。ただし自家製麦芽の比率は25%ほどで、残りは本土産を使用しています。これはノンピートで、最終的な麦芽のフェノール値は10ppmくらいになります。発酵槽はオレゴンパイン、ダグラスファー、シベリア産カラ松の3つがあり、カラ松材は、かつてヴァイキングがロングシップの建造に用いたものと同じ材だといいます。

ハイランドパークの製麦棟は、1860年から使われ続けている。

ハイランドパーク 12年

❸ アイル・オブ・ジュラ *Isle of Jura* （エンペラドール社（ホワイト&マッカイ社））

ジュラとはヴァイキングの言葉で「鹿の島」の意味。人口200人に対して、野生の鹿が4,000～5,000頭も棲息しています。蒸留所があるのはクレイグハウス村の中心部。創業は1810年ですが、ジュラ島ではすでに1502年から密造酒が造られていたといいます。

地代のことで地主と揉め、20世紀に入って約半世紀閉鎖されていましたが、1963年に再オープン。その後、1995年にホワイト&マッカイグループが買収しました。再建時にアイラモルトと差別化する意味で、麦芽にピートを焚き込まないことを決めましたが、現在はヘビリーピートの仕込みも行っています。

ポットスチルは胴の部分が極端にくびれたランタンヘッド型で、初留釜のチャージ量は2万4,000ℓと最大級。床からの高さが8m近くもあり、この巨大で背が高く、くびれのあるスチルが、ライトでクリーンなジュラの個性を生んでいるといいます。

仕込水は背後の丘の上にあるマーケットロッホ（湖）の水を利用していますが、これはピート色が濃く、「まるでコーヒーのようだ」といわれています。

ジュラ島は作家ジョージ・オーウェルが『1984』を書いた島としても知られ、ジュラ蒸留所もそれを記念して「1984」のボトルをかつてリリースしていました。他にも2002年にリリースされた「スーパースティション（迷信）」には、〝エジプト十字〟といわれるアンクがシンボルに使われるなど、ユニークなボトルをリリースしてきました。

ジュラ島の南東部、クレイグハウス村の中心に位置するジュラ蒸留所。

ジュラ 10年

❹ アイル・オブ・ハリス *Isle of Harris* アイル・オブ・ハリス・ディスティラーズ社

アウターヘブリディーズ諸島のハリス島に2015年にオープンしたのがアイル・オブ・ハリス蒸留所で、これはアビンジャラクに続く、アウターヘブリディーズ2番目の蒸留所です。ハリス島というと世界的にハリスツイードで知られる島ですが、ハリス島とルイス島は実は陸続きのひとつの島。総面積は2,400㎢と東京都よりも大きな島ですが、人口はハリス、ルイス合わせても1万9,000人ほどだといいます。人間の数より羊の数のほうがはるかに多い、北の果ての島です。ヘブリディーズとは、もともとヴァイキングの言葉で「地の果て」という意味。アイル・オブ・ハリス蒸留所のワンバッチは麦芽1.2トン。発酵槽はオレゴンパイン製で8基。スチルは2基しかありませんが、これはイタリアのフリッリ社製。主に12～14ppmのミディアムピート麦芽ですが、30ppmのヘビリーピートも使うとか。2023年9月に待望のシングルモルトがリリースされました。

ザ・ヒーラック

❺ アイル・オブ・ラッセイ *Isle of Raasay* R＆Bディスティラーズ社

スカイ島の隣にあるラッセイ島に2017年にオープンしたのが、アイル・オブ・ラッセイ蒸留所。ラッセイ島は人口160人ほどの小さな島で、蒸留所は古いカントリーハウスを改造してつくられました。島の唯一の産業、雇用主で、将来的には原料の大麦も含め、すべてラッセイ島でまかないたいといいます。ワンバッチは麦芽1.1トンで、糖化槽はセミロイタータン。発酵槽はステンレス製で現在は6基。スコットランドでは珍しいクーリングジャケットが付いています。スチルは初留1基、再留1基ですが、再留器には別のコラム塔が付属していて、これでジンを造ることもできますし、3回蒸留に近い蒸留にも対応しています。すでに最初のシングルモルトを2021年に発売していて、これにはアメリカのチンカピンオークの新樽と、ボルドーの赤ワイン樽、ファーストフィルのライウイスキーカスクが使われていました。

スチルはイタリアのフリッリ社製。

⑥ ロックランザ *Lochranza* アイル・オブ・アラン・ディスティラーズ社

アラン島の北岸、ロックランザ村のはずれに1995年に創業。創業者のハロルド・カリー氏は、シーバスブラザーズ社の代表取締役を務めたスコッチ業界の重鎮で、「自分の蒸留所を持ちたい」という長年の夢を実現させました。かつてアラン島は密造酒造りがさかんで、そのウイスキーは「アランウォーター」と呼ばれて島民に親しまれてきましたが、1836年を最後に約160年間、島では1滴のウイスキーも造られていませんでした。

復活を願う島民の想いもカリー氏の原動力となり、2,000人もの投資家を募って、オープンとなりました。仕込水はイーサンビオラック川で、ポットスチルは4基。年間の生産能力は120万ℓで、軽くすっきりした味わいが特徴となっています。2019年に島の南に第2蒸留所となるラグ蒸留所が誕生して、名称をアラン蒸留所からロックランザに改めました。

アラン 10年

⑦ スキャパ *Scapa* ペルノリカール社

オークニー諸島、メインランド島のスキャパ湾を望む高台に建てられています。創業は1885年で、スキャパはノース語で「貝床」の意味だとか。仕込水は背後の丘にある泉の水を引いていて、ハイランドパーク同様に中硬水。ポットスチルは初留、再留合わせて2基だけですが、初留釜は幻のローモンドスチルです。ただし外形だけで、ローモンドスチル特有の内部の仕切り板はありません。複雑な風味は、このスキャパだけの特殊なスチルが要因といいます。

1994年以来休業が続いていましたが、2005年にペルノリカール社が買収し、生産が再開されました。現在の仕込みは週8～10回で、年間の生産能力は130万ℓと、ペルノリカール社が所有する12の稼働蒸留所の中では最小。使用する酵母はドライイーストで、発酵は80時間と比較的長めです。熟成に用いるのはファーストフィルのバーボン樽のみで、独自のこだわりがあります。

スキャパ スキレン

⑧ タリスカー *Talisker* ディアジオ社

スカイ島の西岸カーボストにある、かつては島で唯一の蒸留所でした。創業は1830年。タリスカーというのは、蒸留所を建てたマッカスキル兄弟が当時住んでいた家の名前で、ゲール語とノース語の両方に起源があり、「傾いた斜面上の大岩」の意味だといいます。現在の仕込みはワンバッチ8.75トンで、使用する麦芽はすべてグレンオード製。麦芽のフェノール値は20〜25ppmです。仕込水は背後の丘の上に点在する20近い泉の水を利用しています。スカイ島は厚い岩盤で覆われていて、土壌に保水力がありません。そのためタリスカーは慢性的に仕込水不足の問題を抱え、新しい水源を求めて絶えず試掘を繰り返しています。

ポットスチルは初留2基、再留3基の計5基。2対3と変則的なのは1928年まで3回蒸留を行っていたためですが、現在は2回蒸留になっています。初留釜のラインアームは、途中2度ほどU字形に曲げられていて、そのためラインアーム内部で液体に戻った留液は、細いパイプで蒸留釜本体に還流されるようになっています。この特殊なシステムが、タリスカーのパワフルで胡椒のような風味を生んでいるといいます。

スコットランドが生んだ文豪、R・L・スチーブンソンが、タリスカーを「酒の中の王様」と称したことがあります。スチーブンソン同様に、世界中にタリスカーの根強いファンがいて、最近は蒸留所を訪れる人も急増しています。タリスカーはディアジオ社がシングルモルトとして力を入れている蒸留所のひとつで、巨額の投資を行い売り上げが大きく伸びています。

右の2基が初留釜で、左の小さな3基が再留釜。

タリスカー 10年

⑨ トバモリー *Tobermory* CVHスピリッツ社（バーンスチュワート社）

マル島のトバモリー漁港に面して建てられています。トバモリーはゲール語で「メアリーの井戸」の意味。1798年に、当時海運業を営んでいたジョン・シンクレアが設立しました。しかしその後、休業・再操業を繰り返し、オーナーも幾度となく代わりました。1993年にバーンスチュワート社が買収して再開、シングルモルトに重点を置くようになりました。

トバモリー 10年

ここはトバモリーだけでなくレダイグ（現地の発音ではレイチェック。ゲール語で「安全な港」の意味）という古いタイプのモルトウイスキーも造っています。トバモリーがノンピートなのに対し、レダイグはフェノール値30〜40ppmのヘビリーピーテッド麦芽を使用。仕込水に用いるレダイグ川の水は、村の上部にあるミニッシュ湖と、そのそばにある小さな湖から流れ出たものです。熟成庫が島にはないため、熟成は本土のディーンストンと、アイラ島のブナハーブンの熟成庫で行っています。

⑩ トルベイグ *Torabhaig* ハイドンホールディング社

タリスカーに次ぐスカイ島第2の蒸留所としてオープンしたのが、このトルベイグ（トラベイグ）。もともと故イアン・ノーブル卿が計画していたものでしたが、2010年に死去。その想いを引き継いだのが、ボトラー兼ブレンダーでもあったモスバーン社で、その親会社はクイーンエリザベス2世号など、豪華客船を所有することでも知られるスウェーデンの会社だとか。モスバーン社は日本の海峡蒸溜所にも出資していて、トルベイグと海峡蒸溜所は国を超えての姉妹蒸留所となっています。

トルベイグのワンバッチは麦芽1.5トン。発酵槽はダグラスファー製が6基。スチルは2基のみで、フェノール値55〜75ppmというヘビリーピーテッド麦芽のみを使用しています。年間の生産量は約50万ℓ。すでにシングルモルトを数種類リリースしていて、これらは日本でも販売されています。

かつての農家の建物を改造して蒸留所に。

ローランド

ローモンド湖
ハイランド・ローランド境界線
ジュラ島
エジンバラ
グラスゴー
アイラ島
キャンベルタウン
アラン島
ローランド
クライド湾
0 40km

❶ アイルサベイ *Ailsa Bay* ウィリアム・グラント&サンズ社

ウィリアム・グラント&サンズ社の新しいモルトウイスキー蒸留所で、グレーンを製造するガーヴァン蒸留所の敷地内に新設されました。1970 年代に稼働していたレディバーンのように、同社のモルト原酒を確保するために増強された生産施設で、2007 年より生産を開始しています。ガーヴァンにはグレーンを造る連続式蒸留機のほかに、ジン用のスチルもあり、ヘンドリックスというジンも造っています。生産能力はスコッチのモルト蒸留所ではグレンフィディック、ザ・グレンリベット、マッカラン、ローズアイルに次ぐ大きさで、多くはグランツなどのブレンド用に使われますが、シングルモルトとしても限定品がリリースされています。蒸留所の名称は、カーリング用のストーンの原料石を切り出していることで有名な、アイルサクレイグ島にちなんでいます。

スチルはすべてバルジ型で全部で 16 基が稼働。

❷ オーヘントッシャン *Auchentoshan* サントリー（ビームサントリー社）

グラスゴーから北西に約16km、クライド湾を見下ろす斜面上に蒸留所はあります。オーヘントッシャンとはゲール語で「野原の片隅」の意味。創業は1823年で、アイルランドからの移民が創建したといわれていますが、定かではありません。

第二次大戦中の1941年に、ドイツ軍の空襲を受けて建物が破壊されました。そのとき大量のウイスキーがクライド川に流れ出し、川は琥珀色に染まったといいます。現在の建物は大戦後に再建されたものです。1984年にモリソンボウモア社が買収しましたが、94年に同社所有のボウモア、グレンギリーと共に日本のサントリーが所有することになりました。オーヘントッシャンの特徴は、ローランド伝統の3回蒸留を今も行っていること。蒸留を重ねれば、その分度数が高くなり、純粋アルコールに近くなります。マイルドでクセがなく、飲みやすいといわれるのはそのためです。

3回蒸留では、初留と再留の間に、インターミディエイトスチル（後留釜、中留釜）を置きます。スチルはランタンヘッド型で、初留、後留、再留それぞれ1基ずつ。蒸留に要する時間は、初留が5時間、後留が5時間、再留が10時間。最終的に採り出されるスピリッツのアルコール度数は約81～82%と、通常の2回蒸留の70%前後と比べて高くなっています。仕込水はキルパトリックの丘の上にあるコッコノ湖の水を使用していましたが、現在はさらに北のカトリン湖の水に切り替えています。蒸留所はローランドに分類されますが、水はハイランド産です。

右から初留釜、後留釜、再留釜。この3基で3回蒸留を行う。

オーヘントッシャン 12年

❸ アナンデール *Annandale* アナンデール・ディスティラリー社

南西スコットランドのアナンの村に 1836 年に創建されたのがアナンデール蒸留所で、19 世紀後半から 20 世紀初頭にかけて、ジョニーウォーカー社が所有し、ジョニーウォーカーの原酒を造っていました。しかし 1918 年に閉鎖。その後 2007 年まで、オートミール（ポリッジ）の工場として使用されていました。その歴史的工場を買い取り、再び蒸留所に改修するプロジェクトが始まったのが、2011 年のこと。3 年の歳月の後、2014 年に蒸留所として蘇りました。スチルは初留 1 基、再留 2 基の計 3 基。麦芽はノンピートとヘビリーピート（45ppm）の 2 種類で、ノンピートのものは「マン・オ・ワーズ（言葉の人）」、ヘビリーピートのものは「マン・オ・スワード（剣の人）」としてリリース。前者はロバート・バーンズのことで、後者はスコットランド王ロバート・ザ・ブルースのことです。

手前の 2 基が再留釜。

❹ ブラッドノック *Bladnoch* ブラッドノック・ディスティラリー社

蒸留所はスコットランドの国民詩人ロバート・バーンズゆかりの地として有名なバーンズカントリーの南、ウィグタウンのはずれにあり、スコッチの蒸留所の中では最南端に位置しています。温和な気候で、蒸留所のそばにある森には珍しい野生のランが自生し、植物学上も貴重な森だといいます。1817 年、ジョンとトーマスのマクレーランド兄弟が農家の副業として、蒸留所を開設しました。もともと副業的な操業で 1983 年にアーサー・ベル&サンズ社が買収するまで、まったく目立たない存在でした。1994 年に北アイルランド出身のレイモンド・アームストロング氏が買収した後も、不定期な操業と休止を繰り返していましたが、2015 年にオーストラリアのデイビッド・プリオール氏が買収し、マッシュタンも発酵槽も、さらにスチルもすべて一新され、2017 年より生産を再開しています。

ブラッドノック ヴィナヤ

⑤ ボーダーズ *Borders* ザ・スリースチルズ社

ボーダーズとはイングランドと国境を接する南東スコットランドのことで、ここはツイード川の畔(ほとり)に栄えたニット産業で有名なところ。そのツイード川の支流、テビオット川流域のホーイックの街にオープンしたのが、ボーダーズ蒸留所。創業は 2017 年で、最初の蒸留は翌 2018 年の 3 月に行われました。ボーダーズ地方でウイスキーが造られるのは、180 年ぶりのことだといいます。ボーダーズのワンバッチは麦芽 5 トンと、クラフトとしては大規模。発酵槽はステンレス製が 8 基で、ポットスチルは初留 2 基、再留 2 基の計 4 基。使うのはノンピートの麦芽のみで、クリーンでフルーティなローランドスタイルを目指しています。他にジン、ウォッカ用のカータヘッド型のスチルもあり、多種多様な製品の造り分けが可能。年間の生産能力は 160 万ℓだといいます。

スチルは 4 基でクラフトとしては最大級。

⑥ クライドサイド *Clydeside* モリソングラスゴー・ディスティラーズ社

グラスゴーの中心、かつてのクイーンズドックに 2017 年にオープンしたのがクライドサイド蒸留所。クライドとはグラスゴー市を流れる川のことで、蒸留所はその畔に建てられています。グラスゴーの繁栄を担ったクイーンズドックは人工的に造られた港で、ヴィクトリア時代の 1877 年に築かれました。クイーンズドックとはまさに女王の港のこと。そのドックの巨大な可動橋を動かしていたのが、ハイドロシステムを利用したポンプハウスで、蒸留所はその歴史的建造物を改造して造られました。クライドサイドのワンバッチは 1.5 トン。発酵槽はステンレス製で 8 基。スチルは 2 基のみですが年間 50 万ℓほどを生産。目指す酒質はノンピートのローランドスタイルで、2021 年秋に初の 4 年物のシングルモルトがリリースされました。ビジターセンターは人気で、多くの観光客が訪れます。

左の建物がハイドロシステムの棟。

❼ ダフトミル *Daftmill* ダフトミル社（カスバート家）

まだクラフトディスティラリーという表現が一般的ではなかった2005年に創業したのが、ファイフ地方のダフトミル蒸留所。農家が農閑期にウイスキーを造る、17〜18世紀のファームディスティラリーのスタイルを復活させたもので、本業はあくまでも農業。創業者のカスバート家は360ヘクタールの農地を所有する農家で、蒸留所で使う大麦はすべて自家製。麦芽の搾りカスは、飼っている牛の餌として利用されます。現在の仕込みはワンバッチ1トン。水車小屋を改造した建物内にはスペースがなく、発酵槽はステンレス製が2基のみという小ささです。スチルも2基のみで、年間生産量は3万〜4万ℓ。農閑期の夏2カ月、冬2カ月の4カ月のみの生産です。最初のボトルがリリースされたのは2018年のことで、生産量の少なさから世界中のウイスキーファンの間で争奪戦となりました。

17 世紀の水車小屋を利用して建てられた。

❽ グレンキンチー *Glenkinchie* ディアジオ社

エジンバラから東に20㎞ほど行ったロージアン地方の中心にあり、1837年にレイト兄弟が農家の副業として創設しました。現在もその伝統は続いていて、蒸留所は35ヘクタールの農地を所有しています。グレンキンチーという名前は、蒸留所の横を流れるキンチー川から付けられたものですが、キンチーの語源は14世紀にこの地域を支配したフランス渡来のド・クインシー家にちなむといいます。

ポットスチルはランタンヘッド型で初留1基、再留1基の2基しかありませんが、どちらもサイズは巨大で、特に初留釜の容量は約3万963ℓと、スコットランドの蒸留所の中でも最大級。現在はディアジオ社の系列で、同社のクラシックモルトシリーズの1本。生産量の90％はブレンデッドのヘイグ（ディンプル）、ジョニーウォーカー用の原酒となっています。

グレンキンチー 12年

⑨ ホーリルード *Holyrood* ホーリルード・ディスティラリー社

エジンバラに 100 年ぶりに誕生したのが、ホーリルード蒸留所。ホーリルードとは近くにある英王室の夏の宮殿、ホーリルードパレスにちなむもの。創業したのは 2019 年で、数々のユニークな試みで知られています。スチルは 2 基だけですが形はグレンモーレンジィにそっくりで、まるで煙突のような形をしています。それだけでなく麦芽や酵母にもこだわり、さまざまな大麦、酵母での仕込みを行っています。2022 年に試みた仕込みのタイプは麦芽などの組み合わせ（マッシュビル）が 99 種類で、使用した酵母は 23 種類だったといいます。ホーリルードのワンバッチは 1 トンで、発酵槽はステンレス製が 6 基。スチルも再留器にはウォータージャケットや精留器などが取り付けられていて、それだけで 5 タイプの蒸留が可能だといいます。

グレンモーレンジィに似たスチル。

⑩ インチデアニー *InchDairnie* ジョン・ファーガス社

インチデアニー蒸留所はファイフ地方のグレンロセス市郊外にあります。蒸留所を運営するのはイアン・パーマー氏率いるジョン・ファーガス社（2011 年創業）ですが、建設のためにデンマークの会社が多くを出資し、デンマーク資本の初めての蒸留所となりました。一般的な春大麦だけでなく冬大麦も仕込みに用いることや、麦芽を粉砕するのにハンマーミルを用いること、特殊なマッシュフィルターを用いて麦汁を濾過することなど、伝統的なモルト蒸留所のウイスキー造りとは一線を画しています。3基のフリッツ社製ポットスチルもパーマー氏のオリジナルデザインで、酵母もウイスキー酵母だけでなく、ビール酵母やワイン酵母も使用。スチルと酵母の組み合わせで複数の原酒を造り分けています。2023 年にファイフ地方産のライ麦芽を使ったライローというライウイスキーをリリースして話題になりました。

ライロー

⑪ キングスバーンズ *Kingsbarns* ウィームス・ディステラリー社

ゴルフの聖地といわれる有名な「セント・アンドリュース」の南に 2014 年 11 月に創業した蒸留所で、蒸留所のあるファイフ地方はもともと王室と縁の深い土地。ウイスキーの歴史に名を残すジェームズ4世が住んでいたのが、ファイフのフォークランド宮殿で、この辺一帯はキングスバーンズ、〝王様の穀物庫〟と、昔から呼ばれてきました。

オーナーは、ボトラーのウィームスモルト社で、18 世紀に建てられた古い農家を改造して建てられています。ファイフの歴史を紹介するミニ博物館やショップ、カフェが併設されており、すでに人気のスポットとなっています。ここが使うのは地元ファイフ産の大麦のみ。2基のポットスチルと４基の発酵槽を有し、年間の生産能力は60 万ℓだといいます。

古い農家の建物を改造して蒸留所はつくられている。

⑫ リンドーズアビー *Lindores Abbey* ザ・リンドーズ・ディスティリング社

世界中のウイスキーファンにとって〝聖地〟のひとつとされるのが、ファイフ地方にあるリンドーズ修道院。1494 年に書かれた人類最古のウイスキーの記録が、この修道院のジョン・コーに宛てた王の命令書で、「8 ボルの麦芽を与えてアクアヴィテを造らしむ」と書かれています。そのリンドーズ修道院の敷地の一角に建てられたのが、リンドーズアビー蒸留所で、創業者は同地を所有するドリュー・マッケンジー・スミス氏。2017 年のオープン以来、世界中のウイスキーファンが蒸留所を訪れるといいます。現在の仕込みはワンバッチ麦芽 2 トン。発酵槽はダグラスファー製で 4 基。スチルは初留 1 基、再留 2 基の計 3 基。目指すウイスキーはローランドタイプで、大麦は自家栽培か、そうでなければ同じファイフ地方産にこだわっています。記念すべき最初のボトルは 2021 年に 1494 本がリリースされました。

リンドーズ シングルモルト
ザ カスク オブ リンドーズ
バーボンカスク

⑬ ローズバンク *Rosebank* イアンマクロード・ディスティラーズ社

ブローラやポートエレンと並んでカルト的人気を誇っていたのが、ローズバンク蒸留所。旧UD社がローズバンクの閉鎖を決めたのが1993年で、その後ディアジオ社が建物を運河会社に売却。その運河会社から建物と土地を買収して、復活計画を発表したのが、中堅ブレンド会社のイアンマクロード社でした。建物が歴史的建造物の指定を受けているため取り壊すことができず、再建には3年以上かかったといいます。生産設備は古い麦芽粉砕機を除いて、すべて新調。ワンバッチの仕込みは3.2トンで、発酵槽は木製が8基。スチルは初留、後留、再留の3基で、かつての3回蒸留を忠実に再現。古い図面をもとにフォーサイス社が3基のスチルを作ったといいます。新生ローズバンクの記念すべき初蒸留は2023年7月で、現在は年間100万ℓの生産を目指しています。

冷却は屋外ワームタブ方式を採用。

Chaser 3

26万本のウイスキーをめぐるドタバタ喜劇

第二次世界大戦中の1941年2月、アメリカに向けて航行していた1隻の貨物船（S.S.ポリティシャン号）が、アウターヘブリディーズ諸島のエリスケイ島沖で座礁し動けなくなってしまいました。島民はボートで救出に向かいましたが、この時に知ったのが船には26万本ものウイスキーが積まれているという事実でした。当時ウイスキーは配給制で、辺境の島には1本のウイスキーも届いていなかったのです。「ウイスキーのない人生は生きるに値しない」とまで思いつめていた島民にとって、それはまさに天からの贈り物。

そこからウイスキーをめぐる島民と船主、警察との間でドタバタ喜劇が起きます。この実話をもとに書かれたのがコンプトン・マッケンジーの『Whisky（ウイスキー） Galore（ガロア）』で、その原作をもとに1949年と2016年に2度ほど映画化されました。前作は日本では公開されていませんが、後者は『ウイスキーと2人の花嫁』というタイトルで、2018年2月に公開されました。そのDVDも販売されましたので見逃した人はぜひ！

キャンベルタウン

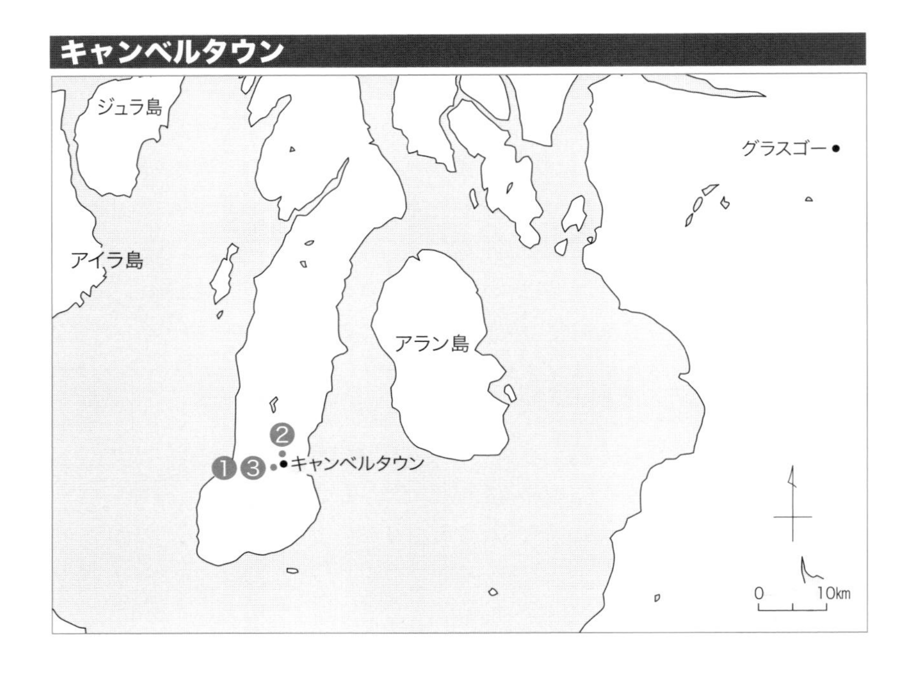

❶ グレンガイル *Glengyle* J&A・ミッチェル社

グレンガイルのもともとの創業は1872年。スプリングバンクの共同経営者であったウィリアム・ミッチェルが、兄と喧嘩して別の蒸留所を建てたのが始まりです。1925年に一度閉鎖されましたが、スプリングバンク蒸留所の現オーナー、ヘドレー・ライト氏が復活を決定。彼は創業者ウィリアム・ミッチェルの3代目の甥にあたります。2000年に元の建物を買い戻し、2004年、約80年ぶりに再びポットスチルからスピリッツが流れ出ました。

蒸留設備はすべて取り外されていたため、2基あるポットスチルはベンウィヴィスの中古品を使うなど、一部を除いて中古品を調達し、それを使用しています。

2009年に発売された新製品のブランド名は「キルケラン」。これはキャンベルタウンの旧名で、地元出身の聖人に由来する「セント・ケアランの教会」のことだそうです。

キルケラン 12年

❷ グレンスコシア *Glen Scotia* ヒルハウス・キャピタルマネジメント社

キャンベルタウンはかつてウイスキー産業の中心地で、19世紀後半から20世紀初頭にかけては30近い蒸留所がひしめきあっていました。しかしその後は衰退。現在はスプリングバンクとグレンガイル、グレンスコシアの3つのみとなっています。

グレンスコシアの創業は1832年。1930年代に一度閉鎖されましたが、1980年代初頭に100万ポンドの巨費を投じて改修され、操業を再開しました。ところが1984年に再び操業停止に追い込まれ、その後持ち主も代わって現在はロッホローモンド社の所有となっています。

かつてのオーナーであるダンカン・マッカラムが、借金苦でキャンベルタウン・ロッホに身を投じて以来、所内には彼の幽霊が出るといわれています。ポットスチルは初留、再留それぞれ1基のみで、年間生産能力は80万ℓです。

グレンスコシア
カンベルタウンハーバー

Chaser 4

往時の姿を今に伝えるクロスヒル湖

キャンベルタウンにはかつて30を超える蒸留所がありましたが、現在残っているのは3つのみ。スプリングバンクでは3回蒸留のヘーゼルバーンや、ヘビリーピーテッドのロングロウも造っていますが、ヘーゼルバーンもロングロウも、かつてキャンベルタウンに実在した蒸留所。特にヘーゼルバーンはニッカウヰスキーの創業者、竹鶴政孝が修業した蒸留所としても知られています。

そのキャンベルタウンの蒸留所に仕込水を提供しているのが、領主のアーガイル公キャンベルが人工的に造らせたクロスヒル湖というダム湖です。竹鶴がまとめた通称〝竹鶴ノート〟には、ヘーゼルバーンの造りの詳細とともに、このクロスヒル湖の写真も添えられていて、往時のキャンベルタウンのようすを偲ぶことができます。

クロスヒル湖

❸ スプリングバンク *Springbank* J&A・ミッチェル社

スプリングバンクは1828年にレイド家によって創業されましたが、すぐに現在のオーナー、ミッチェル家が買収しました。スコットランドでは数少ない、独立資本の蒸留所です。仕込水は町の背後の丘にあるクロスヒル湖から引いています。これはキャンベルタウンの蒸留所のために、第7代アーガイル公キャンベルが19世紀に造らせた貯水池で、今もスプリングバンク、グレンスコシア、グレンガイルの各蒸留所、そして地元のチーズ工場に水を供給しています。スプリングバンクはボトリング設備も有していて、同資本のボトラー、ケイデンヘッド社が買い集めた各蒸留所のウイスキーも、ここで瓶詰めしています。

さらに、仕込みに必要なすべての麦芽をフロアモルティングでまかなっている唯一の蒸留所です。ここは麦芽のピートレベルと蒸留方法を変え、ロングロウ、スプリングバンク、ヘーゼルバーンの3つのウイスキーを造っていますが、それぞれのフェノール値は、ロングロウは50～55ppm、スプリングバンクは12～15ppm、ヘーゼルバーンはノンピートとなっています。使用するピートは、蒸留所から8㎞ほど離れたマクリハニッシュの土地から切り出しています。蒸留棟には初留1基、再留2基の3基のポットスチルが並んでいますが、ロングロウは2回蒸留、スプリングバンクは2.5回蒸留、ヘーゼルバーンは3基を使った3回蒸留と、それぞれ異なるシステムを採用しているのもユニーク。割合はスプリングバンクが全生産量の7割で、ヘーゼルバーンが2割、ロングロウは1割程度だといいます。

蒸留所は、メインストリートから細い路地を入ったところにある。

スプリングバンク 10年

8 スコッチモルトウイスキー蒸留所所有者別リスト

2024年4月現在、ボトルが流通しているか、その可能性が残されている蒸留所を、閉鎖蒸留所や準備中のものも含めて所有者別にリストにしました。その数は209になります。

表の見方

※リストは現在稼働中の蒸留所以外にも計画中の蒸留所、閉鎖蒸留所を含む。閉鎖蒸留所はモルト原酒が残っているか、または一般市場でボトルが流通している蒸留所をあげた。
※H／ハイランド、L／ローランド、I／アイラ、C／キャンベルタウン、S／スペイサイド、Is／アイランズ（諸島）
※所有者はオーナー企業、英国以外に本拠地がある場合は〔 〕、オーナー現地会社（ ）。所有者名、現地会社名は一部省略。★印は、第2章の「モルトウイスキーのおもな蒸留所」で紹介している蒸留所

所有者	蒸留所名	地域
ディアジオ社	*Auchroisk*　オスロスク	S
	Benrinnes　ベンリネス	S
	Blair Athol　ブレアアソール★	H
	Brora　ブローラ★	H
	Caol Ila　カリラ★	I
	Cardhu　カードゥ★	S
	Clynelish　クライヌリッシュ★	H
	Cragganmore　クラガンモア★	S
	Dailuaine　ダルユーイン	S
	Dalwhinnie　ダルウィニー★	H
	Dufftown　ダフタウン	S
	Glendullan　グレンダラン	S
	Glen Elgin　グレンエルギン★	S
	Glenkinchie　グレンキンチー★	L
	Glenlossie　グレンロッシー	S
	Glen Ord　グレンオード★	H
	Glen Spey　グレンスペイ	S
	Inchgower　インチガワー	S
	Knockando　ノッカンドオ	S
	Lagavulin　ラガヴーリン★	I
	Leven　リーブン	L
	Linkwood　リンクウッド	S
	Mannochmore　マノックモア	S
	Mortlach　モートラック★	S
	Oban　オーバン★	H
	Port Ellen　ポートエレン★	I
	Roseisle　ローズアイル★	S
	Royal Lochnagar　ロイヤルロッホナガー★	H
	Strathmill　ストラスミル	S
	Talisker　タリスカー★	Is
	Teaninich　ティーニニック	H

所有者	蒸留所名	地域
ペルノリカール社〔フランス〕(シーバスブラザーズ社)	*Aberlour*　アベラワー★	S
	Allt-A-Bhainne　アルタベーン	S
	Braeval　ブレイヴァル	S
	Dalmunach ダルメニャック	S
	Gartbreck　ガートブレック（準備中）	I
	Glenburgie（*Glencraig*）　グレンバーギ（グレンクレイグ）★	S
	Glen Keith　グレンキース★	S
	The Glenlivet　ザ・グレンリベット★	S
	Glentauchers　グレントファース	S
	Longmorn　ロングモーン★	S
	Miltonduff（*Mosstowie*）　ミルトンダフ(モストウィー)★	S
	Scapa　スキャパ★	Is
	Strathisla　ストラスアイラ★	S
バカルディ社〔バミューダ〕(ジョン・デュワー&サンズ社)	*Aberfeldy*　アバフェルディ★	H
	Aultmore　オルトモア★	S
	Craigellachie　クレイゲラキ★	S
	Macduff　マクダフ	H
	Royal Brackla　ロイヤルブラックラ★	H
サントリーHD〔日本〕(ビームサントリー社)	*Ardmore*　アードモア★	H
	Laphroaig　ラフロイグ★	I
	Auchentoshan　オーヘントッシャン★	L
	Bowmore　ボウモア　★	I
	Glen Garioch　グレンギリー★	H
タイ・ビバレッジ社〔タイ〕(インバーハウス社)	*Balblair*　バルブレア★	H
	Balmenach　バルメナック★	S
	Knockdhu　ノックドゥー★	H
	Pulteney　プルトニー★	H
	Speyburn　スペイバーン★	S
ウィリアム・グラント&サンズ社	*Ailsa Bay*　アイルサベイ★	L
	Balvenie　バルヴェニー★	S
	Glenfiddich　グレンフィディック★	S
	Kininvie　キニンヴィ★	S
エンペラドール社〔フィリピン〕(ホワイト&マッカイ社)	*Dalmore*　ダルモア★	H
	Fettercairn　フェッターケアン	H
	Isle of Jura　アイル・オブ・ジュラ★	Is
	Tamnavulin　タムナヴーリン	S
ブラウンフォーマン社〔アメリカ〕(ザ・ベンリアック社)	*Benriach*　ベンリアック★	S
	Glendronach　グレンドロナック★	H
	Glenglassaugh　グレングラッサ★	H
R&B社	*Borders*　ボーダーズ（名称未定）（準備中）	L
	Isle of Raasay　アイル・オブ・ラッセイ★	Is
	Machrihanish　マクリハニッシュ（準備中）	C
CVHスピリッツ社(バーンスチュワート社)	*Bunnahabhain*　ブナハーブン　★	I
	Deanston　ディーンストン★	H
	Tobermory　トバモリー★	Is
イアンマクロード社	*Glengoyne*　グレンゴイン★	H
	Rosebank　ローズバンク★	L
	Tamdhu　タムドゥー★	S

所有者	蒸留所名	地域
エドリントングループ社	*Glenrothes* グレンロセス★	S
	Highland Park ハイランドパーク★	Is
	Macallan マッカラン★	S
ハイドンHD〔スウェーデン〕(モスバーン社)	*Mossburn* モスバーン（準備中）	L
	Reivers リーヴァーズ	L
	Torabhaig トルベイグ★	Is
モエ ヘネシー・ルイ ヴィトン社〔フランス〕(グレンモーレンジィ社)	*Ardbeg* アードベッグ★	I
	Glenmorangie（*Light House*） グレンモーレンジィ(ライトハウス)★	H
ゴードン&マクファイル社（スペイモルトウイスキー・ディストリビューターース社）	*Benromach* ベンローマック★	S
	Cairn ケアン★	S
ドーノッホ社(フィル&サイモン・トンプソン)	*Dornoch* ドーノッホ	H
	Dornoch No.2 ドーノッホ No.2 （準備中）	H
アンガスダンディー社	*Glencadam* グレンカダム	H
	Tomintoul トミントール	S
J&A・ミッチェル社	*Glengyle* グレンガイル★	C
	Springbank スプリングバンク★	C
ヒルハウス・キャピタルマネジメント社(香港)(ロッホローモンド社)	*Glen Scotia* グレンスコシア★	C
	Loch Lomond ロッホローモンド★	H
アイル・オブ・アラン社	*Lagg* ラグ	Is
	Lochranza ロックランザ★	Is
エリクサー社	*Portintruan* ポートナトゥルアン （準備中）	I
	Tormore トーモア★	S
ハーベイズ・オブ・エジンバラ・インターナショナル社(スペイサイド社)	*Speyside* スペイサイド	H
	Speyside No.2 スペイサイド No.2 （準備中）	H
エイトドアーズ社	*8 Doors* ８ドアーズ★	H
ザ・パース社	*Aberargie* アベラルギー	L
マーク・テイバーン	*Abhainn Dearg* アビンジャラク★	Is
アナンデール社	*Annandale* アナンデール★	L
アービッキー社	*Arbikie Highland Estate* アービッキー・ハイランドエステート	H
アードゴーワン社	*Ardgowan* アードゴワン（準備中）	L
ハンターレイン社（アードナッホー社）	*Ardnahoe* アードナッホー★	I
アデルフィー社	*Ardnamurchan* アードナマッハン（アードナムルッカン）★	H
グリーンウッド社	*Ardross* アードロス	H
バダクロ社	*Badachro* バダクロ（準備中）	H
バリンダルロッホ社	*Ballindalloch* バリンダルロッホ★	S
バルモード社	*Balmaud* バルモード（準備中）	H
ベインアントァルク社	*Beinn An Tuirc* ベンアントァルク（準備中）	C
マクミランスピリッツ社	*Benbecula* ベンベキュラ（準備中）	Is
ニッカウヰスキー（日本）（ベンネヴィス社）	*Ben Nevis* ベンネヴィス★	H
ブラッドノック社	*Bladnoch* ブラッドノック★	L
ヘイルウッド・インターナショナル社（ジョン・クラビー社）	*Bonnington* ボニントン	L
ザ・スリースチルズ社	*Borders* ボーダーズ★	L
ブリュードッグ社	*BrewDog* ブリュードッグ★	H
レミーコアントロー社(フランス)	*Bruichladdich* ブルックラディ★	I
J.G. 社	*Burnbrae* バーンブレイ（準備中）	L
バーン・オベニー社	*Burn O'bennie* バーン・オベニー	H
ザ・カブラックトラスト	*Cabrach* カブラック（準備中）	S

所有者	蒸留所名	地域
ダグラスレイン社	*Clutha*　クラタ（準備中）	L
モリソングラスゴー社	*Clydeside*　クライドサイド★	L
クラフティ・スコティッシュ社	*Crafty*　クラフティ（準備中）	L
アングルパーク・ファーミング社（カスバート家）	*Daftmill*　ダフトミル★	L
ダルリアタ社	*Dál Riata*　ダルリアタ（準備中）	C
ディアネス社	*Deerness*　ディアネス（準備中）	Is
ダナットベイ社	*Dunnet Bay*　ダナットベイ（準備中）	H
ビムバー社	*Dunphail*　ダンフェイル	S
ダンロビン社（サザーランド公爵家）	*Dunrobin*　ダンロビン（準備中）	H
エデンミル社	*Eden Mill*　エデンミル	L
シグナトリー・ヴィンテージ社	*Edradour*　エドラダワー★	H
ファルカークウイスキー社（スチュワート家）	*Falkirk*　ファルカーク	L
ザ・グラスゴー社	*Glasgow*　グラスゴー	L
ザ・グレンアラヒー社	*Glenallachie*　グレンアラヒー★	S
J.&G. グラント社	*Glenfarclas*　グレンファークラス★	S
カンパリ・グループ社〔イタリア〕	*Glen Grant*　グレングラント★	S
グレンラス社	*Glen Luss*　グレンラス（準備中）	H
ラ・マルティニケーズ社〔フランス〕	*Glen Moray*　グレンマレイ★	S
グレンクエイク社	*Glen Quaich*　グレンクエイク（準備中）	H
グレンタレット HD〔スイス〕（ラリックグループ社）	*Glenturret*　グレンタレット★	H
グレンウィヴィス社	*Glenwyvis*　グレンウィヴィス	H
ウシュク・ベーハー・ナン・イーラン社	*Heaval*　ヘーバル（準備中）	Is
ザ・ホーリルード社	*Holyrood*　ホーリルード★	L
イーリ社	*Ili*　イーリ（準備中）	I
ジョン・ファーガス社	*Inchdairnie*　インチデアニー★	L
アイル・オブ・バラ社	*Isle of Barra*　アイル・オブ・バラ	Is
アイル・オブ・ハリス社	*Isle of Harris*　アイル・オブ・ハリス★	Is
タイリーウイスキー社	*Isle of Tiree*　アイル・オブ・タイリー	Is
レーアスコッチウイスキー社	*Jackton*　ジャクトン	L
キオデール・シープクラブ社	*Keoldale*　キオデール（準備中）	H
キルホーマン社	*Kilchoman*　キルホーマン★	I
ウィームス社	*Kingsbarns* キングスバーンズ★	L
キンララ社	*Kinrara*　キンララ（準備中）	S
カイブ社	*Kythe*　カイブ（準備中）	H
アイララム社	*Laggan Bay*　ラーガンベイ（準備中）	I
ザ・リンドーズ社	*Lindores Abbey* リンドーズアビー★	L
ロッホリー社	*Lochlea*　ロッホリー	L
ロストロッホスピリッツ社	*Lost Loch*　ロストロッホ（準備中）	H
ブルックウイスキー社	*Midfearn*　ミッドファーン（準備中）	H
ミッドホープキャッスル社	*Midhope Castle*　ミッドホープキャッスル（準備中）	L
ダークスカイスピリッツ社	*Moffat*　モファット	L
ノックニーアン社	*Nc'nean*　ノックニーアン	H
ノースコースト社	*North Point*　ノースポイント	H
ノースユーイスト社	*North Uist*　ノースユーイスト（準備中）	Is

所有者	蒸留所名	地域
グレンシー社	*Persie* パーシー	H
マックル・ブリッグ社	*Port Of Leith* ポート・オブ・リース	L
ポータヴァディー社	*Portavadie* ポータヴァディー（準備中）	H
ザ・シェットランド社	*Saxa Vord* サクサヴォード（準備中）	Is
スターリングジン社	*Stirling* スターリング（準備中）	L
ダグラスレイン社	*Strathearn* ストラスアーン★	H
宝酒造〔日本〕(トマーティン社)	*Tomatin* トマーティン★	H
トルヴァディー社	*Toulvaddie* トルヴァディー	H
ピカール・ヴァン&スピリチュアー社〔フランス〕(テロワール社)	*Tullibardine* タリバーディン★	H
ザ・インバネス社	*Uile-Bheist* ユーレビースト	H
ブレイブニュー・スピリッツ社	*Witchburn* ウィッチバーン（準備中）	C
オーロラ・ブリューイング社	*Wolfburn* ウルフバーン★	H
ウルフクレイグ社	*Wolfcraig* ウルフクレイグ（準備中）	L

閉鎖した蒸留所

所有者	蒸留所名	閉鎖年	地域
ディアジオ社	*Malt Mill* モルトミル	1962	I
ペルノリカール社	*Kinclaith* キンクレイス	1975	L
ウィリアム・グラント & サンズ社	*Ladyburn* レディバーン	1975	L
エンペラドール社	*Ben Wyvis* ベンウィヴィス	1977	H
ディアジオ社	*Banff* バンフ	1983	H
ディアジオ社	*Dallas Dhu* ダラスドゥー	1983	S
ディアジオ社	*Glen Albyn* グレンアルビン	1983	H
ディアジオ社	*Glenlochy* グレンロッキー	1983	H
ディアジオ社	*Glen Mhor* グレンモール	1983	H
ペルノリカール社	*Glenugie* グレンアギー	1983	H
ディアジオ社	*North Port* ノースポート	1983	H
ディアジオ社	*St. Magdalene* セント・マグデラン	1983	L
ディアジオ社	*Coleburn* コールバーン	1985	S
ディアジオ社	*Convalmore* コンバルモア	1985	S
ディアジオ社	*Glenesk* グレネスク	1985	H
タイ・ビバレッジ	*Glen Flagler* グレンフラグラー	1985	L
ディアジオ社	*Glenury Royal* グレンユーリー・ロイヤル	1985	H
ディアジオ社	*Millburn* ミルバーン	1985	H
ペルノリカール社	*Inverleven*（*Lomond*）インヴァリーブン（ローモンド）	1991	L
ディアジオ社	*Pittyvaich* ピティヴェアック	1993	S
ヒルハウス・キャピタルマネジメント社	*Littlemill* リトルミル	1994	L
ペルノリカール社	*Lochside* ロッホサイド	1996	H
ペルノリカール社	*Caperdonich* キャパドニック	2003	S
ペルノリカール社	*Imperial* インペリアル	2005	S
ヘイルウッド・インターナショナル社	*Chain Pier* チェーンピア	2020	L
ディーサイド社	*Deeside* ディーサイド	2020	H

9 スコットランドのグレーンウイスキー蒸留所

グレーンウイスキーは集約的な生産が可能なため、数カ所の製造工場でスコッチウイスキーに必要な量を確保することができます。そのため、かつて30以上存在したグレーン蒸留所は、系列会社ごとに一カ所程度に絞られてきています。現在操業中の主な蒸留所は、以下の7つです。

キャメロンブリッジ *Cameron Bridge* ディアジオ社

1824年の創業。1627年からウイスキー造りを始めていた名門ヘイグ家の旗艦蒸留所で、1877年のDCL社設立のメンバーとなり、経営を移管。1920年代まではモルトウイスキーも生産していましたが、ロバート・スタイン式、コフィー式の連続式蒸留機で主にグレーンを生産。現在はディアジオ社の所有で、3セットの巨大なコフィースチルと1セットのアロスパス式蒸留機が稼働し、年間約1億ℓのグレーンウイスキーを生産しています。

ローランドのファイフ地方にある巨大な施設。

ガーヴァン *Girvan* ウィリアム・グラント&サンズ社

もともとブレンデッドスコッチのグランツの原酒用にと1963年に建設されました。アロスパス式や減圧蒸留もできる最新鋭のコフィースチルのほか、ダークグレイン処理プラント、ブレンディング工場、モルト蒸留所（アイルサベイ）を併設。さらにヘンドリックスジンを造るジン蒸留所もあり、一大複合施設となっています。年間の生産量は約1億ℓ。1966年から75年まで敷地内で操業していたのが、〝幻のモルト〟といわれるレディバーン蒸留所です。

インバーゴードン *Invergordon* エンペラドール社（ホワイト&マッカイ社）

1959年にインバーゴードン社が設立し、61年からコフィースチル1セットで蒸留を開始。63年、78年と増設してニュートラルスピリッツの精留塔を含む4セットのコフィースチルとダークグレイン処理設備を持つ複合施設になりました。一時期、モルトウイスキーのベンウィヴィス蒸留所も稼働していました。現在オーナーはホワイト&マッカイ社（フィリピンのエンペラドール社傘下）となっています。

ロッホローモンド *Loch Lomond* ヒルハウス・キャピタルマネジメント社

連続式蒸留機とポットスチルが同居する複合蒸留所で、モルトとグレーンの両方を造っています。ブレンディング、ボトリング、クーパレッジ設備を持っているため、独自の製造販売が可能で、複数のブランドをリリースしています。

ノースブリティッシュ *North British* エドリントングループ社他

DCL社に対抗して、アンドリュー・アッシャーらエジンバラのブレンダーグループと、蒸留酒販売業者が共同出資して1887年に操業が開始されました。コフィースチル4セットに、1948年からはサラディンボックス式製麦施設を備えた複合施設になっています。現在はエドリントングループなど数社が株式を保有しています。

スターロー *Starlaw* ラ・マルティニケーズ社

グレンマレイ蒸留所を買収したフランスのラ・マルティニケーズ社が2010年にファイフ地方に新設した蒸留所で、人気ブランドの「ラベル5」などのグレーンウイスキーの生産を行っています。ニュートラルグレーンスピリッツも造っていて、ブレンドやボトリング設備も併せ持っています。

ストラスクライド *Strathclyde* ペルノリカール社

シーガーエヴァンス社傘下のスコティッシュ・グレーン・ディスティリング社が1927年にグラスゴーに設立しました。親会社はシェンレー社に吸収され、1958年にロングジョン社となっています。モルトウイスキーを生産していたキンクレイス蒸留所（1975年閉鎖）は、シェンレー時代に設置されたものです。アライドグループを経て、現在はペルノリカール社がオーナーになっています。

10 ブレンデッドウイスキーについて

【ブレンデッドウイスキーの誕生と普及】

ブレンデッドウイスキーの考案者といわれるアンドリュー・アッシャー。

ブレンデッドウイスキーは、モルトウイスキーとグレーンウイスキーを混ぜ合わせて、味や香りを整えたウイスキーです。

ブレンデッドの誕生は、連続式蒸留機の発明によってグレーンウイスキーの大量生産が可能になった1850年代のことでした。考案者はエジンバラの酒商アンドリュー・アッシャー（2世）とされています（1853年）。ただし、アッシャーが考案したブレンデッドは熟成年数の異なるグレンリベットのモルトウイスキー同士を混合したもので、今日のブレンデッドとは違うものでした。

しかし1860年代には異なる蒸留所産のウイスキーを熟成庫（ウエアハウス）内で混ぜ合わせることが法的にも認められ、ブレンデッドは一躍ウイスキー業界の主役となりました。当時のシングルモルトはクセが強く荒々しい酒でしたが、グレーンウイスキーと混和することでまろやかで飲みやすくなり、品質の安定も図ることが可能になったからです。ブレンデッドの誕生によって、スコットランドの地酒にすぎなかったスコッチウイスキーが、ヨーロッパをはじめ世界中に普及していったのです。

蒸留所ごとの個性を楽しむシングルモルトと違い、ブレンデッドの場合は、安定した香りと味わいを持つ製品として提供することが重要となります。そのため、各ブランドにはその守護者たるブレンダーが存在し、彼らが各蒸留所から集めた無数の樽から使用する原酒を選び、ブレンドと呼ばれる調合技術によって、求める香味を生み出しているのです。

ディアジオ社に保存されている、アッシャーのブレンデッド。

近年は世界中でシングルモルトが人気を集めていますが、

市場に流通するウイスキーの未だ約8割ほどはブレンデッドが占めています。つまり、世界的にウイスキーといえば、一般的にはこのブレンデッドウイスキーを指すといえるでしょう。

【ブレンダーの役割】

商品としてウイスキーをみた場合、製造者はその味を決定してブランドの品質を保証する必要があります。そうした役割を担うのがブレンダーで、各製造会社かブランドごとに、最低1名は存在します。ブレンダーの職務には、生産管理の統括責任者や会社の経営者が当たる場合もありますが、何名ものブレンダーが存在する企業では、その長たるマスターブレンダー（またはチーフブレンダー）がブレンダー集団を率いています。

ブレンダーは、ひと樽ごとに異なるウイスキーの原酒を見極め、それらを期待通りの香りや味わいになるように調合しなければなりません。そのため、官能評価を通じて多くの経験と知識を持ち、ときには創造性を発揮できる人材だけが優れたブレンダーとなることができるのです。また、ウイスキーの調合や、ウエアハウス内の原酒の熟成具合をチェックするのはもちろん、中長期的な生産計画を立てる役割を担うこともあります。

【ブレンディングの工程】

まず製品となるウイスキーの骨格を決め、ウイスキー原酒のテイスティングや調合を繰り返したうえで使用する樽を決定します。なかでもモルトウイスキー原酒はブレンドのベースとなる個性を決めるものであり、スモーキー、モルティ、フルーティ、スパイシー、ウッディといった原酒ごとの特徴を把握して、その使用比率を決めていきます。それに対して、グレーンウイスキーは味を下支えするものと考えられ、しばしば建築物と土台、味噌汁の具とダシ、絵の具とキャンバスなどにたとえられます。

混合されるモルトウイスキーとグレーンウイスキーの比率は、一般的に2：8から4：6程度とされますが、モルトウイスキーの比率が高いものや、逆にほとんどモルトウイスキーが使われていないものも存在します。最終的なウイスキーの調合は大きなタンクで数回に分けて行われ、後熟（マリッジ）が行われます。後熟とはモルトとグレーンをブレンドしてから再び樽に詰めてある程度の期間熟成させることで、その目的は、ウイスキー同士を馴染ませて、品質を安定させることです。

11 ブレンデッドスコッチのおもな銘柄

❶ バランタイン *Ballantine's* ペルノリカール社（シーバスブラザーズ社）

バランタイン社の創業は1827年。創業者のジョージ・バランタインはローランド地方の農家の出身で、18歳でエジンバラに食料雑貨店を開きました。1869年に、当時ブレンド業の中心だったグラスゴーに進出。息子のバランタイン・ジュニアが後を継ぎ発展を続けましたが、1919年にマッキンレー商会に経営権を譲渡。1936年にカナダのハイラムウォーカー社が買収し、同社のもとで事業の拡大が進められました。1938年、ダンバートンに当時としてはヨーロッパ最大のグレーンウイスキー蒸留所が建てられ、同時にグレンバーギ、ミルトンダフ蒸留所も買収し、一時は13のモルト蒸留所と2つのグレーン蒸留所を所有する巨大企業に成長。しかし2005年にペルノリカール社が買収し、現在は同社傘下のシーバスブラザーズ社が運営にあたっています。ダンバートンのグレーンウイスキー蒸留所はその後取り壊されています。

バランタインの個性をつくっているのが、40〜50種ともいわれるモルト原酒で、その中核をなすのがスペイサイドのグレンバーギとミルトンダフ、グレントファースなどです。バランタイン社の自慢は、ボトルに描かれた同社の紋章です。中央の盾の部分に、大麦と川（水）とポットスチル、樽という、ウイスキー造りの4つのシンボルが描かれ、左右の白馬にはスコットランドの国旗（聖アンドリュー旗）、盾の下には国花のアザミと、ラテン語で「全人類の友」というモットーが描かれています。製品ラインナップは、ファイネスト、12年、17年、21年、30年などがあり、売り上げはジョニーウォーカーに次いでスコッチの第2位となっています。

バランタインの紋章。スコットランド紋章院の許可を受けた正式なもの。

バランタイン ファイネスト

❷ ベル *Bell's* ディアジオ社

〝希代の名ブレンダー〟といわれたアーサー・ベルがサンデマン商会に入社したのは1845年のことでした。アーサーの情熱と功績により、1895年には社名をアーサー・ベル&サンズ社と変更。1900年頃にはすでに名声を確立し、国内はもとより、北アフリカからオーストラリア、ニュージーランド、インド、セイロン（現スリランカ）、南アフリカまで販路を拡大しました。

1920年代から30年代にかけてのウイスキー不況を乗り切ったベル社は、1933年に蒸留事業に乗り出し、ブレアアソールとダフタウンの両蒸留所を買収。その3年後にはインチガワーも傘下に収めています。ベル一族が経営に加わっていたのは1942年までで、その後は国際企業となり、1985年にはギネスグループによって買収されました。現在はディアジオ社の系列になっています。

製品ラインナップは、オリジナル、デカンターなどですが、スタンダードスコッチのベストセラーとしても知られ、英国市場ではフェイマスグラウスに次いで売り上げ第2位となっています。

ベル社のモットーは〝afore ye go〟。「旅立ちの前に」という意味で、戦地に赴く兵士にベルのウイスキーが届けられたことに由来しています。さらにイギリスでは門出を祝う酒として定着していて、ウエディング・ベルとの連想から結婚式には欠かせないウイスキーとなっています。特に鐘の形をした陶製デカンターが人気で、王室の結婚式や、最近ではエリザベス女王在位60周年の際につくられた記念デカンターなどが、コレクターズアイテムとなっています。

また、毎年クリスマスの時期に売り出されるクリスマスデカンターも、イギリスでは高い人気を誇っています。

アーサー・ベル。ブレンダーとしてだけでなく、慈善家としても知られている。

ベル

❸ シーバスリーガル *Chivas Regal* ペルノリカール社（シーバスブラザーズ社）

シーバスブラザーズ社の創業は1801年。シーバス家はシーバス男爵に連なる名門の家系で、1843年にはヴィクトリア女王からロイヤルワラント（王室御用達の勅許状）を授けられています。そのシーバス社が1891年に完成させたのがシーバスリーガルでした。商標登録されたのは1909年で、その時の製品は25年物というウルトラデラックススコッチでした。その後1949年にカナダのシーグラム社の傘下となり、1950年にはスペイサイド最古のストラスアイラを買収。これによりシーバスの核となるモルト原酒の安定確保に成功しました。その後2001年にペルノリカール社が買収し、現在は同社の傘下となっています。

製品ラインナップには12年、18年、25年などがありますが、12年はプレミアムスコッチの売り上げ世界第2位。スコッチ全体でも、ジョニーウォーカー、バランタインに続く第3位の売り上げとなっています。アイゼンハワー米大統領が愛飲したウイスキーでもあり、わが国では吉田茂（よしだしげる）元首相が、イギリス赴任時代から亡くなるまで愛した酒としても有名です。先代のマスターブレンダー、コリン・スコット氏が手がけた18年は1997年に、そして往年の名品の復刻版である25年は2007年に発売されました。さらに日本市場限定で、シーバスリーガル・ミズナラエディションを2013年に発売しています。これは、原酒の一部をミズナラ樽で後熟させたものです。

シーバスブラザーズ社にとって、創業年の〝1801〟は特別の意味をもっていて、ヘッドクォーターが置かれているグラスゴーの本社の電話番号の末尾は、1801に統一されているといいます。それだけ1801という数字に強いこだわりと誇りをもっているのです。

シーバスリーガルのキーモルトを造る、ストラスアイラ蒸留所のポットスチル。

シーバスリーガル 12年

④ カティサーク *Cutty Sark* ラ・マルティニケーズ社

ロンドンに本拠を構えるベリー・ブラザーズ&ラッド社（BBR）が創業したのは1698年。当時はコーヒー豆や香辛料などを扱う食料雑貨商でしたが、18世紀半ば以降、ワイン・スピリッツ商へと転身しました。そのBBRが、自社のウイスキーとして1923年にリリースしたのがカティサークです。グレンロセスを中心としたブレンデッドで、禁酒法時代のアメリカをターゲットにしたライトタイプのウイスキーでした。アメリカ人の嗜好に合わせ、当時一般的だったカラメルによる着色をやめ、あくまでもナチュラルカラーにこだわりました。その伝統は今も続いています。

カティサークとは〝海の女王〟といわれた快速帆船のこと。19世紀後半は中国から紅茶を運ぶ快速帆船、ティークリッパーの全盛時代で、海の男たちはいかに速く走るかに命をかけていました。なかでもカティサーク号は数多くの記録を打ち立て、イギリス海洋史における金字塔となりました。しかしティークリッパーの時代が終わると、ポルトガルに売却されてしまいました。同船がポルトガルから買い戻されたのが1922年のことで、当時それが話題になっていたことから、BBRが新しいウイスキーの名前として採用したのです。そうしたストーリーと、海へのロマンをかきたてる帆船、緑のボトルと好対照をなす鮮やかな山吹色のラベルが人気を博し、またたく間にカティサークは世界市場を席捲しました。製品にはオリジナル、プロヒビジョンなどがあります。2010年にブランド権はエドリントングループ社に移行しましたが、その後さらにラ・マルティニケーズ社に移っています。

カティサーク号は1869年、ダンバートン港で進水。

カティサーク オリジナル

⑤ デュワーズ *Dewar's* バカルディ社（ジョン・デュワー&サンズ社）

ジョン・デュワー&サンズ社の創立は1846年。創業者ジョン・デュワーは小さなワイン・スピリッツ商で17年間修業を積んだのち、40歳で独立しました。ジョンの死後、後を継いだのは2人の息子で、兄のアレクサンダーは26歳、弟のトーマスは16歳という若さでした。兄がおもに生産部門を、弟が販売部門を担当しましたが、セールスマンとしての才に長けていたトーマスはロンドンに進出し、5年と経たないうちに、ロンドン中のホテルやバーに、デュワーズを売り込むことに成功しました。

転機となったのは1891年にアメリカから届いた一通の手紙。スコットランド出身の「鉄鋼王」、アンドリュー・カーネギーが、「米大統領にデュワーズの樽を届けてほしい」という内容でした。のちに「ホワイトハウスには、デュワーズの樽が常備されている」といわれたのも、このことに由来します。もうひとつの転機が、モルト原酒確保を目的とした1896年のアバフェルディ蒸留所の建設です。

1899年には、その後のデュワーズ社の繁栄を決定づけたデュワーズホワイトラベルが誕生します。創業者ジョンのオリジナルブレンドを発展させたもので、ブレンドの中核はアバフェルディ。禁酒法解禁後のアメリカで爆発的な人気を得ることに成功し、ホワイトラベルは同社の代名詞となりました。

1915年に長年のライバルだったジェームズブキャナン社と合併し、10年後にはDCL社の傘下に。しかし1998年にバカルディ社が買収し、現在は同社の系列企業になっています。

製品ラインナップにはホワイトラベル、12年、15年、18年、そしてデラックスブランドのシグネチャーなどがあります。

デュワーズのキーモルトであるアバフェルディの樽。

デュワーズ ホワイトラベル

⑥ フェイマスグラウス *Famous Grouse* エドリントングループ社

製造元のマシューグローグ社の創業は1800年。当初はワイン商でしたが、やがて自社ブランドのウイスキーも手がけるようになり、事業は急速に拡大。その後、孫のマシュー・グローグが1897年に完成させたのが、「ザ・グラウス（雷鳥）・ブランド」でした。当時、ハイランドには毎年夏になると上流階級の人々が多くやってきました。彼らの間で大流行したのがゴルフや釣り、そしてグラウスシューティング（雷鳥狩り）。マシューはこうした上流階級にアピールするようにブランド名を考案。ちなみに雷鳥はスコットランドの国鳥です。マシューのこのアイデアは成功し、発売から数年で売り上げが急増しました。人々はグラウスブランドと言うところを、「あの有名な(フェイマス)雷鳥のウイスキーをくれ」と言うようになり、すぐさまマシューはブランド名をザ・フェイマスグラウスに変更したといいます。年間売り上げ300万ケース超。世界一有名な〝鳥のウイスキー〟です。

フェイマスグラウス
ファイネスト

Chaser 5

スコッチのスーパーセールスマンが登場

スコッチのブレンデッドがロンドン市場に進出するためには、強力な個性を持ったスーパーセールスマンの存在が不可欠でした。それを担ったのがデュワーズ社のトーマス・デュワー、通称トミーで、20代前半という若さでロンドンに進出したトミーは、持ち前のアイデアと行動力で、あっという間にロンドン市場を席捲。ロンドン万博にバグパイプを登場させたり、今日でいうCMを制作したり、電飾灯の派手な看板を立てたりと、あらゆる手段でデュワーズを宣伝。30代前半で、伝統あるロンドンシティーの執政官という地位まで上り詰めました。のちに貴族に叙せられたトミーの言動は〝デュワリズム〟と称せられ、日々新聞やゴシップ誌などに取り上げられました。まさにスコッチのスーパーセールスマンとしての生涯でした。

トーマス・デュワー。

⑦ グランツ *Grant's* ウィリアム・グラント&サンズ社

ウィリアム・グラント&サンズ社は1887年の創業以来、ファミリー経営を続ける数少ない独立系企業のひとつです。創業者ウィリアム・グラントから6世代にわたって家業を守り通してきました。ウィリアムがスペイサイドのダフタウンの町に、グレンフィディックを創設したのは1887年のこと。5年後には隣にバルヴェニー蒸留所を誕生させました。しかし1898年、最大の顧客だったブレンド会社のパティソンズ社が倒産。

この時、思いついたのが自社の原酒を使って、自らがブレンドすることでした。誕生したのが「グランツ・スタンドファースト」。現在グランツファミリーリザーブとして知られるこのブランドは、ウィリアム自らがブレンドしたもので、スタンドファーストはグラント家のモットー、「頑なに伝統を守る」からきています。

1957年には他のブランドとの差別化、ブランドイメージを確立するために三角形のボトルを誕生させました。三角はそれぞれ火・水・土を表し、「ウイスキーは火（石炭の直火焚き）と水（良質の軟水）、土（大麦とピートという大地の恵み）から造られる」という信念を具体化したものだったといいます。三角ボトルのグランツは人気を博し、1963年にはローランド地方のエアシャーにガーヴァン蒸留所を建設しました。これはグレーンの製造工場で、当時としてはヨーロッパ最大、最新鋭の蒸留所でした。そして1990年にはキニンヴィ蒸留所、2007年にはガーヴァンの敷地内にアイルサベイ蒸留所も建設し、一大企業に成長しています。

グレンフィディックの建物の石は、グラント家の家族で積み上げられた。

グランツ トリプルウッド

❽ ヘイグ（ディンプル） *Haig(Dimple)* ディアジオ社

名門ヘイグ家が、ウイスキー造りを始めたのは1627年のことで、ロバート・ヘイグによるものでした。18世紀後半になるとローランド地方を中心にいくつかの蒸留所を一族が経営し、5代目のジェームズ・ヘイグは1782年、首都エジンバラのキャノンミルズに、当時としては最大級の蒸留所を建設しています。ジェームズの甥であるジョン・ヘイグが1824年、ファイフ地方のリーブン川のほとりに建設したのがキャメロンブリッジ蒸留所で、この蒸留所はロバート・スタインの連続式蒸留機を導入した最初の蒸留所として知られています。ちなみにスタインは、ヘイグ家の親戚です。

グレーンウイスキーの誕生とともに、当時注目を集めはじめていたブレンド事業に本格的に乗り出したのもヘイグ家で、特にヘイグ社の名声を不動のものにしたのは、デラックスブレンドのディンプルでした。このカテゴリーのウイスキーとしては珍しい15年熟成（現在は12年）で、ローランドモルトのグレンキンチーをブレンドの中核にしています。その名前のもとになった三角形のボトルは、ジョンの五男であるジョージ・オグルヴィ・ヘイグが考え出したもの。えくぼのような凹みがつけられていることから、「ディンプル（えくぼ）」と名付けられました。さらに、ボトル全体を金属ネットで覆い、輸送中にコルク栓が抜けない工夫をしていました。

製品ラインナップには、ヘイグゴールドラベル、ヘイグクラブ、ディンプル12年、ディンプル15年などがあります。キーモルトのグレンキンチーのほか、グレンロッシー、ノックドゥー、マノックモアなどのモルト原酒と、キャメロンブリッジなどのグレーン原酒がブレンドされています。

ヘイグ家にとってゆかりの地であるエジンバラ。

ヘイグ（ディンプル）12年

⑨ アイラミスト *Islay Mist* マクダフ・インターナショナル社

アイラミストとは「アイラ島の霧」のこと。このウイスキーが生まれたきっかけは、1922 年にアイラ島の領主が、子息の誕生パーティに来る客のために特別に造らせたことでした。風味のきついシングルモルトを飲み慣れていない人々のために、ラフロイグをベースに、グレンリベットやグレーンウイスキーなどをブレンドして風味を軽くしたのだといいます。その後、ラフロイグ蒸留所によって商品化され、現在はマクダフ・インターナショナル社にブランド権は引き継がれています。

製品には、「ピーテッドリザーブ」「8年」「12 年」「17 年」などがあります。ボトルに描かれているのはアイラ島の大紋章「グレートシール」で、円の中央に船に乗った４人の男たちが描かれています。この船はヴァイキングのロングシップを改造した〝ナイベイグ〟と呼ばれるもので、アイラの男たちを象徴しています。

アイラミスト 8年

⑩ アイル・オブ・スカイ *Isle of Skye* イアンマクロード社

ブランド名はスコットランドの北西に位置するスカイ島から。スカイ島といえばタリスカー蒸留所が有名ですが、このアイル・オブ・スカイにも、タリスカーのモルト原酒が使われています。生みの親はスカイ島出身のイアン・マクロード。19世紀後半にエジンバラでブレンダーとしてスタートしましたが、会社組織となったのは1933年からです。

アイル・オブ・スカイはタリスカーをはじめとするスモーキーなアイランズモルトに、スペイサイドモルトをブレンドしたもので、ブレンド後最低6カ月は後熟させる手法がとられています。ブレンドにはモルト原酒約18種、グレーン原酒2種が使われています。古いボトルには牡牛と妖精の旗の、マクロード家の紋章が使われていましたが、現在のボトルは紋章の代わりに、ロッホスカヴェイグ（入り江）や、洋上から眺めたスカイ島の風景、スカイ島の象徴ともいえるクーリン山などが描かれています。

アイル・オブ・スカイ 12年

⑪ J&B ディアジオ社

J&Bというのは、製造元のジャステリーニ&ブルックス社のイニシャルです。同社の前身は1749年、ロンドンに創業したワイン商で、創業者はスコッチ業界では珍しいイタリア人のジャコモ・ジャステリーニでした。彼は故郷ボローニャを出る際、リキュールの蒸留業者だった叔父のもとから、秘伝のリキュールの製造方法を持ち出していたのです。

ジャステリーニ社がスコッチも扱うようになったのは1780年代からですが、ワイン商、リキュール商としての名声は早くに確立し、1760年には国王ジョージ3世からロイヤルワラント（王室御用達の勅許状）を授かっています。その勅許状はエリザベス2世まで途切れることなく続いていました。

その後、1831年にアルフレッド・ブルックスが買収して社名を変更。そして1890年代に、自社ブランドのJ&Bが誕生しました。J&Bレアは20世紀になって生まれたもので、禁酒法後のアメリカ市場に的を絞った製品でした。巨額のマーケティング費用が投入され、数年で全米No.1ブランドに成長したといいます。

J&Bレアはノッカンドオ、オスロスク、グレンスペイ、ストラスミルの4つのモルト原酒を中心に、36種のモルトと6種のグレーン原酒をブレンドしているといいます。現在日本で一般に手に入るのは、J&Bレアくらいです。

J&Bは長年ジョニーウォーカーに次ぐスコッチ第2位のブランドとして君臨してきましたが、アメリカ市場の低迷を受け、現在はスコッチブレンデッドの第8位となっています。

J&Bのモルト原酒を造るストラスミル蒸留所。

J&B レア

⑫ ジョニーウォーカー *Johnnie Walker* ディアジオ社

世界で最も売れているスコッチウイスキーで、ラインナップには、ジョニーウォーカーレッドラベル（通称ジョニ赤）、12年（通称ジョニ黒）、ダブルブラック、ゴールドラベルリザーブ、18年、ブルーラベル、キングジョージ5世などがあり、販売総数は2022年時点で2,270万ケースに及びます。これは1秒間に約8本以上売れている計算で、他のブランドをはるかに凌いでいます。

同社の創業は1820年。創業者ジョン・ウォーカーはエアシャーの小作農の息子で、15歳で小さな食料雑貨店を開きました。転機となったのはブレンデッドの誕生で、アンドリュー・アッシャーと同時期にジョンもブレンドを思いついたといいます。ジョンが考案したのがウォーカーズ・オールド・ハイランド・ウイスキーで、これがのちにジョニ黒に発展していきました。息子のアレクサンダーが1877年にそのウイスキーを商標登録し、四角形のボトルと、斜めのラベルを考案して、ジョニーウォーカーを誕生させました。その後、アレクサンダーの2人の息子がさらに事業を拡大させ、スペイサイドのカードゥ蒸留所を買収。さらに赤ラベル、黒ラベル12年をリリースし、1909年、ジョニーウォーカーという名称を正式に商標登録したのです。

同時に誕生したのが、もうひとつのトレードマーク、シルクハットに片メガネ、赤のフロックコートにステッキといういでたちの、ストライディングマンでした。大英帝国をイメージさせるこのキャラクターが、ジョニーウォーカーの世界制覇に大いに貢献したことはいうまでもありません。

ストライディングマンは、1930年代の日本の新聞広告にも登場。

ジョニーウォーカー ブラックラベル 12年

⑬ ハイランドクィーン *Highland Queen* ザ・ハイランド・クィーン・スコッチウイスキー社（テロワール・ディスティラーズ社）

ハイランドクィーンとは「悲劇の女王」といわれたスコットランド女王、メアリー・スチュワートのこと。1893 年にマクドナルド＆ミュアー社がハイランドクィーンを創案しましたが、同社がエジンバラの外港リースで創業され、リースがメアリー女王ゆかりの地だったことから、この名が選ばれたといいます。ラベルには、白馬に颯爽とまたがるメアリー女王の勇姿が描かれています。

ハイランドクィーン 12年

製品には、タリバーディンを中核に、グレンモーレンジィやグレンマレイなど 25 種類以上のモルトがブレンドされています。ラインナップとして、スタンダード以外に、「12 年」「マジェスティ 16 年」「1561」などがあります。マクドナルド＆ミュアー社が長く製造にあたってきましたが、その後ブランド権が移行し、現在はタリバーディンを所有するフランスの会社、テロワール・ディスティラーズ社が製造しています。

⑭ モンキーショルダー *Monkey Shoulder* ウィリアム・グラント＆サンズ社

「猿の肩」という個性的な名前は、古くからあるウイスキーの専門用語。蒸留所のフロアモルティングは重労働で、日に何度も麦芽を攪拌する職人たちはしばしば肩を痛めました。その肩の痛みをモンキーショルダーと呼んだのです。由来は定かでありませんが、長年その作業に従事している職人は両肩が前に出て、歩く姿が猿に似ていたからともいいます。

モンキーショルダー

製造元はウィリアム・グラント＆サンズ社。ブレンデッドモルトで、ブレンドには同社傘下のグレンフィディック、バルヴェニー、キニンヴィの3つのモルト原酒が使われています。その3つのモルトを強調するためでしょうか、ボトルの肩（ショルダー）のところには3匹の猿のエンブレムがついています。グラント社はこのモンキーショルダーを使ったオリジナルのカクテルの開発など拡販に力を注ぎ、今ではイギリスのバーやパブの定番アイテムとなっています。

⑮ オールドパー *Old Parr* ディアジオ社

オールドパーの誕生は19世紀後半。エアシャー出身のジェームズとサミュエルのグリーンリース兄弟が生みの親で、2人は1871年にグリーンリースブラザーズ社を設立。オールドパーとはトーマス・パーという実在の人物のことで、152歳（!）まで生きたといわれる、英国史上最長寿の人物。そのトーマス・パーの長寿と名声にあやかって命名されました。

オールドパーは発売と同時に好評を博し、1900年頃にはロンドン市場を席捲。その後販路を世界に求め、日本と東南アジア、近年では南米でブランドイメージを確立しています。特に日本との因縁は古く、日本に初めて紹介されたのは1873（明治6）年のことだったといいます。岩倉具視の遣欧米使節団がイギリスから持ち帰ったとされ、以来わが国の上流階級、長寿を願う政治家などから愛好されました。吉田茂や田中角栄元首相がオールドパーのファンだったことは、つとに有名です。

グリーンリース社はその後アレクサンダー&マクドナルド社に吸収合併され、1925年にはDCL社の傘下に。現在はディアジオ社の系列で、製造元はマクドナルドグリーンリース社。同社はスペイサイドのグレンダラン蒸留所のライセンスを所持していますが、オールドパーの核となるモルト原酒は今も昔も、同じスペイサイドのクラガンモアです。角型の独特のボトルもグリーンリース兄弟のアイデアによるもので、表面のクラックルパターンと呼ばれるヒビ割れ模様は、19世紀の陶製ボトルをイメージしたもの。また、ラベルにあるトーマス・パーの肖像画は、17世紀の巨匠、ルーベンスの筆によるものだといいます。

オールドパーの原酒を造るクラガンモアの熟成庫。

オールドパー 12年

⑯ ロイヤルハウスホールド *Royal Household* ディアジオ社

ロイヤルハウスホールドとは、〝英王室〟のこと。1897年、当時ブレンダーとして成功を収めていたジェームズ・ブキャナンのもとに、時の皇太子（のちのエドワード7世）から、皇太子専用のブレンデッドウイスキーを造ってほしいという注文が入りました。数種類の試作品の中から皇太子が自ら選んだのが、このウイスキーだったのです。

かつてこのウイスキーは、世界の3つの場所でしか飲むことができないといわれました。ひとつはバッキンガム宮殿で、もうひとつはハリス島にあるローデルホテルのバー、そして最後のひとつが日本です。昭和天皇が皇太子時代に英国を訪れた際に英王室からプレゼントされたのがきっかけで、それ以来、英王室の特別の許可により、日本だけで販売されるようになったといいます。今でも一般的に飲めるのは日本だけです。現在はディアジオ社が造っていて、ダルウィニーがブレンドの中核を担っています。

ロイヤルハウスホールド

⑰ ロイヤルサルート *Royal Salute* ペルノリカール社（シーバスブラザーズ社）

ロイヤルサルートとは、イギリス海軍が王室の特別行事などで打ち鳴らす〝王礼砲〟のこと。エリザベス2世の戴冠式を記念して1953年にシーバスブラザーズ社が発売しました。熟成年数21年というのは、戴冠式での王礼砲が21発だったことによります。ベルベットに包まれた陶製のフラゴン（栓付き細口瓶）は、最高級スコッチの代名詞として、ウイスキーファンの憧れの的となりました。

当初は戴冠式用の限定品でしたが、人気があまりに高かったため、その後定番商品となり、現在は世界100カ国以上で販売されています。フラゴンの色は青（サファイア）と緑（エメラルド）と赤（ルビー）の3色があり、これは英王室の王冠に飾られている3つの宝石にちなんでいます。

シーバスブラザーズ社の製品であるシーバスリーガル同様、ストラスアイラのモルト原酒が中心となっています。

ロイヤルサルート

⑱ ティーチャーズ *Teacher's* サントリー（ビームサントリー社）

ブランド名の由来は、創業者のウィリアム・ティーチャーから。ウィリアムがウイスキーと関わりをもつようになったのは1830年、グラスゴーの小さな食料雑貨店に雇われたことがきっかけでした。1851年に正式にワイン・スピリッツ商として独立してから店は大繁盛。誕生して間もないブレンデッドウイスキーにも取り組み、独自のブレンドを開発しました。さらに売るだけではなく、それを店頭で安く味わえる「ドラムショップ」（ドラムは〝1杯〟のこと）をオープンし、評判を呼びました。その後2人の息子も経営に参画し、1876年にはロンドン進出を果たしています。

ティーチャーズ・ハイランド・クリームというブランドが正式に登録されたのは1884年のこと。このウイスキーにはモルト原酒がふんだんに使われ、その比率は45%以上だったといいます。これは当時のスコッチとしては破格の比率であり、この伝統は現在も守られています。父や兄の死後、家業を継いだのは弟のアダムで、彼のもとで事業はますます発展しました。1898年には、同社念願の蒸留所であるアードモアを建設。また、1916年に従来のコルク栓に代わる新しいキャップも発明。従来のコルク栓はワインと同様、栓抜きが必要でしたが、新しい栓は短いコルクの上部に木製の頭をつけたもので、これによって簡単に開け閉めができるようになりました。1960年にはグレンドロナック蒸留所を買収しましたが、1976年アライドグループ傘下となり、現在はアードモア、ラフロイグとともにビームサントリー社の所有となっています。

ティーチャーズのキーモルトとなっているアードモア蒸留所。

ティーチャーズ ハイランドクリーム

⑲ ホワイトホース *White Horse* ディアジオ社

ブランド名は、かつてエジンバラのキャノンゲート街にあったホワイトホース・セラー、白馬亭という酒亭（宿屋）の名前からで、この酒亭は、スコットランド独立を願ったジャコバイト軍がエジンバラに進攻した際（1745年）、定宿として使っていた店だったといいます。ホワイトホース社（当時はマッキー社）の創業者ピーター・マッキーは1890年、世界に通用するブランドをつくりたいという想いから、スコットランド人にとって自由と独立の象徴でもあったその酒亭の名を採用したのです。

ピーターは巨漢でエネルギッシュな男で、休みを知らないその行動力は、使用人や同業者から「レストレスピーター（不眠不休のピーター）」として恐れられました。彼が若いころに修業したのが、アイラ島のラガヴーリンで、そのラガヴーリンを中核にブレンドされたのがホワイトホースです。

クセのあるアイラモルトを中核にしているのは珍しいですが、スペイサイドのクレイゲラキとグレンエルギンのモルト原酒をブレンドすることで、バランスのよい味わいを生み出しています。現在もラガヴーリンとグレンエルギンがブレンドの中核で、ブレンデッドとしては珍しいスモーキーフレーバーが、ホワイトホースの特徴となっています。

1926年、コルク栓に代わるスクリューキャップを発明したのもホワイトホース社で、このスクリューキャップの導入により、半年で売り上げは2倍に増えたといいます。ピーターの死後、1927年にDCL社の手に渡り、マッキー家による経営にピリオドが打たれました。この時に、社名はマッキー社からホワイトホース社に改められています。製品ラインナップには、ファインオールド、12年などがあり、12年は日本市場限定品です。

いかにも頑固一徹といった風貌のピーター・マッキー。

ホワイトホース ファインオールド

⑳ ホワイト&マッカイ *Whyte & Mackay* エンペラドール社(ホワイト&マッカイ社)

ホワイト&マッカイ社の前身は、1844年にグラスゴーで創業したアラン&ポインター社。当初は雑貨卸業と倉庫業を営んでいましたが、1882年に当時支配人をしていたジェームズ・ホワイトが、チャールズ・マッカイとパートナーシップを組み、ウイスキー事業に進出しました。それに伴い社名をホワイト&マッカイ社に変更し、ほどなくホワイト&マッカイ・スペシャルブレンドが誕生しました。

この時完成させたのが、後熟を2回施す「ダブルマリッジ」製法。まずモルト原酒同士をヴァッティングし、シェリー樽の中で8〜12カ月以上寝かせてファーストマリッジを行います。次にこれにグレーン原酒をブレンドし、再びシェリー樽の中で寝かせ、セカンドマリッジを行います。これによってモルト原酒とグレーン原酒が最良の状態で混ざり合い、深みのある色調と独特なフレーバーが生み出されるのです。ラインナップにはスペシャルのほかに13年、30年、40年などがあり、すべてダブルマリッジ製法で造られています。

同社は1960年にダルモア蒸留所と合併。1972年には東ハイランドのフェッターケアン、スペイサイドのトミントールを買収しています(トミントールは現在はアンガスダンディー社系列)。1990年にアメリカンブランド社の傘下に入り、ホワイト&マッカイグループが誕生しました。現在はブランデーで有名な、フィリピンのエンペラドールが親会社となっています。

元マスターブレンダーのリチャード・パターソン氏は若くしてその才能を謳われ、じつに50年以上を第一線で活躍した名ブレンダー。〝偉大なる鼻〟として業界で最大級の尊敬を集めています。

リチャード・パターソン氏は、26歳の若さでマスターブレンダーとなった。

ホワイト&マッカイ スペシャル

12 ボトラーズについて

【ボトラーズとは】

ダンカンテイラー社が所有する各蒸留所の樽。

スコッチウイスキーの場合、蒸留所またはそのオーナーが瓶詰めして製品化する「オフィシャルボトル」と、「ボトラーズボトル（ボトラーズブランド）」と呼ばれる2つの商品が流通しています。オフィシャルボトルは「オフィシャル物（OB、official bottle）」、「蒸留所元詰め（DB、distillery bottle）」などと呼ばれていますが、これに対して、蒸留所やその所有企業からウイスキーを樽などで買い付け、独自に熟成させて瓶詰めを行い、ラベルを貼って販売するのがボトラーズ（瓶詰業者）で、この独立瓶詰業者が販売する製品を「ボトラーズ物（BB、bottler's bottle）」と呼んで区別しています。

ボトラーズでは特徴ある商品構成を意識して、加水は行わず、樽出しのアルコール度数のまま瓶詰めするカスクストレングス、ウイスキーの色調整を行わないノンカラーリング、低温濾過を施さないノンチル、ひとつの樽から瓶詰めするシングルカスク（バレル）といった製品がほとんどです。複数の蒸留所の製品を扱うボトラーズは、それぞれ独自に商品シリーズをつくり、統一感のあるラベルとともに、詳細なボトル情報を提示している場合が多く、近年はボトラーズが蒸留所を買収してウイスキー造りを開始するというケースも増えています。

【おもなボトラーズ】

アンガスダンディー *Angus Dundee Distillers Plc* ロンドン

ブレンダー、ボトラーズ、スピリッツ販売業者として半世紀以上の歴史をもち、ロンドンに拠を構える家族経営の企業です。現在はトミントールとグレンカダムの2つの蒸留所を所有して、独自のブランドもつくっています。韓国市場で人気の「スコッチブルー」は、アンガスダンディー社がブレンドを手がけている製品です。

ブラックアダー *Blackadder International Ltd.* スウェーデン

1995年にロビン・トゥチェック氏が創業しました。ウイスキーの香りや旨みのもととなる樽からの成分を、樽出しのままの状態で製品にするという信念により、ノンチル、ノンカラーリング、カスクストレングスという条件を徹底しています。ボトリングに際して、樽材の破片さえも取り除くことなく製品化する「無濾過」（ロウカスクというシリーズ）の徹底ぶりが、一部愛好家の熱烈な支持を得ています。現在はスコットランドからスウェーデンに拠点を移しています。

コンパスボックス *Compass Box Delicious Whisky Ltd.* ロンドン

2000年にアメリカ人のジョン・グレイザー氏がエジンバラに設立しました。一般的なボトラーズと異なりシングルモルトやシングルグレーンはリリースしていませんが、コンセプトウイスキーという言葉が流行するほど、ユニークでアイデアあふれる製品を次々と市場に送り込んでいる、気鋭のボトラーズです。「スパイスツリー」や「オーククロス」「ヘドニズム」などが人気を呼びました。現在はロンドンに移転しています。

ダグラスレイン *Douglas Laing & Co. Ltd.* グラスゴー

1948年、ダグラス・レイン氏により創業されました。ラングサイド、キング・オブ・スコッツなどのブレンデッドを長く製造してきた会社で、ボトラーズに参入したのは、アルコール度数を50%に統一した「オールド・モルト・カスク（OMC）」シリーズを発表した1998年から。さらに19世紀に使われた陶製デカンターを復刻した商品などもリリースしています。2013年にダグラスレイン社とハンターレイン社の2つの会社に分かれ、OMCはハンターレイン社のブランドとなっています。最近ではリージョナルモルト・シリーズがブレンデッドモルトとして人気となっています。

ダンカンテイラー *Duncan Taylor & Co. Ltd.* ハントリー

1938年にアメリカ人のアベ・ローゼンベルグ氏が設立した会社で、彼が樽買いしたウイスキーのコレクションから商品化がなされています。1960年代に蒸留された樽を多く保有しており、ノンチル、ノンカラーリングが特徴の長期熟成品を次々とリリースしたことで、世界のモルトファンの注目を集めました。2001年に現在の会社が事業を引き継ぎ、ハイランドのハントリーに拠点を移しています。代表的なシリーズが「ピアレスコレクション」「レアレスト・オブ・レア」などです。

ゴードン&マクファイル *Gordon & MacPhail Ltd.* エルギン

通称GM社。1895年、スペイサイドのエルギンで高級食料品店として創業。やがて自社ブランドのウイスキーを開発し、20世紀初頭よりシングルモルトを販売してきました。原酒の保有量が豊富で、蒸留所から樽ごと購入しては、自社のエルギンの熟成庫で熟成させ、独自にボトリングしています。優れたブレンド（ヴァッティング）技術に定評があり、ボトリングに際してはエルギンの南、グレンラトリックの水を使っています。蒸留所でもすでにストックがないような長期熟成品をリリースすることもあり、GM社は老舗ボトラーズの代表格として世界中に根強いファンがいます。代表的なシリーズに「コニサーズチョイス」「マクファイルズコレクション」「プライベートコレクション」などがあります。1992年にスペイサイドのベンローマック蒸留所を買収、さらに2024年にスペイサイドにケアン蒸留所をオープンさせています。

ハンターレイン *Hunter Laing & Co.Ltd.* グラスゴー

2013年にダグラスレイン社から分かれたスチュワート・レイン氏と2人の息子によって設立されました。オールド・モルト・カスク（OMC）の他、オールド&レアシリーズや熟成年が若めのヘップバーンズ・チョイス、ブレンデッドのハウス・オブ・ピアーズなどをリリースしています。2019年にアイラ島のアードナッホー蒸留所をオープンさせています。

イアンマクロード *Ian Macleod Distillers Ltd.* ブロックスバーン

スカイ島の氏族であるマクロード家がオーナーとして設立しました。ブレンダーおよびボトラーズとしての樽所有数はトップクラスといわれています。2003年にグレンゴイン、2011年にタムドゥー蒸留所を買収して、そのオーナーとなっています。

さらに、ローズバンクの再建にも取り組み、2023年夏に再オープンさせました。代表的なシリーズが「チーフタンズ」「ダンベガン」などです。

シグナトリー *Signatory Vintage Scotch Whisky Co. Ltd.* ピトロッホリー

エジンバラのホテルマンから転進したアンドリュー・サイミントン氏が弟のブライアンとともに1988年に創業しました。初期の商品は〝S〟の装飾文字が目印のダンピーボトルでしたが、その後、次々とユニークなシリーズを発表。ボトラーズの新勢力として一世を風靡しました。2002年にエドラダワー蒸留所を買収し、本格的にウイスキー製造にも乗り出しています。代表的なシリーズが「カスクストレングスコレクション」などです。レディバーンやベンウィヴィスなど、幻といわれるモルトをリリースし、話題を集めました。

ウィリアムケイデンヘッド *William Cadenhead's Ltd.* キャンベルタウン

1842年にアバディーンで創業したスコッチ最古のボトラーで、GM社と並ぶ瓶詰業者の雄です。現在の本拠地はキャンベルタウンで、スプリングバンクのオーナー、J&A・ミッチェル社が1972年から経営にあたっています。カスクストレングス製品を世に送り出し、アルコール度数の高い、低温濾過や着色を行わないユニークな製品を提供してきました。樽番号や、瓶詰めした本数、蒸留・瓶詰年月日、樽の種類など細かな熟成状況をラベルに明記することで、シングルモルト、シングルカスクブームに大きく貢献してきました。代表的なシリーズに、「オーセンティックコレクション」「スモールバッチ」「チェアマンズ・ストック」などがあります。

シグナトリー／カスクストレングス ブナハーブン46年 1971

ハンターレイン／オールド・モルト・カスク（インチガワー）

ゴードン&マクファイル コニサーズチョイス リンクウッド 27年 1994

ブラックアダー／ロウカスク ベンネヴィス 18年 1996

■スコッチウイスキー関連年表

西暦	事柄
6世紀頃	ゲール族の一派スコット族が北アイルランドからアーガイル地方に渡来、ダルリアダ王国建設。
563	聖コロンバ、アイオナ島に修道院建設。ピクト族にキリスト教布教。ネッシー目撃。
9世紀	ピクト人、スコット人の連合によるアルバ王国が成立。ケネス1世が王位に（最初のスコットランド王とされる）。
1040	マクベス、ダンカン1世よりスコットランド王位を奪う。
1263	アレキサンダー3世率いるスコットランド軍がラーグスの戦いでヴァイキング軍に勝利、アザミが王家の紋章に。
1297	スターリング・ブリッジの戦いでウィリアム・ウォレス、イングランド軍に勝利。翌年ファルカークの戦いでエドワード1世軍に敗れる。
1314	バノックバーンの戦いでロバート・ザ・ブルース王がイングランド軍に勝利。
1320	ローマ教皇の破門に対しブルース王を支持する「アーブロース宣言」がなされる。
1468	オークニー諸島がデンマークとの姻戚関係によりスコットランドの領土となる。
1471	デンマークとの姻戚関係によって、オークニー諸島・シェットランド諸島がスコットランドの支配下に置かれる。
1494	スコッチウイスキー最初の記録とされる、スコットランド王室財務省文書「ジェームズ4世の命により、修道士ジョン・コーに8ボルの麦芽 を与えてアクアヴィテをつくらしむ」が記録される。
1534	英国国教会が成立。以降、ローマ教会との絶縁、カトリック教会・修道院の閉鎖・解散、およびその土地財産の没収という政策の結果、酒造りが民間へと移行。
1555	スコットランド議会の法律にアクアヴィテが穀物原料の酒として初登場。
1558	スコットランド女王メアリー1世、フランス皇太子と結婚。イングランドでエリザベス1世が即位。
1603	スコットランド国王ジェームズ6世がイングランド国王ジェームズ1世として即位。同君連合が成立。
1627	スターリングシャーでロバート・ヘイグが蒸留業を開始、後にジョン・ヘイグ社となる。
1635	オールドパーのモデル、トーマス・パー逝去（享年152）。
1644	スコットランド議会、アクアヴィテ（ウイスキー）に初課税。
1689	カローデンのダンカン・フォーブスが所有する蒸留所がジャコバイトによる焼き討ちにあう。その補償として免税特権をもつフェリントッシュ蒸留所が誕生（名称が知られるスコッチ最古の蒸留所）。
1707	スコットランド議会廃止、イングランドに併合される。グレートブリテン王国の誕生。
1746	カローデンの戦いでジャコバイト軍、イングランド軍に敗北。ハイランドで密造が盛んに。
1755	サミュエル・ジョンソン博士の英語辞書に「ウイスキー」の記載がなされる。
1759	ロバート・バーンズ、エアシャーのアロウェイに誕生（1月25日）。
1781	自家製ウイスキーの蒸留が禁止に。
1820	ジョン・ウォーカー、キルマーノックに食料雑貨店をオープン。
1822	ジョージ4世のスコットランド訪問。禁制のグレンリベットを所望。密造摘発数1万4,000件と報告。
1823	酒税法の改定。
1824	ジョージ・スミスのグレンリベット蒸留所が新酒税法のもと政府公認第1号蒸留所に。
1826	ロバート・スタインが連続式蒸留機を考案。
1831	イーニアス・コフィーが連続式蒸留機を発明。14年間のパテントを取得。
1846	穀物法の撤廃、穀物の輸入が自由化される（前年からのアイルランド、ジャガイモ飢饉の影響）。
1853	アンドリュー・アッシャー（2世）がブレンデッドウイスキー（ヴァッテッドウイスキー）を発売。
1860	酒税法改正。異なる蒸留所のウイスキーのブレンドが可能に。
1877	ディスティラーズ・カンパニー・リミテッド（DCL）創業。この頃、フィロキセラ（根や葉にこぶをつくる害虫）でフランスのぶどうが全滅。ブランデー不足でスコッチの消費が伸びる。

西暦	事柄
1885	ブレンデッド業者がDCLに対抗しノース・ブリティッシュ・ディスティラリー社（NBD）を結成し、同名のグレーン蒸留所をエジンバラに建設。ブレンデッドが英国中で大流行。この頃ビッグ5が相次いでロンドンに進出。
1887	アルフレッド・バーナード、『The Whisky Distilleries of the United Kingdom』を出版。
1898	リースのパティソンズ社が倒産。中小の蒸留所が潰れていくなかでDCL社が急成長。
1909	〝ウイスキー論争〟が結着。グレーンウイスキー（ブレンデッド）もスコッチであることが承認される。
1916	ティーチャーズ社のW・M・バーギス、新タイプのコルク栓を発明。 ウイスキーの熟成が最低3年間と決められる。
1920	アメリカで禁酒法が発効。第一次世界大戦と禁酒法の影響で蒸留所の閉鎖が相次ぐ。
1926	ホワイトホース社がスクリューキャップを開発。
1927	DCL社がホワイトホース社を買収。ビッグ5すべてがDCL社の傘下に。
1939	第二次世界大戦が勃発（～1945年）。蒸留所が各地で閉鎖される。
1941	アウターヘブリディーズ諸島のエリスケイ島沖でウイスキーを満載した輸送船が座礁。のちにコンプトン・マッケンジーの小説「ウイスキーガロア」の題材となり、映画化もされる。
1952	エリザベス女王（2世）が即位。翌年、21発の王礼砲にちなむロイヤルサルート21年が発売。
1963	グレンフィディックが初めてシングルモルトを商品化する。
1960年代～70年代	製造の変革期。多くの蒸留所で石炭に代わり石油ボイラーが採用され始める。フロアモルティングによる自家製麦が廃止、ゴールデンプロミス種の大麦麦芽の利用が普及。
1986	ギネスグループがDCL社を買収。
1988	UD社の「クラシックモルトシリーズ」が発売開始。
1994	スコッチウイスキー、誕生500年祭を祝う。
1997	ギネスビールとメトロポリタングループによりディアジオ社が設立。世界最大のスピリッツ製造・提供の企業が誕生。
1999	EU通貨統合。スコットランド議会復活。
2005	ペルノリカール社がアライドグループを買収し、スコッチ業界第2位に。
2010	スペイサイドにディアジオ社がローズアイル蒸留所をオープン。
2013	400ガロン（約2,000ℓ）以下のスチルが初めて許可される（ストラスアーン蒸留所）。
2014	スコットランド独立の是非を問う国民投票が実施され、反独立派が過半数（55%）を獲得。英国湖水地方初となるレイクス蒸留所が操業開始。
2016	アメリカのブラウンフォーマン社がベンリアック蒸留会社を買収。ベンリアック、グレンドロナック、グレングラッサがその傘下に。
2018	マッカランの新蒸留所が稼働、ビジターセンターが一般公開される。
2019	スコッチウイスキー協会（SWA）、熟成樽に関する規制について修正。樽使用の自由度が広がる。
2020	英国がEUから離脱。グレンタレット蒸留所がスイスのラリックグループ傘下となる。スコッチの輸出額はコロナ禍の影響などで38億ポンド（約5,200億円）となり、前年（45億ポンド）から23%、数量で13%程度落ち込む。
2021	ブローラ蒸留所が復活し操業を再開。グレンモーレンジィ、新たな蒸留棟ライトハウスを完成。
2022	GM社2番目となるケアン蒸留所が開設。スコッチ輸出金額62億ポンドとなり、日本円換算で1兆円に達する。
2023	チャールズ3世戴冠式。マッカラン1926がロンドンのオークションで220万ポンド（約4億円）で落札される。新生ローズバンク蒸留所が操業を再開。スコッチ輸出金額は56億ポンド（約9,800億円）。
2024	ポートエレン蒸留所、再稼働を開始。ポート・オブ・リース、ウイスキー生産の本格稼働に入る。

アイリッシュウイスキー

Irish Whiskey

かつてスコッチと人気を二分したアイリッシュウイスキー。なぜアイリッシュはスコッチに敗れたのか。スコッチとアイリッシュの違いとは。

北アイルランドとアイルランド共和国という、2つの国と地域で造られるウイスキーが、なぜひとつのカテゴリーに分類されるのか。再び世界で注目されるアイリッシュのポットスチルウイスキーとは――知られざるアイリッシュウイスキーの謎に迫ります。

1 アイルランドについて

アイルランドは、グレートブリテン島の西に位置する島です。アイルランド島には、共和制の「アイルランド共和国」と、立憲君主制で英国（UK）の一員である「北アイルランド」の2つの国と地域が存在します。

アイルランド共和国の首都ダブリンの繁華街、グラフトン通り。

	アイルランド共和国 *Republic of Ireland*	北アイルランド *Northern Ireland*
面積	約7万㎢	約1万4,100㎢
人口	約502万人	約190万人
首都	ダブリン（人口約145万人）	ベルファスト（人口約34万人）
宗教	カトリック約8割	プロテスタントとカトリックがほぼ同数
元首	M・D・ヒギンズ大統領（2011年〜）	チャールズ（3世）国王（2022年〜）
通貨	ユーロ	ポンド
国花	シャムロック（しろつめ草）	
守護聖人	聖パトリック	

【歴史】

アイルランドは1801年に英国に併合されましたが、当初から独立を求める動きがありました。20世紀に入ると、1916年にダブリンでイースター蜂起が起こり、独立への気運が高まりました。そして1919年からの独立戦争を経て、1922年にアイルランド32州のうちの26州が、アイルランド自由国として英国より分離しました。それが現在のアイルランド共和国で、国名はアイルランド語ではエール（Éire）といいます。残りの6州は、北アイルランドとして英国に残りました。

1937年制定のアイルランド憲法と1948年制定のアイルランド共和国法によって、アイルランドは英国との間に残っていた最後の法的絆を断ち完全に独立、共和国となっています。第二次世界大戦の間は中立を守り、参戦しませんでした。現在もNATO（北大西洋条約機構）には加入していませんが、平和のためのパートナーシップ（PFP）には参加しています。1973年にEC（現EU）に加盟していて、国連・EU外交を重視する路線を貫いています。

元首は国民の直接選挙により選出される大統領です。議会は二院制で、上院がシャナズ・エアラン（Seanad Éireann）、下院はドイル・エアラン（Dáil Éireann）と呼ばれます。下院議会から指名された首相 （ティーシャク）が行政府の長となり、統一アイルランド党党首であるレオ・バラッカーが、2017年より首相を務めています（2024年、辞任を表明。後任未定）。

【地理】

アイルランドは南北約500㎞、東西約300㎞の島で、南側約6分の5がアイルランド共和国、残りは北アイルランドで英国領です。緯度は北緯51度30分から55度30分。北アイルランドはスコットランドのローランド地方と同程度かやや南に位置しており、アイルランドの首都ダブリンはさらに南に位置しています。それでもダブリンの北緯約53度20分は北海道よりはるか北で、樺太（からふと）の北部やカムチャツカ半島南部と同緯度にあります。アイルランドの東がアイリッシュ海で、グレートブリテン島との距離は18～200㎞弱です。他の三方の海岸には大陸棚による浅瀬がありますが、幅は狭く、すぐに大西洋の深海へと落ち込んでいます。

北アイルランドのジャイアンツコーズウェイ。世界遺産に登録されている。

アイルランド島は広範囲にわたって氷河の影響を受けています。そのため西部には地表から土壌が削られ岩盤が露呈する荒涼な景観が発達し、中央平野は氷河の堆積物（粘土と砂）を含み、沼地や湖が多く存在しています。スコットランドのアイラ島などと同様に泥炭地が広がり、国土の2割程度を占めるとされています。泥炭（ピート、あるいはターフ）は現在でも家庭用の暖房燃料に利用されています。沿岸部にはいくつかの山岳地帯があって、南部の山の尾根は赤色砂岩で覆われ、それを分断するように川が流れ、石灰岩質の渓谷が走っています。高い山はなく、最高峰のキャラントゥールヒルでも標高1,038mです。

なお、アイルランド島には以前から行政的に32の州（County、県とも訳されます）があって、大きく4つの地方に区分されています。北東部に位置するアルスター（Ulster）が9州、東部のレンスター（Leinster）が12州、北西部のコノート（Connacht）が5州、南西部のマンスター（Munster）が6州です。アルスター9州のうち6州が北アイルランドとして、英国に残りました。

【気候】

メキシコ湾流（暖流）と大西洋から四季を通じて吹き寄せる偏西風の影響で、アイルランド西岸は海洋性気候で安定していて、地域による気温の差はほとんどありません。年間平均気温は4～7℃ですが、最も暖かい7、8月には14℃～16℃まで上がります。最低気温はマイナス10℃以下。最高気温で30℃を超えることはほとんどありません。年間の平均降水量は、平野部で800～1,200㎜、山間部では2,000㎜を超える地域もあります。

【産業】

かつて経済の中心となっていたのは酪農畜産業でしたが、産業の工業化により重要度は低下しています。現在のアイルランド経済を牽引しているのは工業部門で、GDPの約半分、輸出の約8割を工業製品が占めています。近年の経済成長を担うのは外資系企業・多国籍企業で、それらの企業の輸出が大きくなっています。

2 アイリッシュウイスキーとは

アイリッシュウイスキーは「Irish Whiskey Act, 1980」と「The Irish Whiskey Technical File (2014)」という法律によって規定されています。この法律は1950年のアイリッシュウイスキー法および、英連邦の統治時代であった1880年のスピリッツ法を改めたもので、基本的にスコッチと同様の規定となっています。その法定義をまとめると、次のようになります。

- 穀物類を原料とする
- 麦芽に含まれるジアスターゼ（酵素）、又はそれに加えて天然由来の酵素により糖化
- 酵母の働きにより発酵
- 蒸留液から香りと味を引き出せるように、アルコール度数94.8%以下で蒸留
- 容量700ℓを超えない木製樽に詰める
- アイルランド、または北アイルランドの倉庫で3年間以上熟成させる（移動した場合は両方の土地での累計年数が3年以上）

北アイルランドは英国に属していますが、アイルランド（島）で造られるウイスキーはすべてアイリッシュウイスキーに分類されます。なおアイリッシュウイスキーには、のちほどくわしく説明しますが、穀物を大麦麦芽で糖化し、単式蒸留器で蒸留して造られるポットスチルウイスキーというウイスキーがあり、独自の法定義がなされています。

ダブリンのジョンズレーンに今も残るパワーズのポットスチル。1970年代前半まで使われていた。

3 アイリッシュウイスキーの歴史

【誕生の時期】

アイリッシュウイスキーは、スコッチ以上に古くから造られていたと一般的には考えられています。アイルランドにキリスト教を布教した聖パトリック（AD387?〜461）によって5世紀に蒸留技術がもたらされたとする説もありますが、これは伝説の域を出ません。蒸留の技術はアラブ世界から地中海沿岸を通り、スペイン経由、またはイタリア方面からヨーロッパを北上し、最後に海を渡ったとするのが通説ですが、ヴァ

イキングによって北方よりもたらされたとする説もあります。

アイルランドでの蒸留酒の記録は、イングランド王ヘンリー2世によるアイルランド侵攻時の記録（1172年）が最も古いものです。これは、ヘンリー2世の兵士がアイルランドの蒸留酒「ウスケボー」について報告したとされるもので、この時代にすでにアイルランドでは「命の水」が飲まれていたと考えられています。ヨーロッパ各地では12〜13世紀頃に、蒸留酒の飲用が一般化されたといわれていますので、アイルランドでもほぼ同時代に、何らかの形で蒸留酒が造られていたものと思われます。

聖パトリックの像。右手に持っているのがアイルランドの国花となっているシャムロック。

アイルランドでは蒸留酒のことをゲール語で「命の水」を意味するウスケボー、ウスカバッハといっていました。もともと薬用として使われていた面もあり、蒸留酒造りは教会を中心に、修道士たちの手で行われていました。それが民間に移行したのは、ヘンリー8世による英国国教会の設立（16世紀）が契機となっているといわれています。

アイルランドはこの時期に英国に組み込まれていくことになりましたが、カトリック教会の解散で教会所有の土地財産が没収となり、蒸留技術も民間にも伝わったとされます。当時は蒸留したてをそのまま飲むか、あるいは、干しブドウやそのほかの果実、香料などによっていろいろな風味がつけられたものが飲まれていました。

【アイリッシュウイスキー全盛時代】

18世紀以降、アイリッシュウイスキーも次第に産業として確立されていきました。政府は税収入の効率化と、小さな密造所の根絶をめざして、18世紀には小さな蒸留器（200ガロン、約900ℓ以下）の使用を禁止したり、生産高に課税する代わりに蒸留釜の規模に合わせて課税するなどの措置をとっています。

1823年のスコットランドでの酒税法の改正は、アイルランドとイングランドにおいても基本的に同じように適用されました。これ以降スコットランドでは登録蒸留所が増えていきましたが、アイルランドでは公認蒸留所の数はあまり増えず、密造の摘発数はそれ以降も毎年数千件と、スコットランドよりはるかに多い状態が続きました。

当時密造の取り締まりはアイルランドが中心であり、密造を政府への抵抗と考えれば、反逆の姿勢はこちらの方がより強力であったということができるでしょう。1840年代以降はスコッチの生産量がしばしばアイリッシュを上回るようになりますが、アイリッシュウイスキーも1900年頃にかけ生産量はピークに達しています。この頃が、アイリッシュウイスキーの全盛期でした。

ダブリンのボウストリート蒸留所（ジェムソン）を描いた19世紀の銅版画。規模の大きさがわかる。

1885年から86年にかけて英国全土の蒸留所を訪れ、『The Whisky Distilleries of the United Kingdom』（1887年刊）という書物を書いたアルフレッド・バーナードは、アイルランドで当時操業中だった28蒸留所を紹介しています（スコッチは129カ所）。蒸留酒の年間生産量は、当時スコットランドが4,500万ℓ強（100%アルコール換算）であったのに対し、アイルランドは2,800万ℓ弱（同）。総量はスコッチの6割程度でしたが、1蒸留所平均では99万ℓと、35万ℓ弱のスコッチの3倍近くを生産していました。1蒸留所の生産規模がいかに大きかったかが推測でき、産業規模としてはアイルランドのほうが勝っていたことがわかります。ただし、その中で現在まで操業を続けているのはミドルトン（1975年に新ミドルトンに移行）、ブッシュミルズのみで、近年復活を遂げたブルスナ（キルベガン）を含めて、当時存在した蒸留所のほとんどが閉鎖されてしまいました。

【アイリッシュウイスキーの衰退】

19世紀後半から20世紀初頭にかけて全盛を誇ったアイリッシュウイスキーは、1900年代初めに約1,480万プルーフガロン（約3,800万ℓ）を記録して、生産量のピークを迎えました。しかし1920年代以降急激に衰退し、世界のウイスキー市場から消えてしまったのです。なぜアイリッシュウイスキーは衰退したのでしょうか。その理由については、以下の3つが考えられます。

1）連続式蒸留機の発明とブレンデッドの誕生

1800年代に入り蒸留機器の改良が進み、連続式蒸留機が考案されました。

1826年のロバート・スタインによる発明に続いて、1831年にはイーニアス・コフィーが改良型を考案し、14年間の特許を取得しました。そのためコフィー式はパテント（特許）スチルとも呼ばれています。コフィーはフランス生まれのアイルランド人で、ダブリンの大学を卒業後、収税官として働いていて、ダブリンの蒸留業者と関係が深かったのです。

キルベガン蒸留所に展示されている初期のコフィースチル。粗留塔と精留塔2塔からなる。

しかし、実際にコフィーの連続式蒸留機を活用したのはスコットランド、なかでもローランドの蒸留業者でした。当時ポットスチルによる3回蒸留を行っていたアイリッシュと、同じくポットスチルにこだわりをもつハイランドの業者には、コフィーの連続式は人気がありませんでした。

1850年代から60年代にかけて、ウイスキー原酒の混和が可能となり、ヴァッテッドモルトから、グレーンウイスキーとモルトウイスキーを混和したブレンデッドウイスキーがスコッチに誕生しました。スコッチブレンデッドの台頭で、アイリッシュは脅かされることになりましたが、20世紀初頭まではアメリカという巨大マーケットが存在していたため、まだアイリッシュのほうが優位に立っていました。

しかしDCL社を中心とするスコッチブレンデッドの積極的なマーケティングが功を奏し、次第にスコッチがアイリッシュに取って代わるようになりました。アイリッシュがポットスチルによるウイスキーに固執したことも敗因のひとつといわれています。当時のアイリッシュは、スコッチのモルトウイスキーに比べると軽く洗練されて飲みやすかったのですが、スコッチのブレンデッドよりは重く、製造コストも高くついたからです。

2）アイルランドの独立戦争

1916年のイースター蜂起に端を発して、アイルランドでは英国との間で独立戦争が激しさを増していきました。特にダブリンでの市街戦などの影響で、ウイスキー造りは暗礁に乗り上げてしまったのです。そして1922年にアイルランド自由国が成立しますが、北アイルランドは英国にとどまり、アイルランドは2つの国に分裂しました。

アイルランドが英国から独立を果たす過程で、大英帝国の商圏（イギリス、カナダ、アメリカ、南アフリカ、インド、オーストラリア、ニュージーランドなど）からアイリッシュウイスキーの締め出しが行われ、アイリッシュは市場を失うことになったのです。

3）アメリカの禁酒法で最後の市場を失う

アメリカの禁酒法（1920〜33年）はスコッチにも多大な影響を与えましたが、自由国政府の成立で大英帝国の商圏から締め出されていたアイリッシュウイスキーにとって、唯一ともいえる市場を失ったことは、スコッチ以上に大きなダメージとなりました。さらに、もうひとつ追い討ちをかけたのが、第二次世界大戦でのアイルランドの対応でした。

英国政府は、この期間（1939〜45年）、外貨獲得のためにスコッチの輸出を奨励し、そのため国内需要をおさえる政策をとりましたが、アイリッシュは反対に国内需要を満たすため、禁輸措置をとったのです。このことはスコッチとアイリッシュにとって、その後の命運を左右する大きな出来事となってしまいました。

【アイリッシュの再生とクーリーの誕生】

戦後も衰退の一途をたどっていたアイリッシュウイスキーでしたが、経済が安定してきた1970年代以降、組織の統廃合が進み、ようやく復活への新たな歩みが始まりました。1960年代から蒸留所の合併が進んでいましたが、1972年に残っていたすべての蒸留所が国境を超えて合併し、アイリッシュ・ディスティラーズ・グループ（IDG）が成立。生産拠点は南の新ミドルトン蒸留所と北のブッシュミルズ蒸留所の2カ所に集約されました。IDGはその後、フランスのペルノリカール社の傘下となっていますが、ブッシュミルズは現在テキーラで有名なホセクエルボ社の所有となっています。

アイリッシュの第三勢力となるクーリー蒸留所は1987年、北アイルランドとの国境に近いダンダーク郊外に誕生し、1989年に蒸留をスタートさせました。アイルランドで稼働している蒸留所は、ブッシュミルズ、新ミドルトン、クーリー、キルベガン、ウィリアム・グラント社の新生タラモア、ウエストコークなどでしたが、近年アイリッシュにもマイクロディスティラリーブーム、クラフト蒸留所ブームが起き、これ以外にも50カ所ほどが名乗りをあげています。

アイルランド南部のコーク市郊外にある新ミドルトン蒸留所。世界一複雑な蒸留所ともいわれる。

第3章 アイリッシュウイスキー

4 アイリッシュウイスキーの造りと種類

【アイリッシュウイスキーの分類】

アイリッシュウイスキーは、❶ポットスチルアイリッシュウイスキー、❷モルトアイリッシュウイスキー、❸グレーンアイリッシュウイスキー、❹ブレンデッドアイリッシュウイスキーの4つに分類されます。

❶ ポットスチルウイスキー

未発芽大麦などを粉砕するのに使われた石臼。フランス産の硬い石が使われた。

本来の意味でのアイリッシュウイスキーのことで、19～20世紀前半までアイルランドでは3～4種類の穀物を混ぜて仕込みに使っていました。すべてを混ぜることもありましたが、多くは未発芽大麦と大麦麦芽、オート麦を原料として仕込みを行い、大きなポットスチルで3回蒸留を行うのが伝統でした。ポットスチルウイスキーの特徴は、大麦麦芽以外の穀物は殻が硬くローラーミルでは粉砕できないため、石臼を用いていたこと。さらに大麦麦芽100%でないため、糖化には比較的長い時間がかかり、このことも独特のオイリーさ、油様のフレーバーを生む要因となっていました。スコッチに比べ大きめの単式蒸留器を用いて2～3回蒸留を行い、アルコール度数80%以上の蒸留液を得るため酒質は比較的軽く、熟成期間が短いことも特徴です。以前はポットスチルウイスキーを造っているのは新ミドルトン蒸留所だけでしたが法改正が行われ、現在は多くのクラフト蒸留所でポットスチルウイスキーが造られています。大麦と大麦麦芽の比率はどちらも全体の30%以上と定められています。

❷ モルトウイスキー

スコッチと同じ大麦麦芽100%のウイスキーで、単一の蒸留所であればシングルモルト・アイリッシュウイスキーと呼ばれます。蒸留はポットスチルを使用します。クーリーとキルベガンは2回蒸留ですが、ブッシュミルズなどは3回蒸留で、アイリッシュの伝統を守っています。

❸ グレーンウイスキー

スコッチと同様、トウモロコシや大麦、小麦などを主原料として連続式蒸留機で蒸留しますが、ポットスチルを使うことも可能です。グレーンウイスキーを造っていたのは、クーリーと新ミドルトンの2つだけでしたが現在はグレートノーザンやタラモアなどの蒸留所でも造られています。

❹ ブレンデッドウイスキー

アイリッシュにはもともとブレンデッドウイスキーは存在しませんでしたが、1970年代以降、スコッチに対抗するため、モルトとグレーンをブレンドするアイリッシュブレンデッドが誕生しました。現在は法改正で❷と❸を混ぜるブレンデッドの他に、❶と❷、❶と❸、そしてポットスチル、モルト、グレーンウイスキーのすべてを混ぜたものもブレンデッドアイリッシュウイスキーと呼ぶことが可能です。

Chaser 6

whiskey と whisky、どちらが本当?

ウイスキーの表記にはwhiskyとwhiskeyの2つがあります。スコッチ、カナディアン、ジャパニーズではwhiskyを使うのが一般的ですが、アイリッシュ、アメリカンではwhiskeyと綴りにeを加えるものがよくあります。どちらも「命の水」を意味するゲール語の「ウシュクベーハー」などから転化したもので、「ウイスキー」という言葉自体は18世紀から19世紀に普及した比較的新しい言葉です。もともとeの有無はあいまいなままアイルランドとアメリカでは使われていて、どちらが正統とか、どちらが古いといった区別はありません。

ただし19世紀末に出版された、ダブリンの大手4業者の広報書物『TRUTHS ABOUT WHISKY(ウイスキーの真実)』の中で、パテントスチルを使ったスコッチのグレーンウイスキーと一線を画すために、以後アイルランド産は「whiskey」を用いるとしています。そのため、いくつかの例外はありましたが、アイリッシュでは「鍵(key)のかかる」、つまりeを用いたウイスキーの綴りが主流となっているのです。

アメリカではwhiskeyを使う製品が多数派ですが、法律用語ではwhiskyが採用されていて、バーボンのアーリータイムズ、メーカーズマーク、オールドフォレスター、テネシーのジョージディッケルなど、eを使わないものも少なくありません。これは、創業者の家系がスコットランド系かアイルランド系かによって分かれたものと推測できます。

5 アイリッシュのおもな蒸留所

ここ数年のアイリッシュのクラフトブームは凄まじく、すでに60近い蒸留所が誕生しています。その中で、本書では21の蒸留所を取り上げて、紹介しています。北のブッシュミルズやクーリー、キルベガン、南のミドルトンほか旧版でも11の蒸溜所を紹介していましたが、それ以外の10カ所については今回が初めてです。

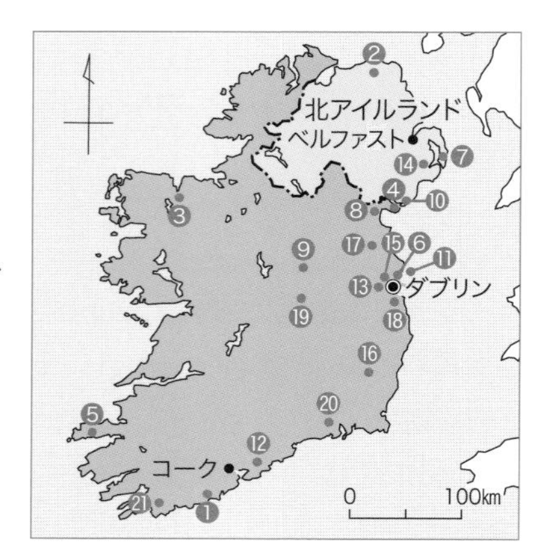

特に首都ダブリン周辺や東海岸沿いに多くの蒸留所が建てられていますが、それはイギリスに近いという地の利があることも要因のひとつでしょう。ただ、最近はより風光明媚で自然が豊かな北西部・南西部にも、新しい蒸留所が続々と建てられています（157ページ参照）。

❶ クロナキルティ *Clonakilty* クロナキルティ・ディスティラリー社

アイルランド南西部のコーク州クロナキルティに2019年春にオープンしたのが、クロナキルティ蒸留所で、創業者は海が見える海岸部で9代にわたって農業を営んできたスカリー家です。ガラス張りのスチルハウスには3基のポットスチルが並び、3回蒸留のモルトウイスキーとアイリッシュ伝統のポットスチルウイスキーを造っています。すでにクロナキルティのブランド名で、シングルモルトやブレンデッドモルト、ポットスチルウイスキーをリリースしていて、日本でも正規に輸入されていますが、それらはウエストコーク蒸留所など、他社の原酒を独自にブレンド、ボトリングしたもの。自社蒸留のシングルモルト、シングルポットスチルウイスキーがリリースされるのは、2024年以降だといいます。シンボルマークとして使っているのはミンククジラの尻尾というユニークなもの。これは彼らの農地から沖を泳ぐミンククジラが見えるからだといいます。

クロナキルティ
シングルバッチ ダブルオーク

❷ ブッシュミルズ *Bushmills* プロキシモスピリッツ社（ホセクエルボ社）

ブッシュミルズのある北アイルランドのアントリム州は、1608年に州の領主、サー・トーマス・フィリップスが、イングランド王ジェームズ1世（スコットランド王ジェームズ6世）から蒸留免許を与えられた由緒ある土地です。ブッシュミルズは「世界最古のウイスキー蒸留所」の謳い文句で有名ですが、当時ブッシュミルズという名称の蒸留所が存在した記録はありませんので、厳密には〝世界最古の蒸留免許が与えられた土地にある蒸留所〟ということになります。

現在の蒸留所が建てられたのは1784年のこと。ただしそれ以前から密造は行われていたようで、1743年の密造の記録が残されています。創業当時の建物は1885年の火災により焼失しましたが、直後に施設を一新し、アイリッシュでは珍しいシングルモルトの蒸留所となりました。設計したのはスコットランドの著名な建築家、チャールズ・ドイグです。その後1923年にベルファストの酒商サミュエル・W・ボンドが買収し、1972年にはIDGの一員に。現在はテキーラで有名なホセクエルボのプロキシモスピリッツ社が所有しています。

造っているのは麦芽100%のモルトウイスキーですが、スコッチと違ってノンピートで、アイリッシュの伝統である3回蒸留を頑なに守り通しています。ブッシュミルズはジェムソン、タラモアデューに次ぐアイリッシュ第3位の売り上げで、2022年にはその販売数が初めて100万ケースを突破しました。

火災後に新築されたブッシュミルズ蒸留所。スコッチ風のパゴダ屋根が印象的。

ブッシュミルズ 10年

③ コノート *Connacht* コノートウイスキー社

西アイルランドのメイヨー州バリナに 2016 年に創業したのがコノート蒸留所で、コノートはメイヨーの古い地域名。18 世紀半ば以降、このコノート地方から多くの移民がアメリカに渡ったといいます。現アメリカ大統領のバイデン氏も、バリナからペンシルベニアに渡った移民の子孫だとか。蒸留所はバリナのパン工場を改造したもので、ポットスチルは 3 基。これでモルトウイスキーとポットスチルウイスキーを造っていますが、他にもジンやウォッカ、そしてかつてアイルランド庶民の飲み物だったポチーンも製造。そのポチーンのシンボルは地元でストローボーイという独特の被り物で、コノートやディングル半島などに伝わる奇妙な風習がモチーフ。またブラザーシップ（兄弟船）という帆船をラベルに描いたブレンデッドも出しています。これはアイリッシュとアメリカンをブレンドしたものです。

ポットスチルは3基でカナダ製。

④ クーリー *Cooley* サントリー（ビームサントリー社）

1987年にジョン・ティーリング氏により、ダンダーク郊外のリバーズタウンに設立されました。もともとジャガイモから工業用アルコールを造る国立の蒸留所でしたが、その後ウイスキー用のポットスチルと新しい連続式蒸留機（粗留機）を設置。1988年にロンドンデリーのワット蒸留所のブランド権を取得し、さらにキルベガン蒸留所を所有していたジョンロックス社を統合して、翌1989年に生産を開始しました。

クーリーは1992年に第1号ウイスキーとなる「ターコネル（Tyrconnell）」を発売。またアイリッシュとしては珍しいスモーキーなカネマラもリリース。すべての製品はキルベガン、またはクーリーの熟成庫で熟成させた後、クーリーでブレンド、ボトリングを行っています。2011年にアメリカのビーム社が買収し傘下としましたが、2014年、日本のサントリーがビーム社を買収しています。ポットスチルは2基で、スコッチ同様の2回蒸留です。

カネマラ

❺ ディングル *Dingle* ザ・ポーターハウスブリューイング社

名匠デヴィッド・リーン監督の映画『ライアンの娘』の舞台となったディングル半島の先端の町に、2012年に創業したのがディングル蒸留所です。フォーサイス社製のポットスチル3基を擁し、シングルモルト、ポットスチルウイスキー、ジンやウォッカなどを製造。もともと粉挽場だった建物を改造したもので、鉄製の巨大な水車が今も残っています。

初めてシングルモルトとシングルポットスチルウイスキーをリリースしたのは2016年秋で、以来6種類のシングルモルトと、5種のポットスチルウイスキーをリリースしています。蒸留所がシンボルとしているのが、ディングルに伝わる奇妙な風習で、12月26日の祭りに登場するレンボーイ。ワラの被り物で顔をすっぽり覆った男たちが、町を練り歩きます。顔を隠すのは悪魔に顔を見られないためともいい、ラベルにもそのレンボーイが描かれています。

ディングル シングルモルト

❻ ダブリンリバティーズ *Dublin Liberties* クインテッセンシャル ブランズグループ

かつて多くの蒸留所やビール工場がひしめいていたダブリンのリバティーズ地区。市の中央を流れるリフィー川の右岸の高台にある地域で、この地区のシンボルともいえるのが巨大なギネスビールの工場。ギネスが大きくなるにつれ、周辺の多くの蒸留所や醸造所が閉鎖となりましたが、2015 年にそのリバティーズ地区にティーリング蒸留所がオープン。ダブリンでは実に 40 年ぶりとなるウイスキーの復活でした。そのティーリング蒸留所の隣に 2019 年に創業したのが、その名もダブリンリバティーズ蒸留所です。ティーリング同様 3 基のポットスチルを有し、モルトウイスキー、ポットスチルウイスキーを生産。建物は 400 年前の製麦工場を改造したもので、仕込水も当時から使われていたリバティーズ地区の地下水。現在リリースされているボトルは他社の原酒をブレンドしたもの。

イタリア、フリッリ社製のポットスチル。

❼ エクリンヴィル *Echlinville* エクリンヴィル・ディスティラリー社

北アイルランドの首都ベルファストから車で40分くらいのところにあるのが、エクリンヴィル蒸留所。2013年8月にシェーン・ブラニフ氏が創業した蒸留所で、独自にデザインしたポットスチルやコラムスチルで、モルトウイスキー、ポットスチルウイスキー、さらにジンやウォッカなどを造っています。自社畑の大麦を自家製麦。そのためのフロアモルティング設備もあり、「シングルエステートウイスキー」を目指しています。さらにベルファストにあったロイヤルアイリッシュ蒸留所のダンヴィルズ・ブランドを復活させ、ダンヴィルズなどのブレンデッドをリリース。創業当時はビジターセンターがありませんでしたが、現在はビジターセンターも開設して、観光客の誘致にも積極的に取り組んでいます。自社の原酒を使ったエクリンヴィルのウイスキーは2024年にリリース予定といいます。

ガラス張りの建物はモダンで、デザイン的にも優れている。

❽ グレートノーザン *Great Northern* グレートノーザン・ディスティラリー社

クーリー蒸留所の創業者ジョン・ティーリング氏が自身の会社（IWC）を立ち上げ、クーリー売却後の2015年、ダンダークにあるビール工場をディアジオ社から買収。それをウイスキー蒸留所に改造しました。アイリッシュラガーの「ハープ」を造っていた工場で、蒸留所名はそのままビール工場の名前を継いでいます。

グレートノーザンが造っているのはグレーンウイスキー、モルトウイスキー、アイリッシュポットスチルウイスキーの3つのウイスキーで、グレーン原酒はイタリア・フリッリ社製の3塔式の連続式蒸留機で、またモルトウイスキーとポットスチルウイスキーはビール用の銅製煮沸釜3基を改造した、ここだけのポットスチルを使っています。

自社ブランドを作らず、すべての原酒を他社に提供。瓶詰め設備もあり、ボトリングも併せて請け負うことで、アイリッシュウイスキーのさらなる復興に一役買う姿勢を貫いています。需要の急増を受け新たにスチル6基を増設し、現在はモルトとポットスチル、グレーンを合わせて年間1,800万ℓ規模の蒸留所となっています。

⑨ キルベガン *Kilbeggan* サントリー（ビームサントリー社）

1757年にブルスナ蒸留所（Brusna）としてアイルランド中部のキルベガンに設立され、1762年に操業を開始しました。キルベガンとはゲール語で「小さな教会」を意味します。1843年にジョン・ロックに蒸留免許が譲渡され、以降ロック一族の経営となったため、ロックス蒸留所（Locke's）の名で親しまれてきました。

1920年代まで英国、特にアイリッシュ系移民の多いリバプールで人気のウイスキーとなっていましたが、1953年に製造は中止され、その後閉鎖されてしまいました。

閉鎖後は養豚施設や農業組合の倉庫として使用されてきましたが、1982年に「ロックス蒸留所博物館」として蘇り、100年以上前から使われていた生産設備を実際に見ることができる、貴重な施設となりました。操業時はブルスナ川にダムを造り、動力源となる鉄製の水車を回していましたが、夏場は水不足になるため、蒸気エンジンを稼働させていたといいます。未発芽大麦やオート麦を挽くために使われた石臼なども現存しています。1988年にクーリー蒸留所がオーナーとなってから、熟成庫のみを利用していましたが、2007年3月にタラモア蒸留所で使われていた古い蒸留器1基を導入して、半世紀ぶりに蒸留を再開。

当初、仕込みと発酵、1回目の蒸留はクーリーで行っていましたが、現在は新しいマッシュタン、発酵槽、さらにもう1基の蒸留器も導入し、すべてキルベガンで行えるようになっています。規模はクラフト蒸留所並みで、貴重なウイスキーとなっています。

ロックス蒸留所が実際に使っていた鉄製の水車も保存されている。

キルベガン

⑩ キルオーウェン *Killowen* キルオーウェン・ディスティラリー社

アイルランド共和国との国境に近いダウン州のニューリーに 2017 年にオープンしたのが、キルオーウェン蒸留所です。当初はジンやポチーンを造っていましたが、2019 年からモルトウイスキーやポットスチルウイスキーを生産。スチルはポルトガルのホヤ社製のもので、2 基のみ。初留・再留ともガス直火焚きで、冷却も室内ワームタブ方式を採用しています。これでモルトウイスキーもポットスチルウイスキーも造ります。さらにポットスチルウイスキーにピート麦芽を使うなど、チャレンジングな造りも話題に。またアイリッシュのブラックウォーター蒸留所やタスマニアのベルグローブ蒸留所とコラボして、互いの原酒交換などをしていることもユニーク。当初は他社原酒を使ったボトルをリリースしていましたが、2022 年に自社のシングルポットスチルウイスキーを初めてリリースしました。

アイルランド最小を謳うのが、このキルオーウェン。

⑪ ランベイ *Lambay* ベアリング家

ランベイはフランスのコニャックメーカー、カミュ社と、ベアリング家が共同事業としてすすめるアイリッシュウイスキー。ダブリン沖の小さな島ランベイ島で、カミュの熟成に使われていたフレンチオークのコニャック樽で、後熟を施しています。ランベイ島はベアリング家が代々プライベートで所有してきた島で、現在は自然保護、環境保全の観点から一般客の立ち入りは禁止。その島の海辺にある漁師小屋を改造してウエアハウスとしています。

原酒はウエストコーク蒸留所のもので、海辺で熟成させることで、カミュのコニャック、イル・ド・レと同様の海のアクセントが付与されるといいます。シングルモルト、ブレンデッドモルト、そしてアイリッシュのブレンデッドウイスキーなどが、数量限定でリリースされています。

ランベイ ウイスキー

⑫ ミドルトン（新ミドルトン）*Midleton* ペルノリカール社

ミドルトン蒸留所はコーク郊外のミドルトンの町に1825年、マーフィー3兄弟により設立された蒸留所でしたが、現在の施設は1975年にIDGの新しい生産拠点として造られた巨大なプラントです。モルトウイスキーおよびポットスチルウイスキー、グレーンウイスキーの3タイプのウイスキーを生産し、ジェムソンやパワーズ、パディー、レッドブレストなど多くの銘柄を市場に送り出してきました。ただし現在はポットスチルウイスキーの生産に注力し、モルトウイスキーは造っていません。

仕込水となるのは蒸留所背後を流れるダンゴニー川。ポットスチルは現在10基で、アイリッシュ伝統の3回蒸留。グレーンを造る連続式蒸留機も、近代的なアロスパス式と旧タイプのコフィー式の3セット（10コラム）が稼働中。原料の比率や蒸留方法を変え、数十の原酒タイプを造り分けています。年間生産量もグレーンを合わせると7,000万ℓ近くになり、アイリッシュウイスキー全体の６割近くを占めています。さらにさまざまな実験的な蒸留ができるマイクロ蒸留所も併設していて、観光客に絶大な人気を誇ります。

敷地の正面にある旧ミドルトン蒸留所は現在ビジターセンター（ジェムソンヘリテージ）・博物館として利用されていて、ミドルトンの名称は新・旧を区別して表記されることが多くなっています。

旧ミドルトン蒸留所で1975年3月まで使用されていたのが世界最大のポットスチルで、初留釜は約15万ℓの容量がありました。これはスコッチで最大のものの5倍以上の大きさがあります。

博物館となった旧ミドルトンに、世界最大のポットスチルが展示されている。

ジェムソン スタンダード

⑬ ピアースライオンズ *Pearse Lyons* オルテック社

かつてギネスやアイリッシュディスティラーズ社に勤めていたピアース・ライオンズ博士が 2008 年にアメリカに渡り、ケンタッキー州のレキシントンに創業したのがタウンブランチ蒸留所。その後、アイルランドに戻りカーロウ蒸留所をオープンさせましたが、2017 年にダブリンに新たな蒸留所を創業。それが自身の名前を冠したピアースライオンズ蒸留所で、12 世紀に建てられたセント・ジェームズ教会を改装してオープンしました。かつての教会の祭壇に 2 基のスチルが置かれ、内部も完全に蒸留所に改造。同年 9 月に蒸留を開始し、現在はダブリンの新名所のひとつとなっています。造っているのはモルトウイスキーとポットスチルウイスキーで、現在はマッシュビルにオーツ麦を使ったウイスキーも製造しています。

祭壇にはシンボルともいえるポットスチルが。

⑭ レイデモンエステート *Rademon Estate* レイデモンエステート・ディスティラリー社

ベルファストから車で 40 分ほど南東に行ったダウンパトリックの町の郊外の森の中につくられたのが、レイデモンエステート蒸留所で、オープンは 2012 年。当初はショートクロスというジンを造り、国内外の数々のコンペで賞を受賞。その名を世界に広めました。設備を拡張してウイスキー造りに乗り出したのが 2015 年からで、ポットスチル 3 基でモルトウイスキーとポットスチルウイスキーを主に造っています。最初のリリースは 2021 年で、これはボルドー赤ワイン樽で熟成させた後、アメリカ産のチンカピンオーク樽でフィニッシュさせたシングルモルトでした。2022 年にはライ麦と大麦麦芽を使った、アイリッシュとしては初となるライウイスキーを発売し、話題となりました。お洒落なビジターセンターも完備し、有名なドラマのロケ地でもあったことで多くの観光客がやって来ます。

広大な森の中の蒸留所として、内外から多くの人が訪れる。

⑮ ロー&コー *Roe & Co* ディアジオ社

ロー&コーはダブリンのビッグ4といわれた旧トーマスストリート蒸留所の19世紀のオーナー、ジョージ・ローから名付けられました。蒸留所はギネスビールの拡張工事で1926年に閉鎖されましたが、当時の巨大な風車（現在は塔のみ）と、洋梨の樹だけが現在まで残されています。今の蒸留所はギネスの発電所の建物をディアジオ社がウイスキーのそれに改造したもの。3基のポットスチルと、木製の発酵槽を備え、年間50万ℓの生産を行っています。初蒸留は2019年で、現在リリースされているボトルは、他社の原酒を使ったもの。

ボトルのシェイプは梨をイメージした珍しいもので、瓶の底にも梨がデザインされています。製造スタッフのほとんどが女性という蒸留所でもあり、世界中から見学客がやって来ます。すでに2022年から日本にも正規輸入されていて、アイリッシュファンの間では人気のウイスキーとなっています。

ロー&コー

⑯ ロイヤルオーク *Royal Oak* イルヴァ・サローノ社〔イタリア〕

「アイリッシュマン」や「ライターズティアーズ」などを販売するバーナード・ウォルシュ氏が、ディサローノ・アマレットを造るイタリアの飲料メーカー、イルヴァ・サローノ社と提携して、2016年に蒸留所をオープンさせました。蒸留所はアイルランド南東部のロイヤルオークにあります。ロイヤルオークはイングランド王チャールズ2世とゆかりがあり、オークの森に囲まれた自然豊かな土地。ここを流れるバーロウ川が仕込水、冷却水として使われています。地元産のノンピート麦芽を原料にモルトウイスキー、ポットスチルウイスキー、グレーンウイスキーを生産。モルトは2回蒸留、ポットスチルウイスキーは3回蒸留で、そのための蒸留器が3基と、コフィースチル1セットが、ひとつ屋根の下に置かれています。蒸留所は2019年にロイヤルオークと改名。その後バスカーというブランド名で、シングルグレーンやシングルポットスチルをリリースしています。

バスカー アイリッシュウイスキー

⑰ スレーン *Slane* ブラウンフォーマン社

ボイン川の渓谷沿いに立つスレーン城は1780年代に建てられた城で、毎年ロックコンサートが開催されることで有名です。そのスレーン城にある18世紀に建てられた馬小屋を改造して、2017年にオープンしたのがスレーン蒸留所です。当初はフランスのカミュ社と組んで蒸留所の建設を計画しましたが、途中でカミュ社が手を引いたことで、アメリカのブラウンフォーマン社が新たなパートナーになり、5,000万ドル（約55億円＝当時）の資金を投じて、蒸留所を建設しました。

蒸留所ではポットスチル、モルト、グレーンの3つが造られています。ポットスチルウイスキーのレシピは大麦60%、大麦麦芽40%、グレーンウイスキーは大麦80%に麦芽20%。そのための単式蒸留器が3基と、6塔（実際には2塔式）からなるコラムスチルが1セット入っています。

ボイン川を背にして立つスレーン城。

⑱ ティーリング *Teeling* ティーリングウイスキー社

クーリー蒸留所の元オーナー、ジョン・ティーリング氏の2人の息子がアイリッシュ初のボトラーとして創業。その後クーリーがビーム社(現ビームサントリー社)の所有となったことで、将来的な原酒確保を目的として、2015年にダブリンのリバティーズ地区に新たな蒸留所を開設しました。ダブリンでウイスキー造りが行われるのは40年ぶりで、さらに蒸留所が新規に建てられるのは実に125年ぶりといいます。シンボルマークは不死鳥で、既に多くの観光客(年間約10万人)が訪れるダブリンの人気スポットとなっています。2017年よりバカルディ社が資本参加しています。発酵にはドライイーストだけでなく白ワイン用の酵母も使用していて、ポットスチルウイスキーとモルトウイスキーの2種類を製造しています。ポットスチルは3基で、熟成はクーリー蒸留所に近いグリーンノアの集中熟成庫で行っています。

ティーリング
シングルモルト

⑲ タラモア *Tullamore* ウィリアム・グラント＆サンズ社

タラモア蒸留所が創業したのは 1829 年ですが、のちに蒸留所を引き継いだダニエル・E・ウィリアムスが自身の頭文字をつけて「タラモアデュー（D.E.W.）」というブランドをつくりました。デューには「露」の意味があり、人気を博しましたが、1954 年に閉鎖。その後タラモアデューはミドルトン蒸留所などで造られつづけてきました。2010 年にブランド権が、スコットランドのウィリアム・グラント＆サンズ社に移ったことで再建計画が進み、60 年間の閉鎖期間を経て、2014 年9月に新生タラモア蒸留所として蘇りました。

蒸留所は、北イングランドから運んだヨークシャーストーンで建てられていて、威風堂々とした外観となっています。蒸留所にはかつてのタラモアのスチルをモデルにしたユニークな形の初留釜、バルジ型の後留釜、ランタンヘッド型の再留釜など計6基のスチルがあり、モルトウイスキーのほかにポットスチルウイスキーも造っています。さらにその蒸留棟とは別に巨大な連続式蒸留機も有し、グレーンウイスキーの製造も可能にしています。他にも 30 万樽を保管できる貯蔵庫やボトリング設備など、巨大な複合施設となっています。原料大麦はすべてアイルランド産を使用。生産規模はタラモアデューで年間 150 万ケース程度、ポットスチル、モルトウイスキー、グレーンウイスキーを合わせた年間生産能力は約 1,200 万ℓ。これは新ミドルトン、グレートノーザン蒸留所に次ぐ、第 3 位の規模となっています。

タラモアデュー 12年

生産規模はアイルランドで3番目という大きな蒸留所だ。

⑳ ウォーターフォード *Waterford* ウォータフォード・ディスティラリー社

アイルランドの南東部のウォーターフォードの町を流れるシェール川（River Suir）沿いに蒸留所はあります。2014年、スコッチウイスキーのブルックラディ蒸留所のオーナーのひとり、マーク・レイニエー氏らがディアジオ社のビール工場（ウォーターフォード醸造所）を買い取って蒸留所に改造しました。

もともとスコッチの蒸留所で使われていた2基のポットスチルのほかに、コラムスチルがあり、グレーンスピリッツの製造も可能です。また麦芽粉砕機、マッシュタン、マッシュフィルターなどビールの醸造設備を利用しているのもユニークで、特にマッシュフィルターはティーニニック、インチデアニー、新ミドルトンなどでしか使われていない最新鋭の機材です。契約農家の大麦を使い、ノンピートで2回蒸留というスコッチスタイルのモルトウイスキーを造っています。

シェール川沿いに立つウォーターフォード蒸留所。

㉑ ウエストコーク *West Cork* ウエストコーク・ディスティラーズ社

もともと2003年にコークの街から70㎞ほど離れたウエストコークのユニオンホールで創業しましたが、2013年に蒸留所をスキバレンに移転、さらに2016年には第2蒸留所も完成しています。

モルト、グレーン、ポットスチルウイスキーのほかウォッカやポチーン、地元産ボタニカルを使ったジン、さらには日本酒（！）まで多くの製品を造っています。

ポットスチルはホルスタイン社製の2基の再留釜のほか、手作りの初留1基、後留2基のスチルがあり、ほかにも工場には独自に製作した設備が多く並びます。中でも「ロケット」の愛称がついた初留釜は、上部が煙突のようになっていて、世界で最も蒸留スピードの速いスチルというのが自慢です。大麦はすべてアイルランド産で、原料の一部をフロアモルティングでまかなうなど、ユニークなウイスキー造りを行っています。

ウエストコーク 10年

6 アイリッシュのクラフト蒸留所

アイリッシュの蒸留所は計画段階のものも含めると、現在60を超える蒸留所がリストアップされています。本文ではその3分の1の21の蒸留所を取り上げていますが、他にもユニークな蒸留所が続々と誕生しています。特に北アイルランドが顕著で、その数は15近くになっています。

そのうちのひとつが、2022年にベルファストにオープンしたタイタニック蒸留所です。ベルファストは北アイルランドの首都で、かつては重工業で栄えた街。かの有名なタイタニック号は、この街のドックで造られました。そのドックは現在も保存され、世界中から観光客がやって来ますが、ドックを動かしていた動力源のポンプハウスを改造してオープンしたのが、このタイタニック蒸留所です。スコットランドのフォーサイス社のポットスチル3基を導入して、アイリッシュ伝統のポットスチルウイスキーと、モルトウイスキーを造っています。

もうひとつが同じベルファストのクルミン監獄を改造した、マコーネルズ蒸留所。この監獄は1800年代に建てられた歴史的建造物で、蒸留所のオープンと同時にビジターセンターも開設。すでにシングルモルトとブレンデッドウイスキーを販売していますが、これはおもにグレートノーザン蒸留所の原酒を使ったもので、実際の蒸留は2024年2月に始まりました。ベルファストは南のアイルランド共和国の首都ダブリンと並ぶ、かつてのアイリッシュの2大生産拠点で、これでベルファストウイスキーがカムバックすると、地元では大いなる期待がかけられています。

クラフトとは別に、北アイルランドといえばブッシュミルズが有名ですが、高まる需要を受け、2023年には隣接する土地に第2蒸留所ともいえる、コーズウェイ蒸留所をオープン。これは世界遺産のジャイアンツコーズウェイにちなむもので、これでブッシュミルズの年間生産量は900万ℓに倍増されたといいます。

ベルファストの有名なパブ「デューク・オブ・ヨーク」の店内。

■アイリッシュウイスキー関連年表

西暦	事柄
432	聖パトリック、福音伝道のため渡来（462年説あり）。
1172	英国王ヘンリー2世の兵士が土地の蒸留酒「ウスケボー」について報告。
1608	英国王ジェームズ1世がアントリムの領主サー・トーマス・フィリップスに蒸留免許を与える。
1757	キルベガンにブルスナ蒸留所、ダブリンにトーマスストリート蒸留所創業。
1759	ダブリンのセント・ジェームズゲートにギネスビール誕生。
1780	ダブリンにジョン・ジェムソン創業（ボウストリート蒸留所）。
1801	アイルランド、イギリス（グレートブリテン王国）に併合される。
1825	コークにミドルトン蒸留所創業。世界最大、15万ℓ超の蒸留器を備える。
1831	イーニアス・コフィーが連続式蒸留機を発明。14年間のパテントを取得。
1845	ジャガイモ飢饉。1847年には100万人が餓死し、数百万人が新大陸への移民を余儀なくされる。
1867	コーク・ディスティラリーズ・カンパニー（CDC）発足。
1878	ダブリンの4社がポットスチルウイスキーの純粋性、正当性を訴える『TRUTHS ABOUT WHISKY』を刊行。スコットランドのDCL社がダブリンにフェニックスパーク蒸留所を建設。
1887	『The Whisky Distilleries of the United Kingdom』で28蒸留所が紹介される。
1916	ダブリンのイースター蜂起。独立への気運が高まり、独立戦争へ（1919～21年）。
1922	アイルランド自由国憲法採択。南部26州と北部6州に分かれる。
1949	アイルランド共和国設立（英連邦から脱退）。
1966	ジェムソン、パワーズ、CDCが合併し、アイリッシュ・ディスティラーズ・カンパニー（IDC）設立。
1972	血の日曜日事件。IDCにブッシュミルズが合流しアイリッシュ・ディスティラーズ・グループ（IDG）に。
1975	新ミドルトン蒸留所が竣工し、操業を開始。
1985	ギネス社、アーサー・ベル社を買収しスコッチ業界に参入。翌86年にDCL社を買収。
1987	ジョン・ティーリング、ダンダーク郊外のリバースタウンにクーリー蒸留所を創設。
1988	IDG、フランスのペルノリカール社に買収され、傘下に入る。
2007	キルベガン蒸留所がポットスチル1基で蒸留を再開。
2010	ウィリアム・グラント&サンズ社が「タラモアデュー」のブランド権を手に入れる。
2011	アメリカのビーム社がクーリー社を買収。アイリッシュ初のアメリカ資本の会社となる。
2014	ウィリアム・グラント&サンズ社が新タラモア蒸留所を建設。ビーム社がサントリーに買収されビームサントリー社となる。アイリッシュウイスキー協会 (IWA) が発足。メキシコのホセクエルボ社がディアジオ社よりブッシュミルズ蒸留所を買収。
2015	ダブリンで約40年ぶりとなるティーリング蒸留所がオープン。
2017	ブラウンフォーマン社のスレーン蒸留所が稼働を開始。
2018	格闘家コナー・マクレガープロデュースの「プロパーナンバートゥエルブ」が発売。
2019	ディアジオ社がロー&コー蒸留所を開設。
2021	ロイヤルオーク蒸留所が「バスカー」を発売。
2022	サゼラック社がロッホギル蒸留所を買収しアイリッシュに参画。ジェムソン「シングルポットスチル」を発売。
2023	ベルファストでタイタニック蒸留所がオープン。ブッシュミルズ第2の蒸留所となるコーズウェイが開設される。
2024	ミドルトン・ベリー・レア発売40周年記念のルビー・エディションを発売。

第4章
WHISKY KENTEI

アメリカンウイスキー
American Whiskey

アメリカのウイスキーは、18世紀から19世紀にかけて移民した〝スコッチ・アイリッシュ〟と呼ばれるケルト系住民によって始まりました。しかし、スコッチ、アイリッシュとはかなり異なる個性をもっています。

スコットランドやアイルランドと、何が違ったのか。アメリカンウイスキーを代表するバーボンとは。テネシーとの違いは――アメリカンを知ることで、ウイスキーの世界がさらに広がります。

1 アメリカについて

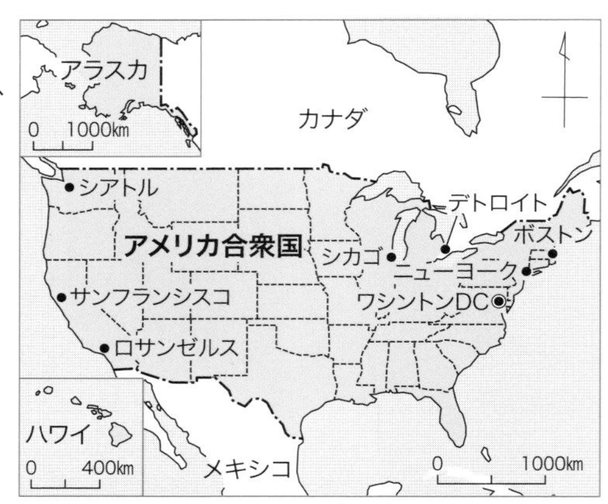

国名…正式名称は(The) United States of America、通称United Statesで、略称U.S.またはUSA。口語ではAmericaまたはThe States と呼ぶ場合もあります。日本語の表記は、アメリカ合衆国。

面積…約983万㎢
(日本の約26倍)

人口…約3億3,333万人

住民…白人76.3%、黒人13.4%、アジア・太平洋系5.9%、先住民1.3%、ヒスパニック（中南米系）18.5%など

首都…ワシントンDC（人口約67万人、首都圏内には約560万人が住む）

主要都市…ニューヨーク市(中心部約847万人)、ロサンゼルス市(中心部約385万人)

元首…ジョセフ・R・バイデン第46代大統領（Joseph R Biden）

【政治】

アメリカは50の州とコロンビア特別区（ワシントンDC）で構成される連邦制です。それぞれの州は自治権を持っていて、その有する権限は非常に強大です。連邦政府は、立法、行政、司法の三権分立制をとっていますが、その分立の程度が徹底しているのが大きな特徴です。元首であり、行政府のトップである大統領の任期は4年で、最長2期8年まで。間接選挙で選出されます。

【地理】

北アメリカ大陸の中央部と北西のアラスカ及び、太平洋のハワイ島で構成されます。アメリカ本土は東側の大西洋、南側のメキシコ湾とメキシコ、西側の太平洋、北側をカナダで囲まれています。大陸の東側には南北にアパラチア山脈、大陸の西寄りには南北にロッキー山脈があり、山岳地帯をなしています。両山脈の間は大平原になっていて、農業や牧畜業が盛んです。大陸の南東端にはフロリダ半島、また北部のカ

ナダとの国境地域には五大湖があります。アパラチア山脈の東側はニューヨーク、ワシントンDC、ボストンなどの都市があり、人口集中地帯になっています。また、ロッキー山脈の西側にもロサンゼルス、サンフランシスコ、シアトルなどの都市圏があり、五大湖周辺にはシカゴやデトロイトなどの大都市があります。

2 アメリカンウイスキーとは

「アメリカンウイスキー」は、アメリカで造られるウイスキーの総称です。連邦アルコール法（Federal Alcohol Administration Act）で、細分して規定されています。現在、おもに流通しているものには、ストレートバーボン、ストレートライ、コーン、ブレンデッド、そしてシングルモルトなどがあります。

法律ではアメリカンウイスキーは、穀物を原料に190プルーフ（アルコール度数95%）以下で蒸留し、オーク樽で熟成（コーンウイスキーは必要なし）、80プルーフ（40%）以上でボトリングしたものと定義されています。

■おもな酒類の分類

品目	規定
①バーボンウイスキー	原料の51%以上がトウモロコシで、160プルーフ（80%）以下で蒸留し、内側を焦がしたオークの新樽に125プルーフ（62.5%）以下で樽詰めし、熟成させたもの。2年以上熟成させたものがストレートバーボンウイスキー。
②ライウイスキー	原料の51%以上がライ麦で、160プルーフ以下で蒸留し、内側を焦がしたオークの新樽に125プルーフ以下で樽詰めし、熟成させたもの。2年以上熟成でストレートライウイスキー。
③ホイートウイスキー	原料の51%以上がホイート（小麦）で、以下同じ。
④モルトウイスキー	原料の51%以上がモルト（大麦麦芽）で、以下同じ。
⑤ライモルトウイスキー	原料の51%以上がライモルト（ライ麦芽）で、以下同じ。
⑥コーンウイスキー	原料にトウモロコシ（コーン）を80%以上使用し、160プルーフ以下で蒸留したもの。ストレートコーンウイスキーは古樽か、内側を焦がしていないオークの新樽に125プルーフ以下で樽詰めし、2年以上熟成させたもの。
⑦ブレンデッドウイスキー	上記のストレートウイスキーにそれ以外のウイスキーかスピリッツをブレンドしたもので、ストレートウイスキーを20%以上含むもの。

3 アメリカンウイスキーの歴史

【新大陸での蒸留酒造り】

17世紀初頭に新大陸に渡った移民たちは果物や穀物から酒を造りましたが、当初造られた蒸留酒は、植民地でとれた果物（ブドウ、モモ、リンゴなど）を使ったブランデーや糖蜜原料のラムでした。アメリカ産の穀物を原料に蒸留酒が造られるようになったのは17世紀半ばからで、広く造られるようになったのは18世紀以降のことです。ペンシルヴェニアやメリーランド、デラウェア、ヴァージニアに移民した〝スコッチ・アイリッシュ〟によって、ライ麦などを原料に造られたとされています。

新天地に渡ったイギリス人たちは階級や宗教、文化の違いによって、入植地も分かれていました。イングランドから渡った英国国教会派の貴族やジェントルマンの子弟は、ヴァージニアへ。英国国教会から弾圧を受けていた東部イングランドの新教徒たちはピルグリムファーザーズ（プロテスタント、ピューリタン）として、1620年にメイフラワー号でイギリス南西部のプリマスから、マサチューセッツのコッド岬に渡りました。海軍総督ウィリアム・ペン率いる中部イングランドのクェーカー教徒たちはペンシルヴェニアへ。そして第4の移民としてスコッチ・アイリッシュがメリーランド、ヴァージニア西部、デラウェアなどに入植したのです。

アメリカはヨーロッパ各国の植民地となりましたが、1775年にイギリス本国と東部沿岸の13植民地との間に独立戦争が勃発。13植民地をまとめる大陸会議は、1776年に独立宣言を採択しました。独立戦争勝利後の1789年にはジョージ・ワシントンが初代大統領に就任しています。国家財政を安定させるため、アメリカ連邦政府は1791年にウイスキーへの課税を決めましたが、スコッチ・アイリッシュの反発をまねき暴動へと発展しました。これが有名な「ウイスキー戦争」です。

1794年に政府は1万5,000人の軍隊を派遣して暴動を鎮圧しましたが、その後、課税を嫌ったスコッチ・アイリッシュたちは、当時まだ「外国」扱いだった南東部のケンタッキー、南部のテネシーなどに、アパラチア山脈を越えて移り住みました。

【ウイスキー造りと南北戦争】

ウイスキー造りに関しては諸説ありますが、1775年には現在のケンタッキー州でトウモロコシが栽培された記録が残されていて、1776年にレキシントンに移住したジェームズ・ペッパーが蒸留所を建設し、ウイスキーを造り始めたとされています。

同じくケンタッキー州のルイヴィルでは、1783年にウェールズから移民したエヴァン・ウィリアムズが、ウイスキーを製造しています。

また、当時はヴァージニアの一部であったジョージタウンにおいて、スコットランドからの移民の子孫であるバプティスト派の牧師エライジャ・クレイグが、トウモロコシを原料にウイスキーを造ったといわれています（1789年）。そのためエライジャ・クレイグは〝バーボンの祖〟とされています。ただし「バーボン」の名称が使われ始めたのは1820年代以降のことで、当時は「レッドリカー」や「リキッドルビー」という名称が使われていました。エライジャ・クレイグの周囲に移り住んできた人たちも、トウモロコシでウイスキーを造りはじめ、ケンタッキーはバーボンの故郷として名を馳せるようになり、酒造りの基盤が確立されていきました。

ジョージ・ワシントンが暮らしていたマンションハウス。ヴァージニア州のマウントバーノンにある。

1850年代には金鉱発見によるゴールドラッシュが起こり、西部の開発に拍車がかかりました。領土が西部に広がることで植民地の人口が増加し、これらの植民地を州に格上げする際に、新州に奴隷制を認めるか否かで南北は対立。16代大統領エイブラハム・リンカーンは、奴隷解放を政策としたため、黒人奴隷を使い広大なプランテーション農業を行っていた南部の州は反発し、アメリカ南部連合を結成して離反しました。その結果、1861年に「シヴィルウォー（Civil War）」、内戦と呼ばれる南北戦争が勃発したのです。

ケンタッキー州出身のリンカーンは、同地を北軍の兵站地とし、1863年に奴隷解放宣言を発表しました。北軍が勝利をおさめ、1865年に南部連合は降伏してアメリカは分裂の危機を免れたのです。戦後は、北部の資本がケンタッキーなどにも流れこみ、連続式蒸留機の導入やスコットランドからの技師の招聘など技術革新が図られ、バーボン業界の企業化が進みました。1890年代には全米に800ほどの蒸留所があったとされますが、生産量では、19世紀後半から大規模蒸留所の建設が始まったイリノイ州のピオリアを中心とした地域が、全米の約4割を占めるに至っています。さらに170ヵ所ほどの蒸留所があったケンタッキー州が、同じく約3割を占めていました。

【禁酒法の影響】

次第に法律も整備され、1897年には「ボトルド・イン・ボンド法（Bottled in Bond Act）」が制定されています。これはひとつの蒸留所の1シーズンに蒸留されたものだけを樽詰めし、4年間保税倉庫で熟成させて、100プルーフ（50%）で瓶詰めしたものを「ボンドウイスキー」と認めたものです。必ずしもウイスキーの品質の高さを保証したものではありませんが、粗悪品の流通と税収不足に悩んでいた政府にとっては、画期的な施策となりました。消費者にとっても信用に足りうるウイスキーとして人気を博すことになったのです。

一方でピューリタン（清教徒）の影響が強かったアメリカでは、アルコールに対する強い批判があり、20世紀初頭までに18の州で禁酒法が実施されていました。全国禁酒法は1920年1月に施行され、ウイスキーにとっては暗黒時代を迎えることになります。密造酒が国内各地で大量に造られ、密造業者はムーンシャイナー（moonshiner）、密造酒はムーンシャインと呼ばれました。もぐり酒場（スピークイージー）への供給が増えて過当競争になるほどで、密造業者と製品を酒場に運ぶ中間業者（ブートレッガー）、つまりギャングたちが暗躍し、治安は悪化しました。結局この混乱は、1929年の大恐慌と大統領選挙が重なり、いち早く禁酒法廃止を訴えて選挙戦に入ったフランクリン・ルーズベルトが勝利をおさめて、14年近くにわたった禁酒法は1933年12月に廃止となったのです。

アメリカのウイスキー産業は徐々に勢いを取りもどしましたが、解禁後の原酒不足のために、初めはほとんどが安価なブレンデッドウイスキーでした。法整備では、解禁後の翌1934年に早くも「蒸留酒の規格に関する規則」がタイプ別に定められ、さらに1948年に現行法の元となる「連邦アルコール法」が制定されました（1964年に一部改正）。1950年代からは輸出も増え、バーボンをはじめとするアメリカンウイスキーが広く世界でも飲まれるようになっていったのです。大手資本による老舗ブランドの買収や系列化も進んで、ビッグ4と呼ばれる酒類企業が多くの傘下企業、蒸留所をかかえるようになっていきました。

アメリカンウイスキーの代名詞ともいえるケンタッキーバーボンの蒸留所は、かつて200近く存在しましたが、世界的なウイスキー消費の低迷もあり、一時期10カ所程度まで落ちこみました。ただし、現在はクラフトブームで大小の蒸留所が相次いで誕生しています。一方、テネシーのジャックダニエル蒸留所は、2024年現在、世界第2位の販売量を誇るブランドへと成長を遂げています。また近年、ケンタッキー、テネシーに限らず全米各地にマイクロディスティラリー、クラフトディスティラリーの建設が相次ぎ、アメリカンウイスキーの歴史に新たな一ページを刻み始めています。現在その数は2,000カ所を超えるともいわれています。

Chaser 7

ジョージ・ワシントンの知られざる蒸留所

独立戦争終結後の1789年、ジョージ・ワシントン（1732～99）は、初代大統領に選出されました。ワシントン家は17世紀半ばにイングランドのノーサンプトンから移民してきた名家で、ヴァージニアでタバコ栽培などの一大プランテーション農場を経営していました。

独立間もないワシントンのアメリカ政府は、農民たちが造っていたウイスキーに対して課税を行いましたが、これに反発して当時まだ「外国」だったケンタッキーやテネシーに移住したスコッチ・アイリッシュたちは、そこでトウモロコシと出会ってバーボンウイスキーを造りはじめたのです。

ところが、課税そのものを決めたワシントンが、彼の農場であるマウントバーノンでウイスキーを造っていたことは、あまり知られていません。ヴァージニア州のマウントバーノンは、首都ワシントンDCから車で約20分、ポトマック川を見おろす絶景の地に、ワシントンが暮らしていた邸宅が残っています。

当時の農場は8,000エーカー（約3,200ヘクタール）にもおよぶ広大なもので、蒸留所はその農地のはずれに立っていました。ワシントンが蒸留所を建てたのは大統領職を辞した晩年の1797年で、スコットランド人の農場マネージャー、ジェームズ・アンダーソンのすすめによるものでした。

この蒸留所は、発掘調査によってポットスチル5基を擁する本格的なものだったことが判明しています。現在は復元作業が完了し、博物館および稼働蒸留所として一般に公開されています。マウントバーノンの売店では、貴重なジョージ・ワシントンのウイスキーが売られています。これは当時のレシピを忠実に再現したもので、ライ麦60%、トウモロコシ35%、大麦麦芽5%という構成で、今日でいうライウイスキーに近いものだったと思われます。

これがジョージ・ワシントンのウイスキー。

第4章 アメリカンウイスキー

4 バーボンウイスキーの製造

①糖化／マッシング―――――――――――――――――――――――― *mashing*

バーボンウイスキーの原料は、穀物と水とイースト菌です。穀物はトウモロコシ（コーン）、ライ麦、小麦、大麦麦芽などですが、バーボンの場合、トウモロコシを51%以上使うことが法律で義務づけられています。一般的には60～70%のトウモロコシと、ライ麦、大麦麦芽の3種類を混合して使用します。これらの混合比率のことをマッシュビルといいます。トウモロコシが多ければ甘くまろやかになり、ライ麦が多ければ、ライ由来のスパイシーでドライ、オイリーなフレーバーが顕著となります。メーカーズマークのようにライ麦のかわりに小麦を使うところもありますが、小麦を使うことで、よりマイルドでソフトな舌触りが生まれるとされています。それらの穀物のデンプンを糖化するのは大麦麦芽の役目であり、通常麦芽の比率は10～15%。スコッチのモルトウイスキーと違ってバーボンが通常使用する大麦は、より酵素力の強い六条大麦です。

糖化工程は、トウモロコシなどをハンマーミルで粉砕するところから始まります。通常はトウモロコシとライ麦、大麦麦芽は別々に挽かれます。次にこれをクッカーという巨大な容器（糖化槽）に移して仕込水と一緒に煮沸、糖化します。クッカーにはトウモロコシ、ライ麦、麦芽の順に分けて投入します。クッカーは巨大な鍋のようなもので、内部には加熱用のスチームパイプと、冷却用のクーリングパイプがあり、加熱・冷却が1基のクッカーでできるようになっているのが一般的です。

この時、仕込水と混ぜてバックセット（backset）と呼ばれる蒸留廃液を加えます。これがバーボン独特のサワーマッシュ方式（sour mash）※で、ケンタッキーに限らずテネシーでもヴァージニアでも、どこでもこの方式を採っています。蒸留工程でビアスチル（コラム式の連続式蒸留機）の底部にたまる、アルコール分の抜けた残液のことをスティレージ（stillage）、またはスロップ（slop）と呼びます。バックセットというのは、このスティレージに含まれる固形分を分離した温廃液のことで、スィンスティ

デントコーン。

ライ麦。

六条大麦の麦芽。

レージ（thin stillage）ともいいます。バックセットを加える目的は、クッカー内部のマッシュの酸度を上げ、バクテリアなどの雑菌の繁殖を防ぐのと、糖化酵素に適した環境をつくることにあります。

バックセットのpH値は3.5から4.5で、相当に酸味の強い液体です。麦芽の糖化酵素が最もよく働くpH値が5.4から5.6。一方、バーボンの仕込水は「ライムストーンウォーター」と呼ばれるミネラル分豊富な水です。これは硬度300〜350くらいの硬水で、pH値は糖化酵素が働きにくい7.0以上というところがほとんどです。つまり、糖化酵素が働きやすいようにクッカーの中のマッシュのpH値を下げる必要があり、そのためにバックセットを用いたバーボン独特のサワーマッシュ方式が生まれたと考えられています。バックセットの量は通常、仕込水の15〜20%、多いところでは30〜40%にもなります。またバックセットはクッカーだけに戻す場合と、ファーメンターと呼ばれる発酵槽、あるいはその両方に戻す場合もあります。そうすることで発酵槽内の雑菌の繁殖も防いでいるのです。

※「サワーマッシュ方式」は1820〜30年代に開発された技術といわれます。オールド・オスカー・ペッパー蒸留所などで活躍したスコットランド出身のジェームズ・C・クロウ博士や、1836年にブランドを立ち上げた「J・W・ダント」のジョセフ・ワシントン・ダントらが、この方式を考案したとされています。ただし、それ以外にも複数の人名が挙げられていて、特定はされていません。

②発酵／ファーメンテーション —— *fermentation*

バーボンでは、発酵槽はファーメンター（fermenter）と呼びます。材質はステンレスが主で、木製の発酵槽を使っているのはウッドフォードリザーブとフォアローゼズ、メーカーズマークなどです。木材は液漏れの少ないレッドサイプラス（赤イトスギ）などが使われています。バーボンでは各蒸留所オリジナルの酵母（イースト菌）へのこだわりが強く、蒸留所で毎回、独自に培養を行っているところがほとんどです。試験管レベルからフラスコサイズ、ドナータブ、イーストタンクと4段階くらいに分けてスケールアップしてゆき、それを巨大なファーメンターに投入します。

通常バーボンの発酵は3〜6日で終了し、アルコール分8〜10%ほどの発酵モロミ＝ビアー（beer）ができあ

フォアローゼズ蒸留所のファーメンター。

がります。コーンの比率の高いモロミは黄色く、ライ麦の比率が高いモロミはやや茶色がかっています。モルトウイスキーと違ってファーメンターには泡切り装置（スイッチャー）がついていません。これはトウモロコシに含まれる油脂分が泡立ちを抑えるのと、濾過せずそのまま発酵させることから、穀物の固形分が多く含まれ泡が立ちにくいためです。

③蒸留／ディスティレーション――― *distillation*

バーボンウイスキーの蒸留には、ビアスチル（beer still）と呼ばれる円筒式コラムスチルと、ダブラー（doubler）と呼ばれる精留装置を使用します。どこの蒸留所にも最低1組、大きい所では2〜3組のビアスチルとダブラーがあります。ビアスチルは1塔式の連続式蒸留機で、直径5フィートから8フィート（約1.5〜2.4m）、高さ40フィートから70フィート（約12〜21m）近くまでありサイズはさまざまですが、仕組みはほぼ一緒です。内部はシーブトレイと呼ぶ無数の穴の開いた棚で10数段から20数段に仕切られていて、上部から熱せられたビアー（発酵モロミ）が投入され、下から反対に蒸気が吹き上がるようになっています。

一般の連続式蒸留機では粗留塔と精留塔がペアになっていますが（2塔式）、バーボンの場合はビアスチルは1塔式なので、かわりにダブラーがセットになっています。ダブラーは見た目はポットスチルに似ていますが、仕組みはそれとは異なり、連続式蒸留を行っています。ビアスチルで取り出されたアルコール蒸気を一度冷却しスピリッツ（液体）に戻して、このダブラーで精留を施します。バーボンは法律で160プルーフ（80%）以下の蒸留が義務づけられていますが、ビアスチルで蒸留されるアルコールは約110〜120プルーフ、ダブラーで130〜140プルーフとなるため、65〜70%くらいで蒸留していることになります。スコッチのグレーンウイスキーが94%で蒸留しているのとは大きな違いで、それだけ香味成分を多く残していることになります。ビアスチルで得られるスピリッツをローワイン、ダブラーで得られるそれをハイワインと呼び、その両方を

フォアローゼズ蒸留所のビアスチル。

総称してホワイトドッグといったりします。

ダブラーには、それを改良したサンパーと呼ばれるものもあります。使っている蒸留所はブラウンフォーマンとヘブンヒルですが、これはダブラーと異なり、ビアスチルから取り出されたアルコール蒸気を冷却・液化せずに、そのまま精留します。ちなみにビアスチルの底部にたまったスティレージから分離された固形分は、タンパク質やビタミンを多く含み栄養価が高いので、かつては家畜の餌として利用されましたが、現在はペットフードなどに加工され、販売されるといいます。

④熟成／マチュレーション——*maturation*

バーボンがスコッチやアイリッシュと大きく異なるのは、熟成に新樽しか使わないという点です。連邦アルコール法で、内側を焦がした新樽の使用が義務づけられているからですが、このことがバーボンに特有の力強さとフレーバーをもたらす要因となっています。樽の材質はほぼすべてがアメリカンホワイトオークで、ミズーリ州産のオークをおもに使用します。サイズもバレルと呼ばれる樽のみで、スコッチで利用されるホグスヘッドもシェリーバットも使用しません。バレルの容量は180ℓが基本でしたが、近年200ℓへ規格が変わってきています。

ケンタッキー州には現在ブラウンフォーマン・クーパレッジとインデペンデント・ステーブカンパニーの2つの大きな製樽工場がありますが、前者はおもに自社の蒸留所に樽を供給し、後者は、残りの蒸留所に樽を供給しています。内面処理のチャー（焦がす）のやり方には、グレード〔1〕から〔4〕まで、0.5刻みで7段階の処理があり、そのうちバーボンメーカーが使っているのは、ほとんどがグレード〔3〕から〔4〕までの、強く焦がしたヘビリーチャー（ワニの表皮のようにゴツゴツしていることから「アリゲーターチャー」とも呼ばれます）の樽です。

バーボンは160プルーフ（80%）以下で蒸留し、125プルーフ（62.5%）以下で樽詰めを行うことが義務化されています。この樽詰度数のことをバレルエントリーといいますが、蒸留所ごとにそれぞれ独自のこだわりがあります。熟成庫はスコッチでいうラック式ですが、スコッチと異なるのは棚が木製で、しかも骨組みだけで自立していること。これをオープンリック方式といいます。一層に約3段から4段、それが6層、7層を成していて、およそ24段程度まで積み上げることが可能です。天井と壁はメタル（トタン）が主で、スコッチの石造りの熟成庫とは趣を異にしています。

ただしレンガ造りや石造りの熟成庫も存在し、さらに高層式から低層式に切り替えた蒸留所もあります。それは、第一層の樽と最上階の樽とでは極端に熟成が異なるからです。スコッチでは低層が好まれ、中でも地面に近い樽がよしとされる傾向がありますが、バーボンの場合は逆で、熟成庫の最上階を「イーグルズ・ネスト（鷲の巣）」と呼び、バーボンの熟成に向いていると考える蒸留所も多くあります。もともとケンタッキーはアメリカの内陸部に位置し、大陸性気候のため、夏と冬の寒暖差が大きいのが特徴です。年間平均気温は、バーズタウンで約13℃とスコットランドとあまり変わりませんが、夏は30℃を超えることも多く、逆に冬はマイナス20℃近くになります。バーボンはこの50℃にもおよぶ寒暖差によってダイナミックに、早く熟成が進むのです。その効果が最も期待できるのが熟成庫の最上階、トタン屋根の下に置かれた樽であり、ここでの寒暖の差は50〜60℃にもなるといいます。ただし、最近は極端な熟成を嫌う蒸留所が増えてきているのも確かです。

インデペンデンド・ステーブカンパニーの製樽風景。1日に2,000樽ほどつくるという。

さらに熟成効果を上げるために行われるのが、樽の位置を上下で移動させる「サイクリング」と呼ばれるローテーションです。最近ではこれを行わないところも増えていますが、これもスコッチとの大きな違いです（スコッチは一度置いたら瓶詰めまで動かしません）。熟成期間中に失われるエンジェルズシェアはスコッチに比べて非常に多く、1年目で10〜18%、2年目以降でも4〜5%になるといいます。

⑤瓶詰め／ボトリング——*bottling*

連邦アルコール法でバーボンウイスキーは、「ボトリングに際しては水以外を加えずに80プルーフ（40%）以上でボトリング」と定められています。スコッチで許されている色調整のためのカラメル添加は、一切許されていません。

スコッチの場合は伝統的に蒸留とボトリングは分業体制ですが、バーボンの蒸留所はボトリング設備を併設し一貫して作業を行っているケースがほとんどです。熟成期間を終えた樽から原酒を払い出す作業をダンピングといいます。また、バーボンは樽の原酒同士を混ぜ合わせるヴァッティングに相当する作業のことをミングリングと呼んでいます。2年以上熟成させたものは差別化を図るため、ラベルには「Straight Bourbon Whiskey」と表示されます。

5 ケンタッキーバーボン

バーボンウイスキーのうち、ケンタッキー州で造られ、熟成（最低1年以上）されたものは、ケンタッキーバーボンを名乗ることができます。

【ケンタッキーの地理】

面積は10万4,659㎢で、北緯ほぼ36.5度を境に南側はテネシー州と接し、東側がアパラチア山脈でヴァージニア州、ウエストヴァージニア州と接しています。西のミズーリ州境にはアメリカを代表するミシシッピ川が流れ、そこに注ぐオハイオ川がインディアナ州、オハイオ州境にかけて流れています。州内にはオハイオ川に流れ込む川がいくつかありますが、ケンタッキー川もそのひとつで、レキシントンの西からフランクフォートを横切り北西に下って、オハイオ川に合流しています。州内には120の郡が存在しますが、バーボンウイスキーの名の元となったとされるバーボン郡は、レキシントン市の北東に位置し、郡庁所在地はパリス（Paris）です。

【ケンタッキーの蒸留所】

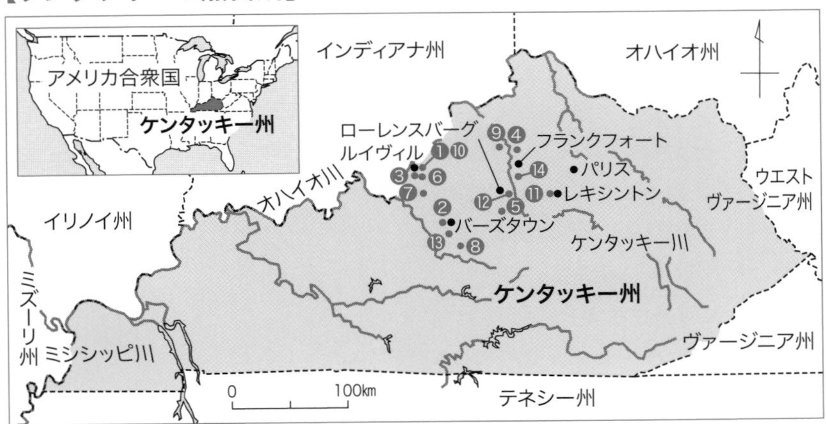

ケンタッキー州で操業している蒸留所は2023年時点で100カ所近くあります。それらはケンタッキー州中部の都市ルイヴィル、バーズタウン、レキシントン（フランクフォート）などに集まっています。すでに閉鎖された蒸留所のブランドを別の蒸留所で所有し製造することが多いのもケンタッキーバーボンの特徴で、ひとつの製造工場で多くのブランドを扱っています。

❶ エンジェルズ・エンヴィ *Angel's Envy* バカルディ社

元ブラウンフォーマンのマスターディスティラーとして、ジェントルマン・ジャックやウッドフォードリザーブなどを手がけた故リンカーン・ヘンダーソンが、2006年の退職後、息子のウェスとともに生み出した新たなバーボンウイスキーがエンジェルズ・エンヴィです。アメリカンオークの新樽で4年から6年の熟成を経た原酒を、ポルトガルのドウロ地区のルビーポート・ワイン樽で約半年かけてフィニッシュ。バーボンウイスキーとしては革新的なチャレンジであるポートワイン樽でのフィニッシュこそ、リンカーンが長年にわたり温めてきたアイデアでした。

ブランド名にあるエンヴィは英語で「妬み」の意味。〝天使が妬むほどに美味しい〟革新的なプレミアムバーボンウイスキーは現在、ケンタッキー州のルイヴィルで2016年から稼働する自社蒸留所で造られています。

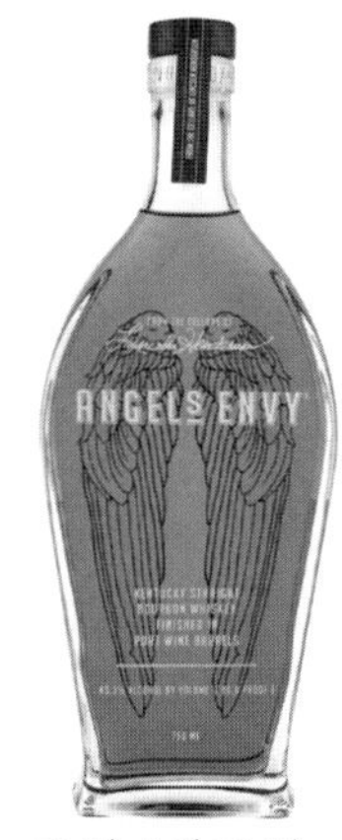

エンジェルズ エンヴィ

❷ バートン1792 *Barton1792* サゼラック社

多くの蒸留所がひしめき、通称「バーボンタウン」と呼ばれたバーズタウンで操業をつづける老舗の蒸留所です。バートン社は1879年の創業ですが、前身となったトムムーア蒸留所が建てられたのは1871年とされています。1946年に今の赤レンガの建物に建て替えられました。ビアスチルとダブラーのセットのほかにウォッカやブランデー用のニュートラル・グレーンスピリッツを造る4塔式の連続式蒸留機が設置されています。

またバーズタウン背後の丘に29棟の熟成庫をもち、バーボンの熟成は高層階に、低層には自社のブランデー用の樽を入れています。2009年にサゼラック社に買収されました。ベリー・オールドバートンやトムムーア、ケンタッキージェントルマンなどのブランドのほかに、ケンタッキー州が誕生した年にあたる「1792」、さらにスモールバッチバーボン、シングルバレルバーボンなど多くのボトルをリリースしています。

1792 スモールバッチ

❸ ブラウンフォーマン *Brown Forman* ブラウンフォーマン社

創業は19世紀後半。創業者は、スコットランド出身で薬の卸問屋を営んでいたジョージ・G・ブラウンと、経理パートナーだったジョージ・フォーマンで、2人の名前をとってブラウンフォーマン社と名づけられました。ルイヴィル市の西側、ダウンタウンのディキシー通り沿いに本社があり、蒸留所は道を隔てた南東側に位置しています。

オールドフォレスター

ここにはビアスチルとサンパーのセットが2組ありますが、もともとサンパーは1980年代に同社が開発したもので、ダブラーとの違いはアルコール蒸気を冷却せずにそのまま精留装置に送ることです。その時、ドラムを叩くような音がしたことから、こう呼ばれたといいます。さらに自社の製樽工場（ブラウンフォーマン・クーパレッジ）を持っていて、すべて自前の樽で熟成を行っています。主要ブランドはオールドフォレスターなどです。

❹ バッファロートレース *Buffalo Trace* サゼラック社

現在の呼び名に変わったのは1999年で、それ以前はエンシャントエイジ蒸留所と呼ばれていました。もともと19世紀にベンジャミン・ブラントンが興した蒸留所で、その後リーズタウン、オールド・ファイヤー・カッパー（OFCブランドで知られる）、ジョージ・T・スタッグ、シェンレー、ブラントン、そしてエンシャントエイジと名前が変わりました。

バッファロートレース

バッファロートレースという蒸留所名を冠したボトルが市場に投入されたのは1999年のことですが、ここはまた少量生産のスペシャルウイスキーを数多く造ることでも知られています。蒸留機はバーボン用のビアスチルとダブラーの1セットの他に、ウォッカを製造する連続式蒸留機、さらにケトルと呼ぶ巨大な単式蒸留釜もあり、多種多様のウイスキー、スピリッツ造りを可能にしています。バッファロートレースやブラントン、エンシェントエイジ、イーグルレア、ヴァンウィンクルなどが主要ブランドです。

⑤ フォアローゼズ *Four Roses* キリンビール

創業者はジョージア州アトランタ出身のポール・ジョーンズで、1886年にケンタッキーのルイヴィルに移り、その2年後の88年に「フォアローゼズ」を商標登録しています。フォアローゼズはもちろん4本のバラの意味で、ポール・ジョーンズと妻の4本のバラにまつわるロマンチックな話が、その名前のもとだといわれています。

現在の地に拠点を移したのはカナダのシーグラム社が買収した1940年代後半で、以来シーグラム社のノウハウが注ぎこまれ、他のバーボンメーカーとは一線を画すウイスキー造りが続けられてきました。

主原料となるコーンはインディアナ産のデントコーンで、45年以上にわたって同じ農家に生産を委託しています。2001年にキリンビールがシーグラム社から買収して、現在は100%キリンビールの子会社になっています。フォアローゼズの特徴は5種類の酵母と2種類のマッシュビルを持っていて、それで10種類の原酒を造り分けていること。製品はそれら全部、あるいはその一部を組み合わせ、巧みにミングリング（ブレンド）してボトリングしています。ウエアハウスも他のバーボンメーカーと違い、11段積みの低層ラック式ウエアハウスとなっています。製品ラインナップには、スタンダード、ブラック、プラチナ、シングルバレルなどがあり、特にたったひとつの樽からボトリングしたシングルバレルが人気です。ちなみにブラックとプラチナは日本市場限定です。

フォアローゼズ ブラック　フォアローゼズ シングルバレル

蒸留所の外観。スペイン風の建物といい、いかにも南部の蒸留所らしい佇まいだ。

❻ ヘブンヒル(バーンハイム) *Heaven Hill(Bernheim)* ヘブンヒル社

1935年に創立された全米一、二の生産規模を誇るファミリー経営の会社で、200近いブランドを造っています。1996年にバーズタウンにあるヘブンヒル社の熟成庫のひとつが落雷によって炎上し、その火が蒸留所にも延焼して生産を事実上不可能にしてしまいました。

その後、生産はブラウンフォーマン社のアーリータイムズ蒸留所（現ブラウンフォーマン蒸留所）の生産施設の一部を借用して続けられましたが、1999年、ルイヴィルにあるUDV社（現ディアジオ社）のバーンハイム蒸留所を買収し、現在はそこで生産が行われています。ここは「I・W・ハーパー」などをおもに造っていた蒸留所で、生産設備は1992年に建て替えられています。ただし熟成はヘブンヒル社の本社があるバーズタウンの、丘の上の熟成庫でおもに行っています。

ルイヴィルのバーンハイム蒸留所にはビアスチルとサンパーのセットが2組。サンパーはここととブラウンフォーマン蒸留所にしかない独自のものです。主要ブランドには社名を冠したヘブンヒルの他に、エヴァンウィリアムスやエライジャクレイグ、ヘンリーマッケンナ、オールドフィッツジェラルドなどがあります。

ヘブンヒル（旧バーンハイム）のビアスチル。

エヴァンウィリアムス

エライジャクレイグ スモールバッチ

❼ ジムビーム *Jim Beam* サントリー（ビームサントリー社）

ビーム家の歴史は、バーボンウイスキーの歴史そのものといえるかもしれません。ジェイコブ・ボヘムがドイツからアメリカに移住したのは18世紀後半で、彼はその時に名前をボヘムからアメリカ式のビームに改めました。当初移住したメリーランド州からケンタッキーのバーズタウンに移ったのが1790年代で、95年にウイスキーの蒸留を始めています。以来、現在のマスターディスティラー、7代目のフレッド・ノオまでビーム家の男たちが伝統の技を継承してきました。またビーム家は子沢山でもあり、多くの技術者、ディスティラーを輩出し、バーボン業界そのものにも多大なる貢献をしてきました。

ビアスチルとダブラーのセットはひとつですが巨大で、ビーム家7代に受け継がれたオリジナル酵母と、蒸留度数の低さがジムビーム独特の風味を造り出しているといいます。ビーム家6代目のブッカー・ノオが考案したのがスモールバッチバーボンで、現在はブッカーズ、ノブクリーク、ベイゼルヘイデン、ベイカーズの4種類が販売されています。2014年にサントリーがビーム社を約1兆7000億円で買収して話題となりました。現在は同社傘下のメーカーとして、バーボンウイスキーでは世界最大の会社となっています。上記のスモールバッチとジムビーム以外にオールドクロウ、オールドグランダッドなどもリリースしています。

ルイヴィルから車で30分、クレアモントにある巨大なビームの蒸留所。

ジムビーム

ノブ クリーク

⑧ メーカーズマーク *Maker's Mark* サントリー（ビームサントリー社）

創業者であるサミュエルズ家はもともとスコットランドからの移民の子孫で、1840年にケンタッキーのネルソン郡で、サミュエルズ蒸留所をスタートさせました。バーボンウイスキーでは珍しい「Whisky」という綴りを用いるのも、先祖がスコットランド人ということにこだわっているからです。

現在の蒸留所はサミュエルズ家4代目のウィリアムが1953年に創業したもので、メーカーズマーク（製造者の刻印）という珍しい名前は彼の妻マージーが考案しました。その時にメーカーズマークのシンボルともいえる赤い封蝋（ふうろう）も導入されています。

メーカーズマークがユニークなのはライ麦のかわりに小麦を副原料に使用していることで（コーン70%、小麦16%、大麦麦芽14%）、それも蒸留所周辺10〜15マイルで収穫された冬小麦にこだわっています。

またボトリングの際、冷却濾過は行わずにアルコール分45%で瓶詰めしているのもメーカーズマークの特徴です。さらにフレンチオークの側板を10枚入れた樽で数カ月後熟を施す、数量限定のメーカーズマーク46という製品もあります。

メーカーズマークのトレードマークの赤い封蝋。すべて手作業で行われている。

メーカーズマーク
レッドトップ

メーカーズマーク46

⑨ ブレット *Bulleit* ディアジオ社

創業者オーガスタス・ブレットが1860年に事故死したことにより、一時は途絶えてしまっていたブレット家のバーボン造り。代々伝わっていた秘伝のレシピをもとに、高祖父(こうそふ)のウイスキーを復活させたのが法律家でもあったトム・ブレットでした。1987年に復活を遂げたブレット・バーボンは、比較的ライ麦の比率が高いマッシュビルに由来するスパイシーさや、独特の甘くなめらかな味わいが評判となり、一躍人気のウイスキーに。その好調ぶりを受け、2017年にはケンタッキー州のシェルビービルにブレット蒸留所が操業。さらにそれを補完する製造拠点として、2021年には同州のレバノンにも新たな蒸留所が開設されました。

同蒸留所は現在のブランド所有者であるディアジオ社初のカーボンニュートラル蒸留所で、年間11万トン以上の二酸化炭素排出を回避できる見込みとなっています。

ブレッド バーボン

⑩ ミクターズ *Michter's* ミクターズディスティラリー社

1753年からウイスキーの製造を行っていたという、アメリカ最古の公認ウイスキー蒸留所をルーツに持つミクターズ。シェンク、ボンバーガー、ミクターズと名を変え、ペンシルベニア州のシェファーズタウンで200年以上も稼働していた蒸留所は1980年代に閉鎖となりますが、その後の1990年代後半にブランドが復活。現在はルイヴィルに、主要な製品の生産からボトリングまでを行うシャイヴリー蒸留所と、見学ができるフォートネルソン蒸留所、トウモロコシやライ麦、大麦を栽培する約205エーカーの自社農場（スプリングフィールド）を持ち、伝統的なモットーである「コストを度外視した」ウイスキー造りを行っています。2段階で内面処理された新樽を熟成に使うバーボンウイスキーの他に、バーボン樽を熟成に使用したバラエティ豊かなアメリカンウイスキーを生産するのもミクターズの特徴です。

ミクスターズ US★1
アメリカンウイスキー

⑪ タウンブランチ *Town Branch* オルテック社

2008年にレキシントン市で創業した新しい蒸留所で、併設のクラフトビール醸造所が全米で高く評価され有名になっています。現在の蒸留所は2012年に建設されたもので、全面ガラス張りのモダンな建物にはパブや立派な売店もあり、見学者でにぎわいをみせています。創業者のピアース・ライオンズ氏はアイルランドで醸造・蒸留に関わってきた家系の出身で、アメリカに渡りケンタッキー州でオルテック社というバイオの会社を創業しました。2017年には故郷ダブリンにもピアースライオンズという新しい蒸留所をオープンさせています。

タウンブランチ
バーボン

タウンブランチは市内を流れる川の名前で、禁酒法以前にはこの川のほとりに6つの蒸留所が集まっていたといいます。ポットスチルは初留、再留1基ずつで、これで2回蒸留を行い、バーボンウイスキーの「タウンブランチ」と、「ピアースライオンズ」という麦芽100%のシングルモルトウイスキーを造っています。

Chaser 8

ケンタッキー名物のトマトのフライ!!

ケンタッキーというと日本でもお馴染みのケンタッキーフライドチキンの発祥地。車で走っていると、いたるところで看板を見かけますが、ボリュームは日本の倍以上。定額料金のランチなどが人気ですが、こればかりを食べているわけにもいかず、食事には毎回困ってしまいます。やはり美味しいのはステーキで、これはよく食べましたが、〝バーボンタウン〟と呼ばれるバーズタウンには、古いタバーン（居酒屋）もあり、そこではケンタッキー名物という、トマトのフライが有名。しかし日本人にはどうも…。

そんな時注文していたのが、これもケンタッキー名物といわれるキャットフィッシュ。日本でいうナマズで、オハイオ川、ミシシッピ川で獲れるナマズは巨大。これにパン粉をつけてフライにするのですが、白身でなかなかの美味。ただし、同じフライなら、これもスコットランドのフィッシュ＆チップスに軍配を上げたい気もします。

⑫ ワイルドターキー *Wild Turkey* カンパリ社

蒸留所はケンタッキー州のローレンスバーグ郊外のワイルドターキー・ヒルという丘の上に建てられています。もともと1869年にトーマス・リピーが始めたもので、1905年に現在の蒸留所の前身であるD・L・ムーア蒸留所を、息子のリピー兄弟が買収しました。リピー兄弟のビジネスは第二次大戦後も順調に発展しましたが、ワイルドターキー蒸留所として広く世界に知られるようになったのは、1970年にニューヨークのオースティンニコルズ社が買収してからです。ワイルドターキーとは「野生の七面鳥」のことで、もともとニコルズ氏が七面鳥狩りのお供に、このリピー兄弟のバーボンを持っていったのが、ブランド名のもととなっています。

ワイルドターキーといえば60年近くにわたってマスターディスティラーを務めていたジミー・ラッセル氏が有名で、彼は大の日本好き。何度も来日して、ワイルドターキーを日本に広めました。現在は息子のエディ・ラッセル氏と、さらに最近、その息子でジミー氏の孫のブルースも加わり、親子3代にわたるバーボン造りでアメリカでも話題となっています。2010年に元あった場所から100mほど離れた現在の場所に移転し、最新鋭の蒸留所を稼働させています。ただし昔からの酵母を使うなど、その造りはいたって伝統的です。

2009年に所有者はペルノリカール社から、イタリアのカンパリ社へ移っています。製品にはスタンダードのほか、8年、12年、ストレートライなどのラインナップがあり、8年、12年は、日本市場限定となっています。

建物の大きなガラス窓にはワイルドターキーの大きな看板が。ひと目で蒸留所と分かる。

ワイルドターキー 8年

⑬ ウィレット *Willett* ケンタッキーバーボン・ディスティラーズ社（ウィレット社）

1936年にバーズタウンで創業したウィレット蒸留所は1981年に一度廃業しましたが、2012年に現在のエヴァン・カールスビーン氏が買い取って再建を果たしました。ビアスチルとダブラーの伝統的な組み合わせとは別に、独自に設計した特殊なコラム蒸留器を持っています。これはスチルのネックの部分に12段の棚を設けているハイブリッドタイプで、これらのスチルを使って7種類のウイスキーを造り分けています。すべてマッシュビルが異なり、そのうち5つがバーボン用、2つがライウイスキー用、5つのバーボンレシピの中には小麦を使用するものも含まれています。

117エーカー（約14万3,000坪）の広大な敷地には創業当時からの熟成庫もあり、多くの樽が眠っています。ここでは蒸留所名を付けたウィレットのほかにノアーズミルなど複数のブランドが造られています。

ウィレット ポットスチル レゼルブ

⑭ ウッドフォードリザーブ *Woodford Reserve* ブラウンフォーマン社

前身は1812年に創業したケンタッキー最古のオールド・オスカー・ペッパー蒸留所で、1878年にラブロー&グラハムとなり、1940年にブラウンフォーマン社が買収しました。1973年に一度閉鎖されましたが、94年に再建計画がスタート。その際に導入されたのがスコットランドのフォーサイス社製のポットスチルでした。

初留・後留・再留各1基ずつで3回蒸留を行っていますが、初留釜の底が逆円錐形になっていて、モロミを攪拌しながら蒸留ができるようになっています。これは焦げつき防止用だといいます。2003年に現社名に改名されました。ウッドフォードリザーブは毎年5月に開かれるケンタッキーダービーのオフィシャルボトルで、毎年異なるラベルデザインが、コレクターの間でも人気となっています。

ウッドフォードリザーブ

6 テネシーウイスキー

【テネシー州の地理】

面積は10万9,150㎢とケンタッキー州より若干広く、北緯約36.5度を境に北はケンタッキー州に、南は北緯35度でジョージア州、アラバマ州、ミシシッピ州に接しています。西の州境はミズーリ川で、州内にはテネシー川が大きく蛇行しながら流れています。そのため州は大きく東部・中部・西部の3つの地域に分けられます。東部はアパラチア山脈のカンバーランド台地に属し、標高は最高で2,000mを超えます。中部は州都ナッシュヴィルがあり、政治・経済の中心となっています。

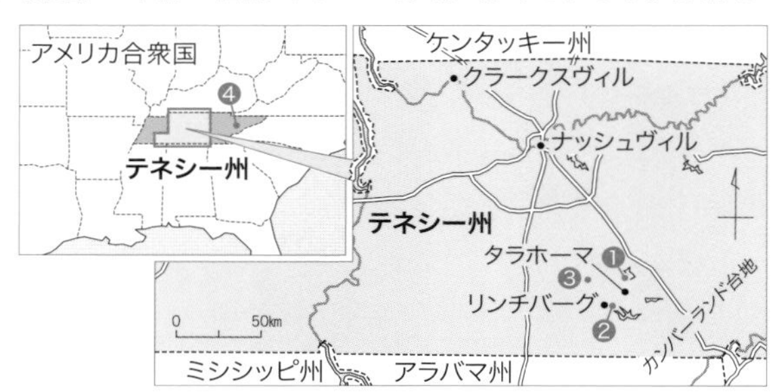

【テネシーウイスキーとは】

アメリカの連邦アルコール法では、バーボンウイスキーのうち以下の2つの要件を満たしたウイスキーを、特にテネシーウイスキーと呼ぶことが許されています。

❶テネシー州で造られていること
❷蒸留直後にサトウカエデ（シュガーメイプル）の炭で時間をかけて濾過し、貯蔵するチャコールメローイング製法で造られていること

【チャコールメローイング製法】

サトウカエデを角材に加工して乾燥させ、それを燃やして木炭をつくります。それを細かく砕いて大きな槽に入れ、蒸留されたばかりの蒸留液を一滴一滴、時間をかけて濾過します。手間と費用はかかりますが、テネシーウイスキー造りでは重要な作業で、この工程には10日ほどかかります。その間にウイスキーの蒸留工程でわずかに残ったフーゼル油などを取り除き、サトウカエデの木炭のエッセンスを吸収すると考えられています。精製され、まろやかで独特の香りと味わいが付加されるのです。

❶ ジョージディッケル *George Dickel* ディアジオ社

創業者のジョージ・ディッケルはナッシュビルで成功をおさめたドイツ系移民の商人で、カスケード高原のタラホーマの地が石灰岩層でウイスキー造りに最適であると確信し、1870年に蒸留所を設立しました。スコッチウイスキーの伝統に倣って綴りには「Whisky」を用いています。禁酒法の影響で閉鎖されていた時代がありましたが、1950年代にシェンレー社によって再建され、その後ギネスグループによって買収されています。現オーナーはディアジオ社で、2003年以来同社のもとで生産が続けられています。

創業当時の蒸留所名はカスケードでしたが、ディッケルの功績を後世に伝えるため、シェンレー社以降はジョージディッケル蒸留所に改名されています。ジョージディッケルではメローイングタンクそのものを冷やす「チルド・メイプル・メローイング」という独自の濾過方法を採用しています。

ジョージディッケル No.8

Chaser 9

バーボンの名称の由来

アメリカの独立戦争において、イギリスに敵対するフランスは独立派の支持支援を行い、独立に多大な貢献がありました。そのため、ケンタッキー州の一部の地域は感謝の意をこめて、フランス・ブルボン王朝から名をとった「バーボン郡」（ブルボンの英語読み）を名乗ることになったのです。この地域で造られたウイスキーは樽詰めされ、バーボン郡の川の港から船に積み込まれてオハイオ川、ミシシッピ川を下り、ルイジアナやニューオーリンズなど南部の商業都市に運ばれました。その際バーボン郡の名前を樽に刻印したため、このウイスキーがバーボンウイスキーと呼ばれるようになったといいます。現在のバーボン郡（Bourbon County）は、レキシントン市の北東30㎞ほどの位置にありますが、当時はもう少し広い範囲がバーボン郡と呼ばれていました。バーボン郡の蒸留所は禁酒法時代になくなりましたが、近年はクラフト蒸留所が新たに誕生しています。

❷ ジャックダニエル *Jack Daniel* ブラウンフォーマン社

創業者のジャスパー・N・ダニエル、通称ジャック・ダニエルは、ルター教会の牧師、ダン・コールが地元で経営していた蒸留所に、わずか7歳で働き始め、1859年に弱冠13歳でその運営を任されました。その後、南北戦争を経て、1866年にリンチバーグの現在の場所に新しく蒸留所を建てました。これが現在のジャックダニエル蒸留所で、政府公認第１号蒸留所となっています。

当時からこの地域の蒸留所では、蒸留したてのウイスキーをサトウカエデの木炭で濾過していました。ジャックはこの手法を踏襲し、チャコールメローイング製法を確立したといわれています。仕込水は蒸留所の敷地内にある洞窟から湧きでる、昔ながらのケーブスプリングを使用していて、無色透明でミネラル分の多いこの水が、ジャックダニエルの酒質をつくっているといわれています。

なお、蒸留所のあるムーア郡は今もドライカウンティ（アルコール飲料の販売を禁止している郡）となっていて、蒸留所以外では酒を買うことも、飲むこともできません。製品ラインナップには、ブラックのほか、ジェントルマンジャック、シングルバレル、シナトラセレクトなどがあり、その販売総数は年間1,460万ケース（2022年）と、スコッチのジョニーウォーカーに次いでグローバルブランドでは第2位となっています。もちろんアメリカンウイスキーでは断トツの第1位です。

ムーア郡のリンチバーグにあるジャックダニエル蒸留所。写真はそのウエアハウス。

ジャックダニエル ブラック

❸ ニアレストグリーン *Nearest Green* アンクル・ニアレスト社

合衆国初のアフリカ系アメリカ人ディスティラーとして、ウイスキー史に名を残すネイサン〝ニアレスト〟グリーン。彼は1800年代の半ばに、テネシー州リンチバーグのダンコール農場で、サトウカエデの木炭でウイスキーを濾過するチャコールメローイングなど、独自の技法によってウイスキーを製造。その後のジャック・ダニエルとの交流を通じ、ダンコール蒸留所でのウイスキー造りはジャックダニエル蒸留所に引き継がれ、ニアレスト・グリーンは初代マスターディスティラーに。彼が磨き上げた技術はいまや、テネシーウイスキーのスタンダードとなっています。アンクル・ニアレストのブランドは、そんなウイスキー業界の偉人に捧げるオマージュとして2017年に誕生。現在はテネシー州に設立された蒸留所で、ニアレスト・グリーンのレシピを再現したウイスキー造りが行われています。

アンクルニアレスト 1856
プレミアム ウイスキー

❹ オーレスモーキー *Ole Smoky Distillery* オーレスモーキーディスティラリー社

テネシー州とノースカロライナ州にまたがるグレート・スモーキー・マウンテン。アパラチア山脈の一部にあたるこの山々では、古くから密造酒の製造が行われてきました。禁酒法や高い酒税から逃れるため、山奥や渓谷で月明かりを頼りに造られてきた密造酒(ムーンシャイン)。そんな伝統を継承し、ムーンシャインとウイスキーを製造するのがオーレスモーキーです。テネシー州の法律が改正された2010年には、同州のガトリングバーグにホラー蒸留所をオープン。テネシー州初の連邦政府公認ムーンシャイン蒸留所となり、今や年間500万人以上の来場者が訪れる人気スポットとなっています。

伝統のレシピの他、さまざまなフレーバーが楽しめるムーンシャインに加え、テネシースタイルのフレーバードウイスキーやストレートバーボンウイスキーも製造。2014年以降はテネシー州内にビジター向けの第2蒸留所やバレルハウス、バーやボトルショップ、エンタメステージなどを併設した複合施設などを続々とオープンし、自由度の高いムーンシャインの楽しみを人々に広げています。

7 アメリカンウイスキーのクラフト蒸留所

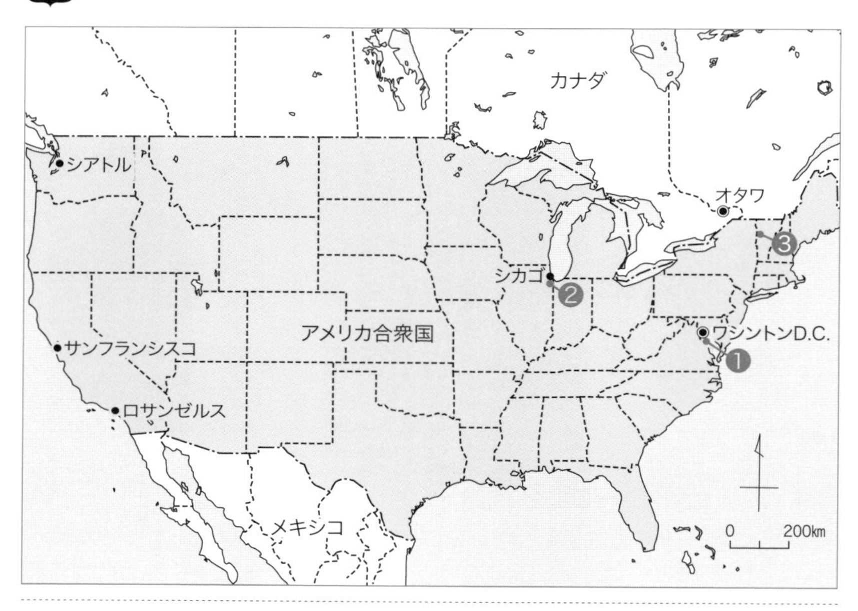

❶ A. スミス・ボーマン *A. Smith Bowman* サゼラック社

蒸留所の創業者は、ケンタッキー州やヴァージニア州の初期開拓者であり、アメリカ独立戦争で優秀な騎手として活躍したボーマン兄弟を先祖に持つA.スミス・ボーマン。自ら所有するヴァージニア州北部の山間の農場（サンセットヒルズファーム）に、同州初となるウイスキー蒸留所を1934年に建設。息子たちの協力を得て家族経営のウイスキー事業をスタートさせました。1950年代まで、ヴァージニア州で唯一の合法的な蒸留所であったA.スミス・ボーマン蒸留所は、その後1988年に同州のフレデリックスバーグに移転。2003年からはサゼラック社にオーナーが代わるも、ボーマン兄弟の両親の名がついた2基の蒸留器による3回蒸留など、蒸留所の歴史に敬意を払った伝統的かつユニークな製法を継続。バーボンウイスキーをはじめ、ラムやジン、ウォッカなども生産しています。

奇妙な形のスチルが異彩を放っている。

❷ コーヴァル *Koval* コーヴァルディスティラリー社

禁酒法が撤廃された1933年以降のシカゴで、2008年に初めて創設されたのがコーヴァル蒸留所です。創業者のロバート・バーネッカー氏が独自の設計案を加えたというドイツのコーテ社製のハイブリッドスチルは、ソフトウエアなどを使って全工程を細かに電子制御できるのが特徴。良質なミシガン湖の水と、契約農家で有機栽培された遺伝子組み換えがされていない穀物、さらには酵母や樽にいたるまで、すべてアメリカ農水省のオーガニック認定を受けたものだけを使用し、原材料のよさを最大限に活かしたウイスキー造りを行っています。

熟成には容量約114ℓのアメリカン・ホワイトオークの新樽を使い、すべてシングルバレルでのボトリング。ミレット（キビ）だけを使用したチャレンジングなウイスキーやジンなども製造する、近年の世界的なクラフト・スピリッツブームを牽引する蒸留所です。

コーヴァル バーボン

❸ ホイッスルピッグ *WhistlePig* ホイッスルピッグ・ウイスキー社

メーカーズマークなどの蒸留所でマスターディスティラーを務め、アメリカンウイスキーの躍進に貢献した故デイヴ・ピッカレル氏が、ライウイスキーの魅力と可能性を世に知らしめるため、2007年に設立したライウイスキーブランドがホイッスルピッグです。ライウイスキーでは珍しい10年以上の長期熟成や各種ワイン樽でのフィニッシュなど、従来のライウイスキーの常識を覆すウイスキーが市場で大きな注目を集め、2015年には蒸留所もオープン。

バーモント州ショアハムに所有していた広大なファーム内の古い建物を改装した蒸留所では、原料のほぼ100％にライ麦を使用する仕込みや、単式蒸留も可能なヴェンドーム社製のハイブリッドスチルでの蒸留、近隣の森で伐採したバーモントオークを材とするオリジナル樽での熟成など、イノベーティブなライウイスキー造りへの挑戦を続けています。

ホイッスルピッグ 10年
スモールバッチ・ライ

■アメリカンウイスキー関連年表

西暦	事柄
1776	アメリカの独立宣言。翌年、連合規約、星条旗の制定。
1783	ルイヴィルでウェールズから移民したエヴァン・ウィリアムズが初めてウイスキーを製造。
1789	スコットランドからの移民の子孫、バプティスト派の牧師エライジャ・クレイグが、ケンタッキーのジョージタウンで初めてトウモロコシからウイスキーを造り、〝バーボンの祖〟とされる。
1791	独立戦争後の国家財政を安定させるためウイスキーに初課税。スコッチ・アイリッシュの暴動に発展。
1794	ウイスキー戦争（Whisky Rebellion/ Whisky Insurrection）が勃発。暴動鎮圧のためジョージ・ワシントンの政府は1万5,000人の軍隊を派遣してこれを鎮圧。
1795	ジェイコブ・ボヘム、ケンタッキー州バーズタウンで蒸留業開始、後にジムビーム社となる。
1797	初代大統領ジョージ・ワシントンがヴァージニア州マウントバーノンに本格的な蒸留所を建設。
1812	オールド・オスカー・ペッパー蒸留所創設（現在のウッドフォードリザーブ蒸留所）。
1848	カリフォルニアで、金鉱が発見され、ゴールドラッシュが起きる。
1851	メイン州で州内での酒の製造、販売を禁止する「メイン禁酒法」が成立。
1861	南北戦争が勃発(～1865年)。ケンタッキー出身のリンカーン大統領が奴隷解放(1863年解放宣言)と保護貿易を政策の柱としたため、南部の州がそれに反発。
1866	テネシー州に政府公認第1号蒸留所としてジャックダニエル蒸留所が誕生。
1897	ボトルド・イン・ボンド法 （Bottled in Bond）制定。
1914	パナマ運河開通。第一次世界大戦勃発。18州が禁酒州となる。
1920	合衆国憲法修正18条施行。禁酒法時代に突入。
1929	ニューヨーク株式市場の株価大暴落、世界恐慌に。
1933	合衆国憲法修正21条施行。禁酒法撤廃。
1948	連邦アルコール法の制定。ウイスキーの規格、分類が定められる。
1953	アーリータイムズ、全米で最も販売されるバーボンとなる。
1963	ケネディ大統領暗殺される。バーボンウイスキーがアメリカンウイスキー販売量の51%以上となる。
1966	ミシシッピ州で禁酒法が解除され全米の州単位での禁酒州がなくなる。
1973	ワイントンで米国スピリッツ協会（DISCUS）が発足。ジムビーム、バーボン売り上げ第1位となる。
1996	ヘブンヒル（バーズタウン）工場の火災で770万ガロン（約3,000万ℓ）が焼失。
1998	ジャックダニエルが販売量562万ケースを記録。ジムビームを抜いてアメリカンの第1位となる。
2006	ヴァージニア州マウントバーノンにジョージ・ワシントン蒸留所記念ミュージアムが開設。
2009	バッファロートレース蒸留所の親会社サゼラック社が、バートン蒸留所を買収。イタリアのカンパリ社がワイルドターキー蒸留所を買収。
2012	ケンタッキーのバーボンウイスキーが年間100万樽の生産を達成し、過去最高記録を更新。全米に300を超えるクラフト（マイクロ）蒸留所が誕生。
2014	サントリーがビーム社を買収し、ビームサントリー社が誕生。
2016	アメリカンシングルモルトウイスキー委員会（ASMWC）が発足。
2017	ヘブンヒル社、バーンハイム蒸留所を改修し、年間生産能力を40万バレル（約4,770万ℓ）に引き上げる計画を発表。全米最大規模へ。
2020	ブラウンフォーマン、「アーリータイムズ」ブランドをサゼラック社に売却。
2023	ケンタッキー州にボブ・ディランのヘブンズ・ドア蒸留所が開設される。

カナディアンウイスキー

Canadian Whisky

5大ウイスキーの中で、最も軽く、洗練されているといわれるカナディアンウイスキー。カクテル材料としても昔からよく使われています。

アメリカンとカナディアンの違いとは。どういうところで、どんなウイスキーが造られているのか。アメリカの禁酒法時代にウイスキーを密輸し、巨万の富を築いたというカナディアン。カナダという国の特殊事情も踏まえて、カナディアンウイスキーの世界を紹介します。

1 カナダについて

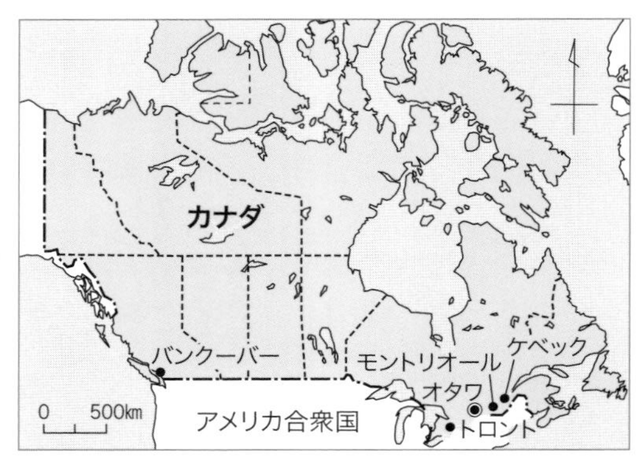

面積…約998万㎢（日本の約27倍）。ロシアについで世界2位の広さ。10の州と3つの準州で構成されています。

人口…約3,845万人

住民…200を超える民族が生活するモザイク社会で、多文化主義。出身地は英国系26.8%、カナダ系15.6%、フランス系11%など、ヨーロッパ系白人が8割弱を占めています。それ以外は、先住民族3.2%、その他（アジア、オセアニア、アフリカ、アラブ系）となります。

公用語…連邦レベルでは英語、フランス語が公用語（ケベック州ではフランス語のみが公用語）

首都…オタワ（人口約142万人）

主要都市…トロント（約631万人）、モントリオール（約428万人）、バンクーバー（約263万人）

宗教…カトリック系（4割強）、プロテスタント系（約3割）

【政治】

イギリス連邦に所属していて立憲君主制で、公式にはイギリス国王（チャールズ3世）が国家元首となりますが、実際にはカナダ総督が女王の代行を務めています。しかし、これは形式的なものであり、実質的な元首は、総選挙により選出される連邦政府の首相です。政府は、議院内閣制を採用しています。カナダは、歴史的に各州の合意によって連邦が設立された経緯があることから、州に大幅な自治権が認められていて、それぞれの州に首相がいて、内閣および議会もあります。

【地理】

カナダは北アメリカ大陸の面積の約41%を占めます。南および西はアメリカ合衆国と接し、東は大西洋、デーヴィス海峡、西は太平洋、北はボーフォート海、北極海

に面しています。国土の多くは北極圏内にあり、人口密度は4.2人／㎢という極端な少なさです。カナダ人の80%は、アメリカとの国境から200㎞以内に住んでいます。

2 カナディアンウイスキーとは

【特徴】

穀物由来のライトでマイルドな風味が特徴で、5大ウイスキーの中で最も軽い酒質といわれます。カナディアンウイスキーの生産量の7割程度はアメリカで消費されています。アメリカ市場との密接な結びつきはウイスキー造りの始まった時代から続いていて、製品がアメリカでボトリングされる場合もあります。ウイスキーの表記には一般に「whisky」が使われています。

【法定義】

カナディアンウイスキーの定義は、「穀物を原料に酵母によって発酵を行い、カナダで蒸留し、小さな樽（700ℓ以下）で、最低3年間貯蔵したもの」となっています。詳細は、以下の通りです。

- 飲用の蒸留液またはその混合物であり、穀物あるいは穀物由来原料のモロミを、麦芽またはその他の酵素のジアスターゼにより糖化し、酵母または酵母とその他微生物との混合物の作用によって発酵されたもの
- 小さな木製の容器（容量700ℓを超えないもの）で3年以上熟成を行う
- カナディアンウイスキーのものであると認められる香り、味覚、品格を備えたもの
- 糖化、蒸留、熟成をカナダにおいて行う
- 瓶詰度数は40%以上で、カラメルまたは「フレーバリング」を含むことは可能
- 木製容器で3年間の熟成期間中、6カ月を超えない範囲で別の容器に入れたものも、熟成年数に加えることができる
- 「フレーバリング」とは、香味を添加することを許されている、カナディアン以外のスピリッツ、ワイン（カナダ産以外も可）のことを指す

【カナディアンウイスキーの歴史】

カナダでは、17世紀後半にビール醸造所に蒸留の装置が併設されていたことが知られています。これを使って穀物原料の蒸留酒が造られたのがカナディアンウイスキーの始まりです。18世紀になると、オンタリオ州の五大湖周辺、キングストンなどで蒸留が行われるようになりました。1776年にアメリカが独立宣言をすると、独立を嫌った一部のイギリス系住民がカナダに移住して、ライ麦や小麦などの栽培を始めました。そのため製粉業が発達し、余剰穀物からウイスキーを生産する人が増え、ケベック、モントリオールではこの時期に蒸留を専門とする業者も現れました。

アメリカの禁酒法時代に、カナダは輸出を禁止しなかったため「アメリカのウイスキー庫」として大量のウイスキーを製造し、莫大な富を築きました。禁酒法が撤廃された後もアメリカ市場に広く浸透し、カナディアンの全盛時代が続いたのです。世界最大の規模を誇ったシーグラム社もカナダ本拠の企業体であり、1936年にバランタインを買収したハイラムウォーカー社もカナダを本拠としていました。現在は蒸留所の多くがカナダ以外の外国企業の経営になっていますが、独立系の小規模生産者、いわゆるマイクロディスティラリー、クラフト蒸留所も近年急激に増えています。

【カナディアンウイスキーの種類】

カナディアンは、フレーバリングウイスキー（flavouring whisky）とベースウイスキー（base whisky）の2タイプの原酒を製造しています。フレーバリングはスコッチのモルト原酒、ベースはグレーン原酒と考えるとわかりやすいですが、グレーンウイスキーに比べても、ベースウイスキーはマイルドでクセのない風味が特徴となっています。この2つのタイプをブレンドしたものが、カナディアンブレンデッドウイスキーで、カナディアンのほとんどは、このブレンデッドウイスキーです。

樽熟成は通常3〜4年間、両者別々に貯蔵しブレンドしますが、ニュースピリッツの段階でブレンドし、それを樽詰めして熟成させる場合もあります（カナディアンクラブなど）。またごくまれに、フレーバリングウイスキーのみでベースウイスキーをブレンドせずに製品化されるものもあります（ブッシュパイロット、アルバータプレミアムなど）。

❶フレーバリングウイスキー

ライ麦、トウモロコシ、ライ麦芽、大麦麦芽などを原料に1塔式連続蒸留機とダブラーを使いアルコール分64〜75%程度で蒸留したものです。ライ麦由来のスパイシーでオイリーな風味があり、アメリカンのバーボンウイスキーに似ています。

❷ベースウイスキー

トウモロコシなどを主原料に、連続式蒸留機を使ってアルコール度数95%以下で蒸留したウイスキー。マイルドでクセがなく、ニュートラルスピリッツに近いといえます。

❸カナディアン・ブレンデッドウイスキー

フレーバリングウイスキーとベースウイスキーをブレンドしたもので、比率は一般的にフレーバリングウイスキー10〜30%、ベースウイスキー70〜90%です。またブレンドの際にボトルの中身の9.09%までは「カナダ産以外のもの」を加えてもよいことになっています。通常加えるのはアメリカのバーボンウイスキーなどですが、フルーツブランデーや酒精強化ワインを添加する場合もあります。

カナディアンというとライウイスキーのイメージがありますが、カナディアンライウイスキーはアメリカのライウイスキーと違って、ライ麦の最低使用比率などが定められていません（アメリカンライは原料の51%以上がライ麦）。したがって、少量でもライ麦が使われていれば、カナディアンライウイスキーと表記することができます。

Chaser 10

カポネがつくらせた割れにくいボトルとは

アメリカ禁酒法時代にマフィアの大ボス、アル・カポネと死闘をくり広げたのがアメリカ連邦捜査局（FBI）のエリオット・ネスたち。それを映画にしたのが『アンタッチャブル』（1987年）で、映画ではカポネをロバート・デ・ニーロ、ネスをケビン・コスナーが演じていました。

そのカポネがハイラムウォーカー社に特注したのが、同社の門をデザインした、通称「ゲートボトル」。意匠はハイラムウォーカーのオリジナルですが、作ったのは「荒れた山道でも割れない頑丈なカナディアンクラブのボトルをつくれ」というカポネの命令に応じてだったのです。密輸ルートはデコボコ山道で、当時トラック1台分のカナディアンクラブで、シカゴに新築の住宅16戸が買えるといわれたほど。一般的な丸瓶では、険しい山道の運搬には向かなかったようなのです。

エンボス加工で門のデザインが施されたゲートボトル。割れにくい扁平瓶。

3 カナディアンのおもな蒸留所

蒸留所の多くは人口分布と同様アメリカとの国境に近い限られた範囲にあります。一番南に位置するハイラムウォーカーは北緯42.5度（北海道室蘭市と同程度）、グレンオラ蒸留所のあるケープブレトン島は北海道稚内市の緯度に相当します。

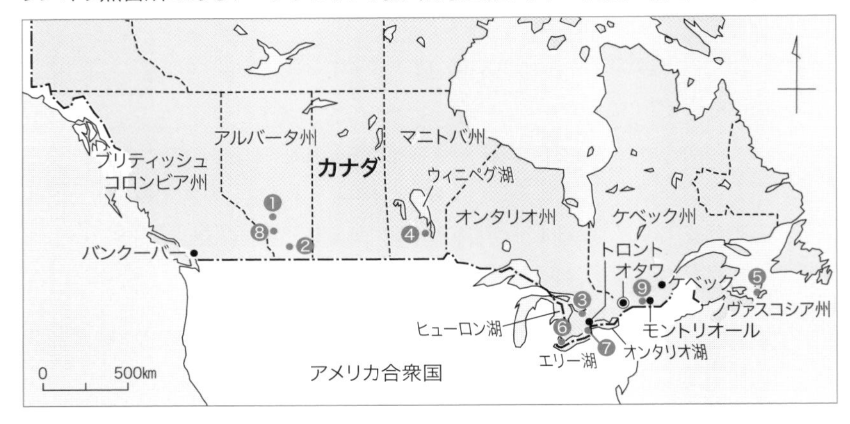

❶ アルバータ *Alberta* サントリー（ビームサントリー社）

1946年にアルバータ社がカルガリーに建設しました。ロッキー山脈の豊富な水と、カナダ最大のライ麦産地であることが理由といいます。フレーバリングもベースウイスキーも両方ともライ麦を主原料としている蒸留所で、製品には100%ライ麦原料の「アルバータ プレミアム」、91%のライウイスキー、8%のバーボンウイスキー、1%のシェリーをブレンドした「ダークバッチ」などがあります。

ビアスチルで蒸留したローワインを大型のポットスチルで再留してフレーバリングウイスキーを、またビアスチルと抽出塔を組み合わせた連続式蒸留機でアルコール度数94%のベースウイスキーを蒸留しています。フレーバリングは新樽かバーボンのファーストフィル樽を、ベースウイスキーではバーボンの古樽を使って熟成させ、これらをブレンドしています。年間生産能力は2,000万ℓです。

アルバータ プレミアム

❷ ブラックベルベット *Black Velvet* ヘブンヒル社

ブラックベルベット

パリサー（ブラックベルベット）は1939年にイギリスのギルビー社によってオンタリオ州トロントに建てられた蒸留所（オールドパリサー Old Palliser）で、もともとはジンを製造していました。その後売り出したカナディアンウイスキーのブラックベルベットの成功で原酒が足りなくなり、1973年アルバータ州に新しいパリサー蒸留所を建設しています。1999年にヴァレーフィールド蒸留所とともにカナンダイグア社傘下のバートンブランズ社に売却されました。2009年にバートンブランズ社のバートン蒸留所はサゼラック社へ売却となりましたが、パリサーから名称変更したブラックベルベット蒸留所は、コンスタレーション社から2019年にケンタッキーのヘブンヒル社に売却されました。コラムスチルによる生産能力は年間1,850万ℓ程度。ブラックベルベットは、カナディアンクラブとカナディアンウイスキー第2位の座を争っています。

❸ カナディアンミスト *Canadian Mist* サゼラック社

カナディアンミスト

アメリカのバートンブランズ社が自社ブランド「カナディアンミスト」の原酒を生産するために、1967年にヒューロン湖の東、ジョージア湾を望むコリングウッドに建設。1971年にブラウンフォーマン社が買収して原酒をルイヴィルにあるブラウンフォーマン蒸留所に運び、そこでアーリータイムズなどを加えてブレンド、ボトリングしていました。2020年にサゼラック社が買収して、現在は同社の傘下になっています。ベースウイスキーはほぼ100%トウモロコシ原料で、大麦麦芽と酵素剤を使って糖化、連続式蒸留機で95%のスピリッツを得ています。フレーバリングの原料はトウモロコシ、ライ麦、大麦麦芽で、これらを混合して仕込み、ビアスチルとダブラーで蒸留しています。カナディアンミストはカナダ国内にはほとんど出回っていませんが、アメリカでの人気が高く、販売量はカナディアンとして第4位。生産量は1,250万ℓほどといいます。

❹ ギムリ *Gimli* ディアジオ社

1968年、マニトバ州のウィニペグ湖の南西岸にあるギムリにシーグラム社によって建設されました。ギムリとは火山島であるアイスランドからの移民がつけた「火山地獄からの安全な避難場所」を意味します。シーグラムの蒸留所としては最後に残った蒸留所で、別名「クラウンローヤル蒸留所」。数々のブランドを出していましたが、シーグラム社がオーナーであった時代は、バーボンのフォアローゼズがブレンドに使われていました。現在は生産の9割がクラウンローヤルとなり、2015年にはカナディアンの売上げNo. 1となっています。

広大な敷地では生産設備のほか、46棟の熟成庫があり、200万以上の樽が眠っています。年間の生産能力は約3,300万ℓ。シーグラムの酒類事業撤退により、現在はディアジオ社がオーナーとなっています。

クラウンローヤル

❺ グレンオラ *Glenora* ロウチー・マクリーン

1989年にブルース・ジャーディン氏によりノヴァスコシア州に設立。スコットランドのモリソンボウモア社で研修を受けて操業を始めましたが、まもなく閉鎖となり、1995年にロウチー・マクリーン氏にオーナーが代わってから再操業をはたしています。マッシュタンもウォッシュバックも、2基ある蒸留器もすべてスコットランドのフォーサイス社製。年間25万ℓの生産能力ですが、現在は約5万ℓを造っています。

グレンオラの佇まいは、まるでスコットランドの蒸留所のよう。

ノヴァスコシアとは「ニュースコットランド」の意味で、スコットランド移民の多い州です。現オーナーのマクリーン家はもともとヘブリディーズ諸島のラム島の出身といいます。蒸留所にはホテルやコテージ、レストラン、売店を併設して観光客の誘致にも積極的に取り組んでいます。

⑥ ハイラムウォーカー *Hiram Walker* ペルノリカール社

1858 年、スコットランドの移民の子孫であるハイラム・ウォーカーによってオンタリオ州ウィンザーに建設されました。ここを中心に町がつくられ、1882 年頃に誕生した「カナディアンクラブ」の成功が現在の繁栄につながっています。1890 年には地名も正式にウォーカーヴィル（ウォーカーの町）となりました。アメリカの禁酒法時代にはデトロイト川の川底に秘密のトンネルを建設し、大量のウイスキーを対岸のデトロイトに密輸したといいます。

カナディアンクラブではトウモロコシ主体のベースウイスキーと、トウモロコシ、ライ麦、ライ麦芽、大麦麦芽などの原料を個別に仕込んだフレーバリングウイスキーの2つがあり、それをニュースピリッツの段階でブレンドしてから（ベースとフレーバリングの比率は7対3くらい）、樽詰めするのが特徴です。この手法は「プレブレンディング」と呼ばれ、原酒同士が馴染み合うため、よりまろやかな風味になるといわれています。また寒冷な気候に対応するため、熟成庫はヒーティングシステムを備えており、常時 17 ～ 18℃に保たれています。

ビアスチル、ダブラーの各セットのほかに多塔式のコラムスチル、ポットスチルがあり、年間 5,500 万ℓの生産規模をもっています。これはカナダのみならず北米最大規模になります。カナディアンウイスキーとしては、販売量第3位。日本では圧倒的シェアと人気を誇り、カナディアンの第1位となっています。現在カナディアンクラブのブランド権はビームサントリー社が所有していますが、蒸留所そのものはペルノリカール社の傘下となっています。

オンタリオ州ウィンザーにあるカナディアンクラブの蒸留所。

カナディアンクラブ

❼ フォーティクリーク *Forty Creek* カンパリ社

ナイアガラの滝にほど近い、オンタリオ湖の南西岸に位置しています。旧名はキトリングリッジ蒸留所で、オードヴィーとブランデーの製造を目的に造られた小さな蒸留所ですが、自社でボトリングまで行っています。1992 年からライウイスキーを造るようになり、「カナディアンウイスキーの革命児」といわれるようになりました。コラム式連続蒸留機と小型のポットスチルを備えているのが特徴で、2014 年にイタリアのカンパリ社が買収。「カリブークロッシング」という製品も出しています。

❽ ハイウッド *Highwood* ハイウッドディスティラーズ社

カルガリーの南方約 50㎞のハイリバーに 1974 年創業。年間生産能力は 250 万ℓ。設立当時の名称はサニーベール（Sunnyvale）蒸留所でしたが、1984 年に現在の名前に改称されています。小麦を原料にコラムスチルでウォッカやブレンデッド用のスピリッツ、ラムやリキュール、またオードヴィーも造ってきました。2005 年にポッター蒸留所を買収。ウイスキーはチャコール濾過を施した「ホワイトオウル」のほか、「カナディアンロッキーズ」「センチュリーリザーブ」「ナインティ」などのブランドがあります。

❾ ヴァレーフィールド *Valleyfield* ディアジオ社

1945年にシェンレー社が建設した別名「シェンレー蒸留所」。ケベック州モントリオールの西郊にあり、オンタリオ州との境に位置します。「シェンレーOFC」や「ギブソンズファイネスト」などを造っていましたが、1981年に国内のビジネスマングループに売却され、1987年にはUD社が買収。1990年にギネス・UD合弁企業の所有となりました。現在はディアジオ社の傘下になっています。コラムスチルによる生産能力は年間2,350万ℓ。「カナディアンシュープリーム」「コロニーハウス・ブレンデッドライ」といったブランドがあります。

4 カナディアンウイスキーのクラフト蒸留所

カナダのクラフト蒸留所については、日本で紹介されているものはほとんどありませんが、ここ10年で多くの蒸留所が誕生しています。カナディアンウイスキーについて書かれた『Canadian Whisky』（Davin de Kergommeaux著）という本では、60を超すクラフト蒸留所が紹介されていて、計画中のものも含めるとその数は100以上といわれます。そのうちの3分の1を占めるのがカナダ西部、ブリティッシュコロンビア州の蒸留所です。同州はもともとイギリス、スコットランドからの移民も多く関係が深かったこと、さらに同州だけのクラフト蒸留所優遇措置があり、これもその理由かと思われます。特にバンクーバー周辺、さらにバンクーバー沖に浮かぶヴィクトリア島には、現在のクラフトブーム以前からマイクロディスティラリーの建設が相次いでいました。それらの蒸留所はスコッチの伝統にならい、フォーサイス社製のポットスチルでモルトウイスキーを造るところが多かったのですが、現在のクラフト蒸留所はドイツやアメリカ製のハイブリッドスチルや、小型のコラムスチルを使ってウイスキー以外のジンやウォッカ、スピリッツ、そしてウイスキーもモルトウイスキーだけでなく、ライウイスキーなどを造るのが特徴です。

前者の典型的な蒸留所がヴィクトリア島に2016年にオープンした、ヴィクトリア・カレドニアン蒸留所で、この蒸留所を実現させたのは3人のスコットランド人でした。しかもスコッチ業界で知らない者はいないというビッグネーム。ひとりはアイラ島出身で、元ラガヴーリン蒸留所の所長を務めたマイク・ニコルソン氏。カナダ人と結婚した娘に請われてバンクーバーに渡り、そこで蒸留所建設に加わりました。もうひとりは数々の蒸留所のコンサルタントを務めた故ジム・スワン博士で、さらに共同経営者として熟成のオーソリティであるグレアム・マッカローニー博士も加わっています。もちろんスチルはフォーサイス社製で、本格スコッチスタイルのモルトウイスキーを造っています。他にもヴィクトリア島には15を超えるクラフト蒸留所が存在します。

オンタリオ湖、ミシガン湖など五大湖周辺にも多くのクラフト蒸留所が誕生している。写真は先住民族のトーテム。

■カナディアンウイスキー関連年表

西暦	事柄
1776	アメリカの独立宣言。独立を嫌った英国王室支持派がカナダに移住してライ麦や小麦などを栽培。五大湖周辺で製粉業が発達し、余剰穀物からウイスキーを蒸留。
1857	オンタリオ州キッチナー近郊のウォータールーに蒸留所開設（シーグラム社の創設年となる）。
1858	ハイラムウォーカーがアメリカ・ミシガン州デトロイトの対岸、オンタリオ州ウィンザーに蒸留所を建設し創業。1890年、町の名前がウォーカーヴィルとなる。
1882	ハイラムウォーカー、「ウォーカーズ・クラブ・ウイスキー」で成功し「クラブ」を商標登録。後にカナディアンクラブとなり、カナディアンウイスキーは世界で認知されていく。
1898	禁酒の是非を問う国民投票を実施。禁酒派がわずかに禁酒反対派を上回るものの、政府は連邦の問題とすることを回避。19世紀末にはオンタリオ州だけで約200の蒸留所が存在したとされるが、同時に女性人権運動、禁酒運動も広がりをみせる。
1908	L.M.モンゴメリ、小説『赤毛のアン』（原題Anne of Green Gables）をボストンで発刊。
1916	州単位での禁酒法が成立。
1920～33	アメリカの禁酒法時代。「アメリカのウイスキー庫」として大量のウイスキーを製造。カナダは輸出を禁止しなかったため莫大な富を築く。国家財政の3分の1がウイスキーによる収入といわれる。
1928	ブロンフマン兄弟（サミュエルとアラン）がジョセフ・E・シーグラム社を買収。アメリカ禁酒法廃止後、アメリカに現地法人を設置。1950年代にかけてアメリカのロスヴィル・ユニオン・ディスティラーズ社、メリーランドディスティラリー社、フランクフォートディスティリング社、英国のロバートブラウン社など、多数の企業を買収し事業を拡大。
1931	ウエストミンスター憲章により、カナダが完全自治権を獲得。
1936	ハイラムウォーカー社、英国のバランタイン社を買収。
1939	シーグラム社、英国王ジョージ6世夫妻のカナダ訪問を記念し、「クラウンローヤル」を製造。後にプレミアムウイスキーとして一般にも販売。
1949	シーグラム社、シーバスブラザーズ社を買収し、スコッチウイスキー業界参入を開始する。最後の英領植民地だったニューファンドランドが、カナダ10番目の州として加わる。
1972	シーグラム社、日本でキリンビール、シーバスブラザーズ社と共同出資してキリン・シーグラム社を設立。1973年富士御殿場蒸溜所を開設、1974年「ロバートブラウン」を発売。
1989	スコッチタイプのシングルモルトウイスキーを造るグレンオラ蒸留所が創業。翌年生産を開始。
2000	シーグラム社が酒類事業から撤退し、ペルノリカールグループに引き継がれる。
2005	アライドグループがペルノリカール社により買収、統合される。アライドドメック社が所有していたハイラムウォーカー社の事業は、アメリカのフォーチュンブランズ社（ビーム社の前身）に引き継がれる。
2008	ディアジオ社がシェンレー蒸留所を買収。
2013	ブリティシュコロンビア州でクラフト蒸留所への優遇措置がとられ、以降蒸留所が急増する。
2014	オンタリオ州のキトリングリッジ蒸留所が、イタリアのカンパリ社に買収される。
2015	「Whisky Bible」2016年版で「クラウンローヤル・ノーザン・ハーベストライ」がワールド・ウイスキー・オブ・ザ・イヤーに選出される。
2018	サゼラック社（アメリカ）、オールド・モントリオール蒸留所を改修し、蒸留を再開。ディアジオ社より「シーグラムVO」「カナディアン83」ブランドを取得。
2019	ヘブンヒル社（アメリカ）、ブラックベルベット蒸留所を買収。
2020	サゼラック社、ブラウンフォーマン社より「カナディアンミスト」ブランドを獲得。
2021	カナダ総督にメアリー・サイモン氏が就任。
2022	ディアジオ社、クラウンローヤルの生産のためカーボンニュートラルの蒸留所をオンタリオ州セントクレアに建設すると発表。
2023	ニューファンドランド・ラブラドール州初のニューファンドランド蒸留所がシングルポットスチルウイスキーを発売。

第6章
WHISKY KENTEI

ジャパニーズウイスキー
Japanese Whisky

世界の5大ウイスキーのひとつに数えられるジャパニーズウイスキー。他の国々に比べて歴史は100年そこそこと浅いですが、その美味しさ、香味の豊かさでは定評があります。

なぜいま、日本のウイスキーが世界で注目されるのか。いつ、どのようにして始まったのか。〝スコッチの弟分〟といわれるジャパニーズですが、その違いは——。ジャパニーズを知ることで、ウイスキーの新しい世界が見えてきます。

1 日本について

面積…約37万8,000㎢

人口…約1億2,399万人

首都…東京（人口約979万人［区部］）

主要都市…横浜（約377万人）、大阪（約277万人）、名古屋（約233万人）、京都（約144万人）

【地理・気候】

日本は領土のすべてが大小の島からなる島国です。本州・北海道・九州・四国の4島で構成される日本列島を中心に、6,800以上の島々で形成されています。日本列島はユーラシア大陸の東、太平洋北西の沿海部に位置し、北東から南西へと約3,000㎞におよぶ弓なりの形状となっています。また、国土の総面積は約37万8,000㎢で世界第61位。約70％が山岳地帯となっていて、そのうちの68％を森林が占めています。日本の大部分は四季の変化に富む温帯湿潤気候に属し、多くの地域で夏は高温多湿となり、冬は寒く乾燥します。また、国土が南北に長いため、寒冷な北海道と温暖な南西諸島といったように、南北の気温などに大きな違いが見られることも日本の気候の特徴です。

日本の年間降水量は約1,700㎜と、世界平均（約880㎜）の約2倍という多さです。スコットランドに比べても雨量は多いですが、年間を通して平均的に雨の降るスコットランドに対し、季節風の影響を受ける日本では、夏は太平洋側で、冬は日本海側でそれぞれに雨量が多くなります。他の東アジアの国々にも広く分布する温暖湿潤気候は、気温の上がる夏季に雨量が増えるため稲の生育に適し、日本でも伝統的に稲作が盛んに行われてきました。そのため、日本では米を原料とした日本酒などを中心に飲酒文化が発展し、各酒類メーカーでは、ビールやウイスキーの原料の一部として米を使用するケースもみられます。

2 ジャパニーズウイスキーの歴史

【国産本格ウイスキーの誕生】

日本で本格的なウイスキー蒸留所が創設されたのは1923（大正12）年のことでした（蒸留開始は1924年）。国内第1号蒸留所は、現在も操業を続けるサントリー山崎（やまざき）蒸溜所で、寿屋（ことぶきや）（現サントリー）の創業者・鳥井信治郎（とりいしんじろう）が創設しました。山崎蒸溜所の建設にあたり、鳥井が蒸留技師として招いたのが、本場スコットランドでウイスキー造りを学んだ竹鶴政孝（たけつるまさたか）だったのです。

サントリーの創業者、鳥井信治郎。

広島の造り酒屋に生まれ、大阪の摂津（せっつ）酒造に就職していた竹鶴は、同社の阿部喜兵衛（あべきへえ）社長の命を受けて1918年にスコットランドへ留学します。スペイサイドのロングモーン蒸留所やキャンベルタウンのヘーゼルバーン蒸留所でウイスキー製造を学んで帰国しましたが、摂津酒造でのウイスキー製造計画が頓挫し、中学の化学教師となっていました。鳥井はそうした経験を持つ竹鶴を破格の待遇で寿屋に迎え入れ、山崎蒸溜所の初代工場長に抜擢しました。

ニッカウヰスキーの創業者、竹鶴政孝。

こうしてスタートした本邦初の本格ウイスキー製造にあたり、竹鶴はスコットランドで得た知識と経験を生かし、国産大麦の使用やピートを使った製麦、ポットスチルの形状や石炭直火焚きでの蒸留、さらには樽熟成の手法にいたるまで、スコッチの伝統的な手法を踏襲しました。蒸留所の創設から6年、最初の蒸留から4年が過ぎた1929（昭和4）年4月に、「サントリーウイスキー」（通称、白札（しろふだ））が発売され、これが国産第1号の本格ウイスキーとなりました。

【ジャパニーズウイスキーの足跡】

　戦前から戦後にかけて、後に竹鶴が興した大日本果汁株式会社（現ニッカウヰスキー）やトミーウヰスキーで知られた東京醸造、東洋醸造や大黒葡萄酒(後のメルシャン)、本坊酒造など多くの企業がウイスキー事業に参入しました。また、高度経済成長期には、寿屋（サントリー）、大黒葡萄酒（当時はオーシヤン）、大日本果汁（ニッカ）が牽引するウイスキーブームが起こり、各都市の酒場には3社の名を冠したバーが急増しました。

ベンチャーウイスキー秩父第1蒸溜所では、世界初というミズナラ製の発酵槽10基が稼働する。

　さらに、ウイスキーの貿易が自由化された1970年代には、国際的なメーカーであるシーグラム社などが資本参加したキリン・シーグラム社（現在のキリンディスティラリー）が誕生しています。1980年代には、サントリーのオールドが年間約1,240万ケースを売り上げるなど、ウイスキーは「日本の国民酒」といわれるまでの地位を確立しました。また、この頃には地方の酒造メーカーがこぞってウイスキー造りに乗り出す、いわゆる「地ウイスキーブーム」も起こりましたが、1983（昭和58）年をピークに日本のウイスキー消費は減少に転じ、90年代終わりからミレニアムにかけてはピーク時の6分の1くらいまで消費量は落ち込んでしまいました。

　しかし、近年はシングルモルトをはじめとするプレミアムウイスキーの人気やハイボールブーム、さらには国際的な酒類コンテストにおけるジャパニーズウイスキーの連続受賞などで、国内のウイスキー消費は回復を果たしています。さらに過去にウイスキー造りを行っていた兵庫県の江井ヶ嶋酒造や、鹿児島の本坊酒造が本格的にウイスキーの製造を再開。2008（平成20）年には日本初のクラフトディスティラリーであるベンチャーウイスキー秩父蒸溜所が稼働し、世界的な注目を集めるなど、国内外でジャパニーズウイスキーの評価や人気は急激な高まりを見せています。特にここ2〜3年は全国にクラフト蒸留所が次々と誕生し、その数は計画段階のものを入れて110カ所を超え、空前のウイスキーブームに沸いています。

3 ジャパニーズウイスキーの定義

ジャパニーズウイスキーは酒税法が定める①のイ、ロ、ハの定義があります。イはモルトウイスキー、ロはグレーンウイスキー、ハはそれを10%以上混和したブレンデッドウイスキーと考えられますが、世界のウイスキーの定義から見たら不十分。それで日本洋酒酒造組合が2021年に策定したのが、②の製造基準でした。ただしこれは組合の内規であって、組合員でなければ関係なく、また罰則規定もないとう、定義とは程遠いものでした。そこで現在、これを法制化するための新たな団体がつくられ、諸外国と同じ法制化への準備が進められています。

①酒税法が定めるウイスキーの定義

イ　発芽させた穀類及び水を原料として糖化させて、発酵させたアルコール含有物を蒸留したもの（当該アルコール含有物の蒸留の際の留出時のアルコール分が95度未満のものに限る。）

ロ　発芽させた穀類及び水によって穀類を糖化させて、発酵させたアルコール含有物を蒸留したもの（当該アルコール含有物の蒸留の際の留出時のアルコール分が95度未満のものに限る。）

ハ　イ又はロに掲げる酒類にアルコール、スピリッツ、香味料、色素又は水を加えたもの（イ又はロに掲げる酒類のアルコール分の総量がアルコール、スピリッツ又は香味料を加えた後の酒類のアルコール分の総量の100分の10以上のものに限る。）

②ジャパニーズウイスキーの表示に関する基準

原材料		原材料は、麦芽、穀類、日本国内で採水された水に限ること。なお、麦芽は必ず使用しなければならない。
製法	製造	糖化、発酵、蒸留は、日本国内の蒸留所で行うこと。なお、蒸留の際の留出時のアルコール分は 95 度未満とする。
	貯蔵	内容量 700 リットル以下の木製樽に詰め、当該詰めた日の翌日から起算して 3 年以上日本国内において貯蔵すること。
	瓶詰	日本国内において容器詰めし、充填時のアルコール分は 40 度以上であること。
	その他	色調の微調整のためのカラメルの使用を認める。

【酒税法】

日本の酒税法では1989（平成元）年まで、ウイスキーを原酒の混和率などによって特級、1級、2級などに区分して課税する級別制度が採用されてきました。この級別制度では、他の酒類に比べてウイスキーの酒税は最も高い水準にありましたが、1989年の酒税法改正によって、級別区分が廃止され、その税負担は軽減されました。その後、数回の税率変更を経て、現在は清酒に次いで低い税負担率となっています。

4 ジャパニーズウイスキーの製造と特徴

スコッチの伝統を踏襲してきたジャパニーズウイスキーは、5大ウイスキーの中で最もスコッチに近い特徴をもっています。造られるウイスキーの種類もスコッチと同様にモルトウイスキーとグレーンウイスキー、両者を混和したブレンデッドウイスキーとなりますが、なかにはスピリッツや中性アルコールなどを混和した製品も存在します。

白州蒸溜所のコフィー式連続式蒸留機。2013年5月から本格稼働を始めた。

モルトウイスキーの原料となる二条大麦は国産品が使われる場合もありますが、おもにスコットランドやイングランド、フランス、ドイツ、オーストラリア、カナダなどから輸入されています。それに対して、グレーンウイスキーの原料となるトウモロコシはアメリカからの輸入が約9割を占め、小麦はおもにアメリカやカナダ、オーストラリアから輸入されています。

ウイスキーの製法については、スコッチとほぼ同様の手法が採用されています。しかし、スコッチと違って他社の蒸留所と自由に樽の交換や売買を行う習慣がないので、各社がそれぞれ多様な原酒を造り分ける必要があります。そのため、独自の酵母選定や多彩なポットスチルによる蒸留、日本の自然環境に合った熟成の工夫など、各社がバリエーション豊かな原酒を造り分ける技術を発達させてきました。なかでも、サントリーの山崎・白州(はくしゅう)や、ニッカの余市・宮城峡(みやぎきょう)、キリンの富士御殿場(ふじごてんば)に代表されるように、ひとつの蒸留所で多彩なモルト原酒やグレーン原酒を造り分ける複合蒸留所は、他国では見られない日本独自の特徴的な存在といえます。

また、日本固有のオークとしてはミズナラがあり、ミズナラ樽で熟成されたウイスキーはオリエンタルな香味を纏(まと)うとして、世界のウイスキーファンから、近年高い評価を得ています。

5 主要ウイスキーメーカーと蒸留所

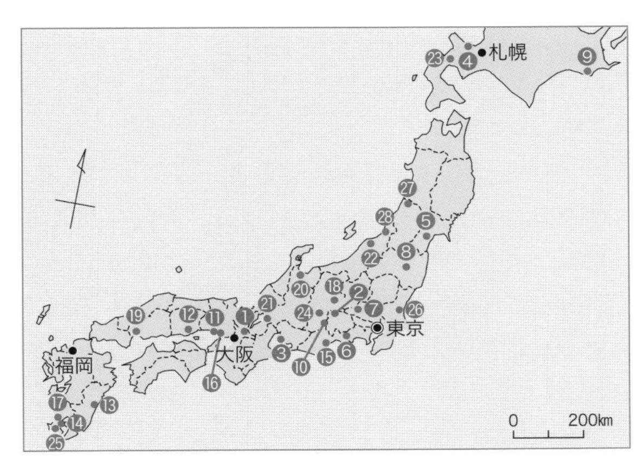

日本ではウイスキー製造免許を持つところが、かつては限られており、メルシャンの軽井沢(かるいざわ)蒸留所や東亜(とうあ)酒造の羽生(はにゅう)蒸留所のように、閉鎖されてしまったところもありました。しかし世界的なジャパニーズウイスキー人気を受けて日本酒、焼酎、ビールの生産者がウイスキー製造に参入するケースが増えています。さらに、それまでまったく酒造経験のなかった個人や異業種からの参入も相次いでおり、いま日本は空前のクラフト蒸留所ブームに沸いています。その数は計画段階のものを入れると110を超えています。さらにジンやラム、スピリッツの蒸留所も含めれば、その数は300近くになります。

Chaser 11

初めてウイスキーを飲んだのは浦賀の与力 !?

日本人で初めてウイスキーを飲んだのは、ペリー来航時に浦賀で交渉にあたった、当時の与力と通訳だったといいます。ペリーが黒船4隻で江戸湾に姿を現したのは嘉永6年、1853 年7月のことで、幕府に開港を迫るのが目的でした。幕府はもちろん、江戸中が大騒ぎ。「上喜撰（蒸気船）たった四杯で夜も眠れず」という狂歌もつくられましたが、とにかく幕府は浦賀に回航するよう説得。ここで外交交渉にあたったのが浦賀奉行の家来だった与力と通訳だったのです。

小舟で旗艦サスケハナ号に乗り込んだ与力一行は、そこで西洋の料理や酒でもてなされ、特に初めて口にするウイスキーがいたく気に入ったようなのです。当時のペリー側の記録には、「日本人にはジョン・バリーコーンが、ことのほかよく効く」と書かれているとか。ジョン・バリーコーンというのは大麦を原料としたウイスキーの愛称で、西欧ではよく使われる言葉です。酔って顔を真っ赤にし、千鳥足で船から降りていく役人の顔が目に浮かぶようですね。

サントリーの概要

1899（明治32）年に鳥井信治郎が大阪で創業した鳥井商店が前身で、当時は甘味葡萄酒等の製造販売を行っていました。1906年に寿屋洋酒店と改称。翌1907年には赤玉ポートワインを発売して大成功を収め、そこで得た資金をもとに、1923（大正12）年、山崎蒸溜所の建設に着手しました。同社は当初から巧みな広告戦略で知られ、多くの大ヒットウイスキーを世に送り出し、戦後のウイスキーブームを牽引。日本のウイスキー業界で最大の企業へと成長を遂げています。

会社名はその後、2代目社長・佐治敬三（さじけいぞう）時代の1963（昭和38）年に現在のサントリー株式会社へと改められました。モルトウイスキー造りにおいては、山崎・白州蒸溜所ともに、タイプの異なる仕込み・蒸留機器を揃え、個性豊かな原酒のバリエーションを造り分ける複合型の蒸留所を構成しています。グレーンウイスキーの製造も愛知県知多の知多蒸溜所や、白州蒸溜所内に導入した連続式蒸留機で、多彩なグレーン原酒を造り分けています。

熟成庫も山崎・白州両蒸溜所とは別に、滋賀県の近江市に巨大な集中熟成庫群を保有し、100万樽近い原酒の貯蔵を行っています。海外ではスコットランドのモリソンボウモア社を所有し、さらに2014（平成26）年にはジムビームやメーカーズマークを所有する米ビーム社を約1兆7,000億円で買収。現在はディアジオ社、ペルノリカール社に次ぐ世界第3位のプレミアムスピリッツメーカーに躍進しています。

国産第1号の本格ウイスキー、通称「白札」。

山崎蒸溜所の敷地内には創業者である鳥井信治郎と、2代目・佐治敬三親子の銅像が飾られている。

❶ サントリー山崎蒸溜所　サントリー

日本初の本格モルトウイスキー蒸留所として、サントリーの創業者である鳥井信治郎が1923（大正12）年に建設に着手しました。蒸留所の建設にあたって、いくつかの候補の中から選ばれたのが京都郊外（所在地は大阪府）の山崎の地でした。

天王山（てんのうざん）山系の麓に位置する山崎は、桂（かつら）川、宇治（うじ）川、木津（きづ）川の3つの川が合流することで霧が発生し、湿潤な気候となっています。また、この地に湧く水は日本の名水百選にも選ばれ、千利休（せんのりきゅう）が茶を点てたことでも有名です。山崎の地が選ばれたのは、こうした気候条件や名水の存在、そして大阪などの「大消費地から近い」という理由からでした。蒸留所は1924年11月に完成し、製造を開始。1929（昭和4）年には国産本格ウイスキー第1号となる白札を発売。その後は、設備の見直しや蒸留所の改修が幾度も行われ、現在はそれぞれに形状が異なる8基の初留釜と、同じく8基の再留釜で多彩なモルトウイスキー原酒を製造しています。ほかにも木製とステンレス製の発酵槽やさまざまな種類の樽による熟成、さらにはポットスチルの加熱方法も直火と間接加熱を使い分け、約100種類のモルトウイスキー原酒を造り分ける、世界でも稀な蒸留所です。

山崎蒸溜所生誕100周年を機に、2023年には施設を大改修、またフロアモルティングを再開しました。

サントリー シングルモルトウイスキー 山崎

蒸留所はJR山崎駅から歩いて10分ほどと交通の便も良く、多くの観光客が訪れる。

❷ サントリー白州蒸溜所　サントリー

山崎開設50周年となる1973（昭和48）年に、サントリーが山梨県白州町（現北杜（ほくと）市）に建設したのが、白州蒸溜所です。蒸留所は南アルプス・甲斐駒ヶ岳（かいこまがたけ）の麓に広がる森の中に位置し、「森林公園工場」というコンセプトのもとに設計されました。約82万㎡の広大な敷地内には、バードサンクチュアリ（野鳥の聖域）を設けるなど、自然環境を重視した蒸留所となっています。

近くを名水百選にも選ばれる尾白（おじら）川が流れ、この川と同じ水系となる、甲斐駒ヶ岳周辺の花崗岩層に磨かれた軟らかな天然水を仕込水に使用。蒸留所の敷地内には、同社のミネラルウォーター「南アルプスの天然水」の工場も併設されています。

木製の発酵槽で発酵を行うのも白州蒸溜所の特徴です。また、ピート麦芽（スコットランドからの輸入）による仕込みや直火での蒸留など、伝統的な製法にこだわり、個性豊かな原酒を生んでいます。

2014年にポットスチルを増設し、容量はさまざまですが、ストレート型とランタン型の初留8基、再留8基合計16基の蒸留釜でモルトウイスキー原酒を造り分けています。さらに連続式蒸留機も2013年に導入し、モルトだけでなくグレーンウイスキーの生産も可能になっています。

蒸留所内には森が見えるバー、ショップ、博物館も併設し、休日ともなれば多くの観光客でにぎわう人気スポットとなっています。

白州蒸溜所のウイスキー博物館。かつての山崎のキルンを模している。

サントリー シングルモルトウイスキー 白州

❸ サントリー知多蒸溜所　サントリー

愛知県知多市、伊勢湾に臨む名古屋港の一角に位置するサントリー知多蒸溜所。1972 年にサングレイン知多蒸溜所として創設され、翌 73 年から本格稼動を開始した日本最大のグレーンウイスキー蒸留所です。サントリーウイスキー製造拠点として、「響」や「角瓶」をはじめとするブレンデッドウイスキーの原酒や、「サントリーウイスキー 知多」が造られています。

知多蒸溜所の特徴は、高さ 30m にもおよぶ巨大な連続式蒸留機。モロミ塔、抽出塔、精留塔などで構成されており、この組み合わせによってさまざまな味わいのグレーンウイスキーを造りだすことが可能で、複数のタイプのグレーン原酒を造り分けています。連続式蒸留機は一度稼動すると1カ月以上にわたり蒸留を行いますが、その間 24 時間体制で厳しく品質が確認されています。山崎や白州と違って、残念ながら蒸留所の一般見学は受けつけていません。

「知多」のラベルの文字は、書家・荻野丹雪氏によるもので、白いラベルには和紙を使用。ボトルキャップも「濃藍（こいあい）」を線状に重ねたキャップシールをあわせ、軽やかな風を表現。「風香る知多」の風味を想起させるものになっています。2022 年には従来の連続式蒸留機とは別に、新たなカフェ式連続蒸留機を導入し、さらなるグレーンウイスキーの多様な香味を追求しています。

敷地内にある巨大な連続式蒸留機。

サントリー ウイスキー 知多

ニッカウヰスキーの概要

寿屋を退社した竹鶴政孝が、1934（昭和9）年に大日本果汁株式会社として設立。ウイスキー造りの理想郷と見初めた北海道余市町に蒸留所を建設しました。社名を大日本果汁としたのは、製品化までに時間を要するウイスキー製造の資金繰りのため、リンゴ果汁（ジュース）の製造販売などを行っていたからです。ウイスキー造りを開始したのは創業3年目の1936年のことで、1940年に同社第1号ウイスキーとなる「ニッカウ井スキー」を発売しました。ニッカとは大日本果汁の日と果をとって付けられたものです。戦後は独自のウイスキー製造販売と並行し、国内各社にモルト原酒を供給していた時期もあります。

1952年には社名をニッカウヰスキー株式会社と改め、大株主である朝日麦酒（現アサヒビール）の資本でコフィー式（ニッカでは「カフェ式」）連続式蒸留機をスコットランドから導入しました。これにより良質なグレーンウイスキーの製造が可能となり、1964年には余市モルトと自社グレーンを混和した本格ブレンデッド、ハイニッカを発売。その後1969年にはニッカ第2の蒸留所となる宮城峡蒸溜所も完成させています。

余市と宮城峡の両蒸溜所では、竹鶴の経験からスコッチの伝統を取り入れ、スコッチに近いとされるスタイルを確立しました。余市に現存する石炭直火焚きのポットスチルや、宮城峡蒸溜所で稼働を続けるカフェ式連続式蒸留機など、現在ではスコットランドでも見られなくなった伝統的な手法でウイスキーを製造しています。

海外ではスコットランドのベンネヴィス蒸留所を1989（平成元）年に買収。2001年にはアサヒビールのグループ会社となり、現在はサントリーに次ぐ、ジャパニーズウイスキー第2位のメーカーとなっています。

余市蒸溜所の竹鶴政孝像。

第1号のニッカウ井スキー（左）。右は当初販売していたリンゴジュース。

❹ 余市蒸溜所　アサヒビール（ニッカウヰスキー）

ニッカウヰスキーを創業した竹鶴政孝が、「ウイスキーは北の大地で造るもの」という信念のもと、1934（昭和9）年に北海道余市町に創設しました。

蒸留所が位置する余市町は、海に近いため年間を通して冷涼で湿潤。近くには豊かな森や余市川の湿地帯も広がり、寒冷で潮風が吹くスコットランドに似た気候風土を持つこの土地こそ、竹鶴が考えたウイスキー造りの理想郷でした。

さらに、当時はピートや石炭、原料の大麦、樽にするミズナラの木が多く自生するなど、モルトウイスキー造りに必要なものすべてが余市町周辺や道内で揃うことも、竹鶴が余市にこだわった理由とされています。

スコッチウイスキーの伝統にこだわった余市蒸溜所では、世界で唯一となった石炭直火蒸留を現在も行い、力強く香ばしい独特のモルトウイスキーを生んでいます。蒸留所には竹鶴がスコットランド留学中に出会い結婚したリタ夫人と暮らした家や博物館、カフェ、レストランもあり、敷地内の建物の10棟が国の重要文化財に指定されています。

そのため、観光スポットとしても高い人気を誇り、年間50万人を超える人々が、北の大地の蒸留所を訪れます。特にNHK連続テレビ小説『マッサン』放送中は100万人に迫る観光客が訪れたといいます。

シングルモルト 余市

世界唯一の石炭直火蒸留。火加減の調整は熟練の技だ。

❺ 宮城峡蒸溜所　アサヒビール（ニッカウヰスキー）

余市に続く第2の蒸留所として、1969(昭和44）年に創設されました。蒸留所が位置するのは、宮城と山形との県境に近く、新川(にっかわ)と広瀬(ひろせ)川が合流する豊かな水と緑に恵まれた土地です。候補地を探している時、新川の水で「ブラックニッカ」の水割りをつくり、それを飲んだ竹鶴政孝が、この地での蒸留所建設を即断したといわれていて、それを記念した碑が川のそばに建てられています。

小さなポットスチルで石炭直火蒸留を行い、力強い個性を持つ余市に対し、宮城峡蒸溜所では大型のバルジ型ポットスチル8基でスチームによる間接加熱を行い、繊細で華やかなモルトウイスキー原酒を生んでいます。余市がハイランドタイプだとすると、この宮城峡はローランド、スペイサイドタイプだといわれます。

さらに、ニッカウヰスキーではグレーンウイスキーの品質向上を目指し、1963年にカフェ式（コフィー式）連続式蒸留機を当時の西宮工場に導入しました。その連続式蒸留機は1999（平成11）年に宮城峡蒸溜所へと移され、現在ではスコットランドでも稀な存在となった、カフェ式連続式蒸留機によるグレーンウイスキーやモルトウイスキー（カフェモルト）、さらにカフェウォッカやカフェジンの製造も行っています。

宮城峡もビジターセンターや有料試飲ができるバー、ショップなどが充実し、多くの観光客が訪れる人気の蒸留所となっています。

シングルモルト 宮城峡

新川のほとりには竹鶴政孝がここに決めた記念の碑がある。

❻ 富士御殿場蒸溜所　キリンディスティラリー

1972（昭和47）年にキリンビール、JEシーグラム、シーバスブラザーズ社の3社合弁によりキリン・シーグラム社が設立され、翌1973年に静岡県御殿場市の富士山麓に蒸留所を開設しました。蒸留所の建設にあたっては、世界的なウイスキーメーカーであったシーグラム社とシーバスブラザーズ社のノウハウや技術が惜しみなく提供され、それが現在も同社のウイスキー造りのベースとなっています。1974年には第1号ウイスキーとなるロバートブラウンを発売。その後も、数多くのウイスキーを市場に投入しています。なお、同社は2002(平成14)年にキリンビール傘下となり、キリン・シーグラムからキリンディスティラリー株式会社に社名を変更しています。蒸留所が位置する富士山麓の御殿場には、富士の豊富な伏流水をはじめ、年間を通じて冷涼な気候や、霧が発生しやすい湿潤な気候など、ウイスキー造りに適した条件が揃っています。創設当時から、モルトウイスキーとグレーンウイスキーを同じ場所で生産する複合蒸留所として設計され、モルトウイスキー造りにはシーバスブラザーズ社、グレーンウイスキー造りにはシーグラム社とシーバスブラザーズ社の技術が投入されています。モルトウイスキー用のポットスチルは形・大きさの違う3系統が稼働しています。グレーンウイスキーではマルチカラムの連続式蒸留機に、ケトルと呼ばれるバッチ式蒸留器や、バーボンなどに使用されるダブラー蒸留器も組み合わせ、多彩な原酒を製造しています。

キリン シングルブレンデッド
ジャパニーズウイスキー 富士

富士御殿場蒸溜所。富士の伏流水が仕込水だ。

⑦ 秩父蒸溜所　ベンチャーウイスキー

ベンチャーウイスキー社は肥土伊知郎（あくといちろう）氏が2004（平成16）年に創業。肥土氏は江戸時代から続く造り酒屋の生まれですが、父の代で経営が悪化し、埼玉県羽生市にあった蒸留所は売却されることに。その際に原酒を引き取り、その原酒にフィニッシュを施すなどしてボトリングした「イチローズモルト」を企画し、ウイスキーファンの間で大きな話題を呼びました。

2007年には、故郷である埼玉県秩父市にモルトウイスキー蒸留所を竣工。2008年に製造免許を得てウイスキー製造の専門企業として生産を開始し、2011年に秩父の原酒を使った初のシングルモルト、秩父ザ・ファーストを発売しました。

秩父蒸溜所の仕込みはワンバッチ麦芽400kgと極小サイズ。ローラーミルはアランラドック社製ですが、マッシュタンとポットスチルはスコットランドのフォーサイス社製。発酵槽は国産のミズナラ材を選択。これは世界で唯一のミズナラ製発酵槽となっています。

現在は埼玉産の大麦を使ったフロアモルティングも行うなど、絶えずチャレンジを続け、樽も自前でつくれるようになっています。「売れば即完売」といわれるほど国内外で圧倒的な人気を誇り、世界中のウイスキー愛好家から〝世界のイチロー〟と称賛されています。今日の日本のクラフト蒸留所ブームの立役者で、2019年には秩父第2蒸留所も完成し、2カ所でウイスキーの生産を行っています。

ポットスチルは2基ともスコットランドのフォーサイス社製。

イチローズモルト 秩父 レッドワインカスク

❽ 安積（あさか）蒸溜所　笹の川酒造

福島県郡山市にある笹の川酒造が創業 250 周年を記念し、2015 年に再開したのが、安積（あさか）蒸溜所です。笹の川酒造は、昭和 50 ～ 60 年代の〝地ウイスキーブーム〟の頃から一升瓶入りのチェリーウイスキーなどを生産し、一世を風靡してきました。この安積蒸溜所の設立によって新たに本格的なモルトウイスキーの製造を始めたことになります。

笹の川酒造は、現在の秩父蒸溜所の前身である旧羽生蒸留所が閉鎖された時、行き場のなくなった樽を自社の貯蔵庫で引き受けたという経緯があり、安積蒸溜所の製造プランには、ベンチャーウイスキーの肥土伊知郎氏のアドバイスが随所に活かされています。仕込みはワンバッチ麦芽 400kgと極小規模。マッシュタンとポットスチルは三宅製作所製。発酵槽は 6 基稼働しており、5 基はダグラスファー（米松）材の木桶、1 基はステンレス材。

シングルモルト安積
2023 Edition

❾ 厚岸蒸溜所　堅展実業

創業者・樋田（といた）恵一氏が「アイラモルトのようなウイスキーが造りたい」という夢を叶えるため、北海道の厚岸町に 1,000 坪の土地を手に入れたのが 2014 年暮れのこと。その後、2016 年 11 月に正式に生産を開始。樋田氏はもともと食品原材料を輸入する商社の２代目でしたが、スコッチのシングルモルトに出会い、蒸留所設立の夢を描くようになったといいます。厚岸町を選んだのも、冷涼で湿潤という気候がアイラ島に似ていること、牡蠣がとれることが決め手になりました。蒸留所は、スコットランドのフォーサイス社がマッシュタンから発酵槽、スチルに至るまですべてを手がけた、日本で初めての蒸留所で、初年度に３万ℓ、２年目以降は 10 万ℓ以上を生産しています。2020 年からは年に４回、「二十四節気シリーズ」をリリースしています。

シングルモルト
ジャパニーズウイスキー 白露

⑩ 井川蒸溜所　十山

大井川の最上流部、標高約1,200mの大自然の中にある井川蒸溜所。日本一標高の高い蒸留所で、糖化槽や発酵槽、ポットスチルなどはすべて三宅製作所製。2020年10月に完成し、11月から蒸留を開始しました。

仕込水は蒸留所周辺の湧水。ワンバッチの仕込み量は1トンで、フルロイターのマッシュタンを使用し、発酵槽は容量6,000ℓのステンレス製が4基。ディスティラリー酵母とエール酵母を併用しています。スチルは初留・再留ともストレート型。初留器に5,000ℓ、再留器に2,500ℓ張り込み、72〜61%でミドルカット。標高が高いので、沸点が平地より4℃ほど低くなるとか。熟成には主にバーボン樽とシェリー樽を使用。2021年からは自社林の倒木や間伐材となったミズナラ、栗などを使って樽の製作も始めています。

南アルプスの山中、一般車は通行できない奥地にある。

⑪ 江井ヶ嶋蒸留所　江井ヶ嶋酒造

創業は江戸時代の1679（延宝(えんぽう)7）年と古く、清酒「神鷹(かみたか)」の醸造元として有名です。山梨県北杜市にワイナリーを持ち、シャルマンワインも生産しています。同社は1888（明治21）年に会社組織となり、1919（大正8）年よりウイスキー造りに着手。1984（昭和59）年から稼働する現在の施設では、2基のストレート型ポットスチルでモルトウイスキーを製造しています。

おもに、地元向けにホワイトオークブランドなどのブレンデッドウイスキーの生産を行ってきましたが、近年のシングルモルトブームを受け、現在はシングルモルトにも力をいれています。「あかし」はブランド名で、蒸留所が明石海峡に面していることから付けられました。近年のジャパニーズウイスキーブームで、ボトルは全国のコンビニの棚にも並ぶようになりました。

シングルモルト江井ヶ嶋
QUARTET

⑫ 岡山蒸溜所　宮下酒造

総合酒類メーカーとして日本酒をはじめ、ビール、焼酎、梅酒などさまざまな酒を造ってきた宮下酒造。2011 年にウイスキー製造免許を取得し、2015 年から本格的な蒸留を開始しました。麦芽は岡山県産の二条大麦スカイゴールデンなどを使用し、仕込水は旭川の伏流水を地下 100m から汲み上げています。蒸留器はドイツのホルスタイン社製のハイブリッドスチル。モロミを低温で発酵させることで、クリアな香り高いウイスキーに仕上げるなど、これまでの酒造りで培った技術をウイスキー造りにも応用しています。

2017 年 6 月には酒食を楽しみながら、スチルを眺めることのできるレストラン「酒工房独歩館」を敷地内にオープン。JR 岡山駅から 1 駅の西川原・就実駅が最寄り駅で、地元の人にも人気です。同年 10 月には数量限定で「シングルモルトウイスキー岡山」を発売しています。

シングルカスク岡山
2023ミズナラカスク

⑬ 尾鈴山蒸留所　尾鈴山蒸留所

「百年の孤独」など本格焼酎を造る黒木本店が、別蔵として1998年に開設したのが尾鈴山蒸留所。その名の通り、宮崎県にそびえる尾鈴山の山中にあります。

2019年、後を継いだ黒木信作氏によってウイスキー造りを開始。自社畑で原料となる「はるしずく」「はるか二条」などの大麦を育てています。ステンレスの容器（バット）を使って製麦も行い、仕込みはワンバッチ800kg。モルトミルとマッシュタンは三宅製作所製で、地元産の杉を使った発酵槽は焼酎との兼用です。

発酵槽は15基。初留は焼酎用のステンレス蒸留器で、再留には三宅製作所の銅製ポットスチルを使用。焼酎用の蒸留器は2基で、それぞれ直噴式と間接式蒸留ができる仕組みとなっています。2023年には3年熟成を経たジャパニーズウイスキーのシングルモルトが発売されました。

OSUZU MALT
Chestnut Barrel

⑭ 御岳（おんたけ）蒸留所　西酒造

鹿児島の桜島を構成する山々を御岳と呼びますが、その桜島を望む薩摩半島の山中で2019年からウイスキー造りを始めたのが御岳蒸留所です。運営するのは芋焼酎「宝山」シリーズで知られる西酒造。

ワンバッチの麦芽量は1トンで、麦芽は基本的にノンピート。製造設備は、すべて三宅製作所製。ステンレス製のロイタータンは容量6,300ℓ。発酵槽は6,600ℓのステンレス製が5基。イーストは自社保有の酵母を使用しています。ポットスチルは初留器がストレート型、再留器がバルジ型。どちらもラインアームの角度は上向きで、香り高く、味わい深い原酒を目指しています。熟成にはシェリー樽を中心にバーボンバレル、ミズナラ樽のほか、ニュージーランドのピノノワール赤ワインカスクなども使用。今後は「天使の誘惑」の樽も使用する予定だとか。

御岳
THE FIRST EDITION
2023

⑮ ガイアフロー静岡蒸溜所　ガイアフロー

代表の中村大航（たいこう）氏は異業種からウイスキー造りの世界に飛び込んだという経歴の持ち主。ベンチャーウイスキーの肥土伊知郎氏のアドバイスを受け、蒸留酒の輸入販売をしながら経験を積み、2016 年に製造免許を取得、ガイアフロー静岡蒸溜所を立ち上げました。蒸留所の建物は、静岡産の檜を内外装に使い、日本の美と西洋文化の融合をテーマに、静岡在住の米国人建築家によってデザインされました。また世界初となる静岡産の杉製の発酵槽や地元の薪を使った直火焚き蒸留など、随所に「地元の風土に根ざした、自然と調和するウイスキー」というポリシーが貫かれています。

1回の仕込みは麦芽1トンで、軽井沢蒸留所（旧メルシャン）から移設したスチルとフォーサイス社製の薪直火によるスチルを使い（初留量）、数種類の異なったタイプの原酒を造っています。

静岡 ユナイテッド S

⑯ 海峡蒸溜所　明石酒類醸造

明石酒類醸造の清酒「明石鯛」は海外でよく知られ、英国中の一流レストランのメニューに載っているほど。そのインポーターがトルベイグ蒸留所を所有するマルシアビバレッジ社傘下に入り、ウイスキーの製造を明石酒類醸造に打診。2017年から蒸留を開始したのが海峡蒸溜所です。トルベイグとは姉妹蒸留所で、製造データのやり取りを行っています。仕込みはワンバッチ麦芽700kg。現在、使用するのはノンピート麦芽のみ。マッシュタンはセミロイタータンで、発酵槽は温度管理ができるステンレス製が1基と、フォーサイス社製のステンレス製が2基。2022年に木桶を増設、2024年には発酵槽を4基追加し、8基になる予定とか。ポットスチルは初留・再留ともフォーサイス社製のバルジ型で、ネックが細く長いのが特徴です。貯蔵庫は3段のダンネージ式。

フォーサイス社製のポットスチル。
右が初留釜、左が再留釜。

⑰ 嘉之助(かのすけ)蒸溜所　小正嘉之助蒸溜所

鹿児島の焼酎メーカー、小正醸造が 2017 年に始動させたのが嘉之助蒸溜所です。鹿児島県日置市、吹上浜に面した砂丘の上にあり、約 9,000㎡の広々とした敷地にコの字型に蒸留所が建てられていて、雄大な東シナ海に沈む夕陽を眺めることができます。4代目小正芳嗣氏が創業から 140 年の焼酎造りで培った技術を活かしたウイスキーの蒸留所で、現在 7 年目。「嘉之助」という名は、同社の本格米焼酎「メローコヅル」を生んだ2代目の名前で、芳嗣氏の祖父にあたります。蒸留所には三宅製作所製の容量 6,000ℓ、3,000ℓ、1,600ℓの3基のスチルがあり、それぞれラインアームの角度が微妙に異なります。異なる形状のスチルを使うことで、多彩な原酒を生み出しています。定番はシングルモルト嘉之助を含む 3 商品。

シングルモルト嘉之助

⑱ 小諸蒸留所　軽井沢蒸留酒製造

台湾のカバラン蒸留所でマスターブレンダーだったイアン・チャン氏が参画して、長野県小諸市でオープンしたのが小諸蒸留所。2023年7月に正式オープンしました。

仕込みはワンバッチ麦芽1トン。使用するのはノンピート麦芽ですが、毎年12月にはピート麦芽も仕込む予定。マッシュタンはフォーサイス社製のロイタータン。発酵槽はステンレス製5基、ダグラスファー製5基の計10基。ポットスチルはフォーサイス社製の初留1基、再留1基の計2基ですが、初留より再留のほうが大きいのが小諸の特徴。発酵槽1基で得られたモロミ約5,000ℓを初留釜に張り込み、初留2回分の約7,000ℓを再留釜に張り込みます。それによりリッチでコクのある酒質を目指しています。

バーを併設したビジターセンターもあり、見学ツアーも開催しています。

蒸留所はガラス張りのモダンな建物

⑲ SAKURAO DISTILLERY　サクラオブルワリーアンドディスティラリー

広島県西部の廿日市市のサクラオブルワリーアンドディスティラリーは、瀬戸内海の海辺に位置しており、世界遺産宮島の対岸にあります。1918 年に地元の酒造メーカーの合資会社としてスタートし、主に甲類焼酎などを造ってきましたが、創業 100 周年を迎える 2017 年に蒸留所をオープンさせました。ポットスチルはドイツのホルスタイン社製の蒸留器が2基で、これでウイスキーも造るほか、1 基でジンも製造。2018 年に発売された広島初のジン「桜尾ジンオリジナル」は、レモン、ネーブル、夏ミカン、ユズ、檜など広島産ボタニカルを使って蒸留。「桜尾ジンリミテッド」では、ジンの要となるジュニパーベリーも広島産の希少なネズミサシ（ネズの一種）の実を使用しています。2023 年には自社製造のモルト・グレーンを使用した「ブレンデッドウイスキー戸河内」をリニューアルリリースしました。

シングルモルト
ジャパニーズウイスキー 桜尾

⑳ 三郎丸蒸留所　若鶴酒造

水田に囲まれ、冬は多くの雪が降る富山県西部砺波（となみ）市に位置する若鶴酒造は、1862（文久２）年から酒造りを行う老舗酒造です。ウイスキー造りにおいてもその歴史は古く、２代目稲垣小太郎氏がウイスキー造りに参入。1953 年には若鶴酒造最初のウイスキー、「サンシャインウイスキー」を発売しました。その後、工場や倉庫などが全焼する火災に見舞われましたが、奇跡的に復興。そこから約 60 年の歳月が経ち、老朽化した蒸留所を半年かけて改修。設備を刷新して 2017 年７月に再オープンしたのが三郎丸蒸留所です。

2019 年には高岡市の老子（おいご）製作所と共同開発した、世界初の鋳物のスチル〝ZEMON〟を設置し、それでウイスキーの蒸留を行っています。また早くから観光客受け入れにも力を入れ、年間２万人を超える観光客がやって来るといいます。

シングルモルト三郎丸0 THE FOOL

㉑ 長濱蒸溜所　長濱浪漫ビール

滋賀県長浜市は琵琶湖の北東側にあり、羽柴秀吉の時代に長浜城の城下町として栄えた、歴史情緒にあふれた町です。その琵琶湖の畔、長浜市に 1995 年に長濱浪漫ビールが設立されました。それから約 20 年後の 2016 年、醸造所内に２基の小さなスチルを導入してオープンしたのが長濱蒸溜所です。

ビール工房らしく、麦芽の粉砕から仕込み、発酵まではビールと兼用しており、麦芽は主にスコットランド産です。３基のポットスチルはポルトガルのホヤ社製で、ヒョウタンのような形をしたアランビック型です。初留釜は容量 1,000ℓのものが２基、再留釜は容量 1,000ℓのものが１基です。また廃校になった小学校や旧国道の廃トンネル、琵琶湖に浮かぶ竹生島など、個性的な場所で熟成を行っているのもユニークな点です。

シングルモルト長濱
THE SECOND BATCH

㉒ 新潟亀田蒸溜所　新潟小規模蒸溜所

2021年2月から蒸留を開始した新潟亀田蒸溜所。ワンバッチは麦芽400kg。仕込水は阿賀野川の水で、麦芽は英国産のほか、地元新潟産の「ゆきはな六条」も使用。2022年夏には中国製の全自動製麦機を導入しました。

アランラドック社のローラーミルで麦芽を粉砕し、糖化にはチーマン社製のフルロイタータンを使用。3基あったステンレス製発酵槽をガルベロット社のホワイトオーク製に切り替え、従来からのアカシア材発酵槽と合わせて、10基が現在稼働中です。

ポットスチルはフォーサイス社製で、初留が2,000ℓのランタン型、再留が1,400ℓのバルジ型。2022年夏には、初留器・再留器ともにサブクーラーを設置しました。また同年には新たな生産棟を建設。米を使ったグレーンウイスキーと、ラムの製造を行います。

空調の効くラック式の熟成庫。

㉓ ニセコ蒸溜所　ニセコ蒸溜所

リゾート地として知られる北海道ニセコ町に、2021年3月に蒸留を開始したのがニセコ蒸溜所です。仕込水は硬度30mg/ℓの地下水。ワンバッチ1トンの仕込みを年間約100回ほど行っています。モルトミルはビューラー社製で、マッシュタンはスロベニア・SK社製のステンレスフルロイタータン。日本木槽木管製のダグラスファーのウォッシュバックが3基。マウリ社のピナクル酵母を使い、アルコール度数約7%のモロミを造っています。ポットスチルはフォーサイス社製が2基。初留器は5,000ℓのストレート型で、再留器は3,600ℓのバルジ型。「さまざまな要素が調和し、日本人の繊細な味覚に合うクリーンなウイスキー」を目指すといいます。

見学ツアー（要予約）も開催。ウイスキーだけでなく日本酒なども置いた併設店舗も充実しています。

初留器（左）と再留器（右）。

㉔ マルス駒ヶ岳蒸溜所　本坊酒造

本坊酒造は本格焼酎を生産するメーカーとして1872（明治5）年、鹿児島県に創業。1949（昭和24）年にはウイスキーの製造免許を取得し、1957年から鹿児島工場で、1960年からは山梨工場（石和）でも生産を行ってきました。1985年に、中央アルプスの麓、標高約800mの信州工場（現・マルス駒ヶ岳蒸溜所）に生産拠点を移しましたが、その後長らくウイスキーの生産は休止。2011（平成23）年2月に19年ぶりに再開され、現在は本格的なシングルモルトやブレンデッドなどを製造しています。

なお、摂津酒造で竹鶴政孝の上司であった岩井喜一郎が顧問として石和の蒸留所の建設などを手がけていたため、稼働する2基のポットスチルの形状からは、スコットランド留学から帰国した竹鶴が岩井に提出した「竹鶴ノート」が参考にされたことが想像できます。

シングルモルト駒ケ岳
2023エディション

㉕ マルス津貫蒸溜所　本坊酒造

本坊酒造が、マルス信州（現・駒ヶ岳）蒸溜所に次ぐ第2の蒸留所として2016年にオープンしました。鹿児島県南さつま市の緑あふれる山あいに佇むウイスキー蒸留所で、黒と赤の2色で構成された高いスクエアな建物が印象的です。薩摩半島南西部に位置する津貫は、万之瀬川支流の加世田川に沿って長くのびている盆地にあり、夏は暑く、冬は雪が積もるほど寒さが厳しいといいます。ひとつの会社で複数のウイスキー蒸留所を持つのはサントリー、ニッカに次ぐ快挙であり、本坊酒造は屋久島にもウエアハウスを持っているため、2蒸留所、3エージング体制を実現させています。そのため、「同じ原酒を3つの異なる環境で熟成させたらどうなるのか」という点にも注目が集まっています。観光客の誘致にも積極的で、ショップだけでなくバーも用意されています。

シングルモルト津貫
2023エディション

㉖ 八郷（やさと）蒸溜所　木内酒造

茨城県の木内酒造は清酒、焼酎、リキュール、ワイン等を造る1823（文政6）年創業の老舗蔵。「常陸野（ひたちの）ネストビール」を造る額田醸造所にハイブリッド式スチルを導入してウイスキー造りをスタート。その後2020年から八郷蒸溜所をオープンさせました。

地元の小麦や米を使った仕込みも試しており、マッシュタンは糖化槽がドイツのチーマン社製で、濾過槽がブリッグス社製のロイタータン。

発酵槽は木製4基と、屋外に設置されたステンレス製4基の計8基。

ポットスチルは初留も再留もフォーサイス社のストレートヘッド型。さらに2022年にはブリッグス社製ハイブリッドスチルを増設。これでグレーンウイスキーの製造を始めていて、石岡市に製麦棟も開設。ビジターセンターもあり、自社所有の大型バスを使ったツアーも開始しています。

ハイブリッドスチルを使い、地元・茨城の穀物を使った仕込みにこだわる。

㉗ 遊佐（ゆざ）蒸溜所　金龍

2018 年 10 月、山形と秋田の県境、鳥海山の麓に竣工したのが遊佐蒸溜所です。仕込みはワンバッチ麦芽 1 トン。麦芽はスコットランド産のロリエット種などを使っています。仕込水は水道水ですが、これは浄化された鳥海山の伏流水。製造期間は 9 月 15 日から翌年 7 月 15 日までの 10 カ月間で、年間約 300 回の仕込みを行っています。

製造設備は、設置から試験蒸留に至るまでフォーサイス社に一任。糖化槽はセミロイタータンで、容量約 7,400ℓの発酵槽が 5 基。初留器はストレート型、再留器はバルジ型。樽詰め度数は 63.5%で、バーボンバレルを中心に、シェリー樽、ワイン樽、ミズナラ樽も揃えています。

2022 年に「YUZA シングルモルト ジャパニーズウイスキーファーストエディション 2022」を発売しました。

YUZA シングルモルト
ジャパニーズウイスキー
スプリング・イン・ジャパン 2024

㉘ 吉田電材蒸留所　吉田電材工業

産業機器などの製造販売を行う吉田電材工業が設立し、2022年から稼働を始めた新潟県の吉田電材蒸留所。クラフト規模では日本初のグレーンウイスキー専業蒸留所です。「差別化を図りたかった」という松本匡史所長の決断で、アメリカンタイプの製造から始め、現在ではさまざまな穀物を原料としたグレーンウイスキーを製造している。また、他の蒸留所へのグレーンウイスキーの供給も始まっています。

仕込水は荒川の地下水。原材料にはデントコーンやライ麦芽、大麦麦芽など使用。3基の穀物ビン（容器）に入れて混合し、宝田工業製のハンマーミルで粉砕。それ以外の設備はすべてドイツのコーテ社製。クッカーはステンレス製。発酵槽もステンレス製で6基あります。スチルはヘルメット型ポットスチルと、7段コラムスチルのハイブリットタイプです。

デントコーンを使ったバーボンタイプのグレーンウイスキー造りはクラフトでは日本初。

Chaser⑫

日本初の蒸留所は奈良時代の寺院跡 !?

日本初のウイスキー蒸留所、山崎蒸溜所は人気の観光スポットとして年間 20 万人近い観光客が訪れますが、その真ん中に一本のまっすぐな公道が走っているのを、ご存知でしょうか。実はここは、かつて西観音寺という由緒あるお寺の跡地だったところで、西観音寺は天平時代の8世紀に僧・行基が建てたといわれています。公道の両側にはかつて多くの塔中が立ち並び、門前市でおおいに賑わったといいます。

ところが明治の廃仏毀釈で西観音寺は廃寺、本山は椎尾神社という神社に変わってしまいました。当然、門前の多くの寺は移転し、荒れ放題になっていました。そこに目をつけ、蒸留所用地として買収したのが寿屋の創業者、鳥井信治郎だったのです。蒸留所の真ん中に、今でも一本の公道と、その突きあたりに神社があるのはそのせいなのです。

それにしても、奈良時代のお寺がウイスキーの蒸留所に変身したというのも、面白い話ですね。

Chaser 13

「竹鶴ノート」の持っている意義とは

「昔、頭のよい青年が1本のペンで英国のドル箱であるウイスキーの秘密を盗んでいった…」。英国元首相のヒューム卿にそう言わせたのが竹鶴政孝の『実習報告』、通称「竹鶴ノート」です。B5判の大学ノート2冊に、びっしりと書かれたこのノートがなければ、日本のウイスキーは始まらなかったかもしれません。

竹鶴がスコットランドに留学したのは1918年（大正7）。グラスゴーの大学で聴講生として学ぶ傍ら、スペイサイドのロングモーンや、エジンバラ近くのボーネス蒸留所で実地の訓練を積みました。しかし本格的にウイスキー造りを学んだのは、キャンベルタウンのへーゼルバーン蒸留所です。

当時へーゼルバーンを所有していたマッキー社（のちのホワイトホース社）から実習許可がおりたのが1919年暮れから20年1月初めにかけて。竹鶴は将来を誓い合っていたリタと結婚し、船で5時間かかるキャンベルタウンに赴き、リタと新婚生活を送りながら、へーゼルバーンで3カ月間の実習に臨みました。

「竹鶴ノート」には原料の大麦や製麦の方法、糖化、発酵、蒸留、貯蔵に至るまで、モルトウイスキーの詳細な製造法が、手描きのイラストや、竹鶴自身が写した写真とともに、克明に綴られています。大麦の品種について記述がないことや、麦芽の挽き分けや樽の材についての言及がないなど、今日的な観点からみれば、疑問に思えることもいくつかありますが、100年前のスコッチの製法について、これほど詳細に綴った記録はどこを探しても存在しません。

「竹鶴ノート」の持っている意義は、これがなかったら日本のウイスキーは、ここまで本格的になっておらず、また今日のように世界で称賛されるウイスキーに育っていなかったということです。

さらに、スコッチにおいてもこのような詳細な記録は存在しません。100年前にスコッチではどんな造りをしていたのか。原料は何で、製麦、仕込み、発酵、蒸留、熟成はどうやっていたのか。このノートは、まさにそれを知る貴重な「歴史の証言者」でもあるのです。

2004年と14年にレプリカノートが作られていますが、どちらも非売品…。

■ジャパニーズウイスキー関連年表

西暦	和暦	事柄
1549	天文18	フランシスコ・ザビエルが鹿児島に来航、キリスト教を伝える。南蛮酒が持ち込まれる。
1600	慶長5	ウィリアム・アダムズ（三浦按針）大分県に漂着。家康に謁見し、所領を与えられる。
1639	寛永16	鎖国。南蛮貿易などで多くの洋酒がもたらされていたが、海外窓口は長崎などに限定。
1841	天保12	中浜万次郎、鳥島に漂着。アメリカの捕鯨船に救助されアメリカに渡る。「ランム」を紹介。
1853	嘉永6	アメリカのペリー来航。浦賀で政府役人にウイスキーを振る舞う。
1854	嘉永7	日米和親条約締結。13代将軍徳川家定にウイスキーが献上される。
1858	安政5	日米修好通商条約が調印される。次いで蘭、露、英、仏の各国とも同様の契約を結ぶ。
1859	安政6	横浜、長崎開港。外国人向けに洋酒の輸入が始まる。トーマス・グラバー長崎に来航。
1860	万延元	横浜に西洋式ホテルがオープン。ホテル内のレストランで洋酒がメニューに。
1868	明治元	明治維新。
1871	明治4	横浜山下町カルノー商会、猫印ウイスキー（肩張丸壜）を輸入。
1873	明治6	岩倉具視使節団、欧米から帰国。土産に「オールドパー」を持ち帰ったとされる。
1883	明治16	鹿鳴館で洋式の夜会舞踏会が盛んに。この頃模造ウイスキーが人気を博す。
1890	明治23	高峰譲吉、ウイスキー造りの技術指導を要請され、渡米。
1895	明治28	この頃イルゲス式の連続式蒸留機が日本に導入される。
1899	明治32	鳥井信治郎、鳥井商店を開業（寿屋創業）。
1902	明治35	日英同盟が成立。
1904	明治37	日露戦争勃発（～1905年）。東京・滝野川に醸造試験場が開設。
1906	明治39	鳥井商店、寿屋洋酒店に改称。神谷酒造、ウイスキーの製造を開始。
1907	明治40	寿屋洋酒店、甘味葡萄酒に改良を加えた「赤玉ポートワイン」を発売。
1911	明治44	摂津酒造、自社製造アルコールを使用したウイスキーを製造。日本、関税自主権を完全回復。
1918	大正7	竹鶴政孝、ウイスキーの製法を学ぶためスコットランド留学。
1923	大正12	関東大震災。寿屋、本格ウイスキーの製造をめざし大阪府山崎で蒸留所の建設に着手。
1924	大正13	山崎蒸溜所が竣工し、暮れから生産がスタート。
1929	昭和4	寿屋、日本初の本格ウイスキー「サントリーウ井スキー（白札）」を発売。
1934	昭和9	竹鶴政孝、北海道余市に大日本果汁を設立。
1937	昭和12	寿屋、「サントリーウ井スキー（角瓶）」を発売。東京醸造「トミーウヰスキー」を発売。
1940	昭和15	大日本果汁、第1号ウイスキー「ニッカウ井スキー」を発売。
1941	昭和16	真珠湾攻撃（太平洋戦争開始）。
1943	昭和18	ウイスキーを「雑酒」で1～3級別に分類。
1945	昭和20	広島、長崎に原爆投下。ポツダム宣言を受諾して太平洋戦争終戦。
1946	昭和21	寿屋、戦後改めて「トリス」ウイスキーを発売。大黒葡萄酒、「オーシヤン」ウイスキーを発売。
1950	昭和25	大日本果汁、初の3級ウイスキー「スペシャルブレンド」ウイスキーを発売。寿屋、「オールド」（当時1級）を発売。アロスパス式連続式蒸留機が日本に導入される。
1952	昭和27	大日本果汁、社名をニッカウヰスキーに変更。
1953	昭和28	酒税法の全面改正。級別は特級、1級、2級と呼称変更がなされる。貯蔵年数義務の撤廃。
1956	昭和31	大黒葡萄酒（現メルシャン）、軽井沢蒸留所でモルトウイスキー生産を開始。
1960	昭和35	本坊酒造、山梨県石和にウイスキー蒸留所を開設。
1963	昭和38	寿屋、社名をサントリーに変更。ニッカ、カフェ式蒸留機を西宮工場に導入。
1964	昭和39	東京オリンピック開催。
1969	昭和44	ニッカ、宮城県仙台市に宮城峡蒸溜所を開設。

西暦	和暦	事柄
1971	昭和46	ウイスキーの貿易が完全自由化。
1972	昭和47	サングレイン、知多蒸溜所を設立。札幌冬季オリンピック開催。沖縄返還。日中国交正常化。
1973	昭和48	サントリー、白州蒸溜所を開設。キリン・シーグラム、富士御殿場蒸溜所開設。
1974	昭和49	キリン・シーグラム、「ロバートブラウン」（特級）を発売。
1976	昭和51	三楽オーシヤン、初のシングルモルト「軽井沢」（特級）を発売。
1980年代		このころ地ウイスキーのブームが起こる。
1980	昭和55	サントリー、「オールド」の出荷が1,240万ケースと最高を記録。
1981	昭和56	サントリー、白州東蒸溜所を開設。
1983	昭和58	ウイスキー類の消費量が最高を記録。
1984	昭和59	サントリー、「ピュアモルトウイスキー山崎」を発売。
1985	昭和60	本坊酒造、長野県宮田村に信州工場を新設（現マルス駒ヶ岳蒸溜所）。
1986	昭和61	宝酒造、大倉商事、トマーティン蒸留所を買収。
1989	平成元	酒税法の級別制度廃止。ニッカ、ベンネヴィスを買収。サントリー、「響」を発売。
1994	平成6	サントリー、モリソンボウモア社を買収。「ピュアモルト白州」を発売。
1999	平成11	ニッカ、カフェ式蒸留機を西宮工場から宮城峡蒸溜所へ移設。キリン・シーグラム、「エバモア」を発売。
2000	平成12	ニッカ、「竹鶴12年ピュアモルト」を発売。
2001	平成13	ニッカ、アサヒビールと営業統合。「シングルカスク余市10年」が英国ウイスキーマガジン誌で、ベスト・オブ・ザ・ベストに選出される。
2002	平成14	サッカー・ワールドカップが日韓で共催。
2006	平成18	酒税法改正でウイスキーは蒸留酒類に区分される。キリン、メルシャンを買収。
2008	平成20	ベンチャーウイスキーの秩父蒸溜所が生産開始。ハイボールの人気が復活。
2011	平成23	本坊酒造のマルス信州蒸溜所（当時）が再稼働。東日本大震災が発生。軽井沢蒸留所が閉鎖。
2013	平成25	サントリー、山崎蒸溜所でポットスチルを45年ぶりに増設し、16基となる。サントリー白州蒸溜所、コフィー式連続式蒸留機を導入してグレーンを生産。
2014	平成26	サントリー、米ビーム社を1兆7,000億円で買収。ビームサントリー社が成立し、世界第3位のスピリッツメーカーとなる。NHK連続テレビ小説『マッサン』放送開始。
2016	平成28	本坊酒造・マルス津貫蒸溜所、ガイアフロー静岡蒸溜所、長濱蒸溜所、厚岸蒸溜所が開設。笹の川酒造の安積蒸溜所が再開。クラフト蒸留所の開設が続く。
2017	平成29	中国醸造、桜尾蒸留所を開設。小正醸造、嘉之助蒸溜所を開設。
2018	平成30	ウイスキー人気で原酒不足が深刻化。サントリー、響17年、白州12年を販売休止。
2019	令和元	鋳造スチルの「ZEMON」が三郎丸蒸留所に設置される。
2020	令和2	サントリー「山崎55年」発売。ワールドブレンデッド「碧 Ao」発売。アサヒ「ニッカSession」、キリン、シングルグレーン「富士」などを発売。堅展実業、二十四節気シリーズ第1弾「寒露」を発売。イチローズモルト　カードシリーズ全ボトルセットがオークションで1億5,000万円で落札される。
2021	令和3	日本洋酒酒造組合がジャパニーズウイスキーの基準を策定。4月1日が「ジャパニーズウイスキーの日」として認定される。嘉之助蒸溜所がディアジオ社と業務提携。貿易輸出金額でウイスキーが清酒を抜いてトップとなる。
2022	令和4	ウイスキーの輸出が561億円と最高額を更新。余市蒸溜所がリュニューアルオープン。
2023	令和5	本格ウイスキー誕生100周年。国内メーカー5社の協働による記念ウイスキーがそれぞれ製造され、イベントで提供される。ウイスキー製造免許の新規取得が25件、月光川、野沢温泉、小諸、養父、火の神など新たに23の蒸留所が稼働を開始。
2024	令和6	天鏡蒸溜所が稼働を開始。ベンチャーウイスキーが苫小牧蒸溜所の建設を進める。

第7章
WHISKY KENTEI

ウイスキーの製造工程

How to make whisky

ここまで5大ウイスキーについて、それが造られる国や地域の風土、法定義、歴史や実際の蒸留所、ブランドについて述べてきましたが、基本はモルトウイスキーとグレーンウイスキーの造りにあります。

ここでは、その2つに絞って、そのポイントになる事柄を整理しながら、より詳しくウイスキーの製造工程をまとめてみました。造りを知れば、よりウイスキーを楽しく飲むことができます。

1 モルトウイスキー

①製麦／モルティング

製麦には、ハイランドパークやボウモア、ラフロイグなどで見られる伝統的なフロアモルティングと呼ばれる手法と、近代的なサラディンボックス式やドラム式、タワー式などの方法がありますが、基本的な原理や操作はほぼ同じです。その工程は①収穫→②風乾→③保管→④選粒→⑤浸麦(しんばく)→⑥発芽→⑦乾燥→⑧除根、となります。

【収穫から選粒まで】

大麦は、スコッチでは一般的に二条大麦を用います。スコットランドでは、春大麦の収穫時期は8月下旬頃が一般的です。収穫直後の大麦の含水率は16〜20%程度。それを自然乾燥させ、含水率13%程度に落とします。収穫した大麦はすぐには発芽しません。それを「休眠期間（ドーマンシー）」といいます。そのため、乾燥させた大麦は一定期間（通常1〜2カ月間）保管します。浸麦前に大麦を粒径によって2〜3段階に分けます（選粒）。大きさを揃えることで吸水や発芽を均一にするためです。

【浸麦】

選粒した大麦を、スティープと呼ばれる浸麦槽で仕込水に浸します。スティープでは、数時間ごとに水を抜いて空気にさらし、また水を入れては抜くという「ウェット&ドライ」と呼ばれる作業を繰り返します。この工程を2〜3日繰り返すことで、大麦の含水率を45%程度まで上げます。大麦の粒底部に幼根が見えはじめれば、発芽の準備が整ったことになります。

【発芽】

発芽の準備が整った大麦を発芽床（発芽室）へと移し、大麦を一定温度に保ちつつ、たえず攪拌(かくはん)しながら空気を送り込みます。こうして5日〜1週間をかけて発芽を促し、麦粒の全長に対して芽の長さが8分の5から3分の2程度になった時点で発芽を完了させます。発芽中にデンプン糖化酵素が活性化し、芽を成長させるとともに、デンプンをアルコール発酵可能な糖分へと変えるのです。

発芽を行う発芽床には、人力で攪拌を行うコンクリート床のフロアモルティングの

ほか、網目状の細孔があいた床や巨大な容器で自動的に攪拌を行うサラディンボックス式、さらにドラム式などがあります。乾燥前の水分をたっぷりと含んだ状態の麦芽をグリーンモルト（green malt）と呼んでいます。現在、独自にフロアモルティングを行うのはスコットランドでも7〜8蒸留所のみとなっていて、大部分の蒸留所では、製麦を専門に行う製麦業者（モルトスター）から麦芽を仕入れています。

【乾燥】

発芽の進行を止め保存性を高めるために、熱源を当てて麦芽を乾燥させます。伝統的にキルンと呼ばれる乾燥塔で行われてきましたが、現在はフロアモルティングを行う一部の蒸留所でしかキルンは使われていません。キルンは、上階の床が細かなメッシュ状になっていて、その下でピートや無煙炭などを焚いて麦芽を乾燥させます。

■キルンで乾燥を行っているスコットランドのおもな蒸留所

蒸留所名	乾燥方法
ハイランドパーク	ピート乾燥8時間、無煙炭乾燥19時間 フェノール値約30〜40ppm 自家製麦芽の使用率25%。残りはシンプソンズ社などから仕入れるノンピート麦芽。平均フェノール値は10ppmほど
ボウモア	ピート乾燥10時間、熱風乾燥34時間 シンプソンズ社製と合わせて平均フェノール値25〜30ppm
ラフロイグ	ピート乾燥12時間、熱風乾燥15〜18時間 フェノール値50〜60ppm 自家製麦芽使用率約2割
スプリングバンク	スプリングバンク／ピート乾燥6時間、熱風乾燥30時間。12〜15ppm ロングロウ／ピート乾燥のみ48時間。50ppm ヘーゼルバーン／熱風乾燥のみ30〜36時間
バルヴェニー	ピート乾燥12時間、その後無煙炭乾燥。自家製麦芽使用比率10〜15%

スコッチなどに特徴的なピーティなフレーバーは、この工程で麦芽にピートを焚き込むことで生まれます。ピート燻煙に由来する香り成分（フェノール化合物）は多種にわたり、ヨード香と称される薬品臭やスモーキーと称される焦げ臭など、成分ごとに様々な香りを生じさせ、ウイスキーの個性のもととなります。また、乾燥はすべてをピートで行うと燻香が強くなりすぎるため、途中から無煙炭や熱風などに切り替えて

乾燥させるのが一般的です。乾燥後の麦芽（モルト）の含水率は約4～5%で、収穫直後の大麦よりはるかに乾燥していて、保存性が高いことが知られています。

【ピート】

ピート（peat）とは、シダやコケ類、草、灌木（かんぼく）、ツツジ科エリカ属の低木であるヒース（ヘザー）などが堆積してできた泥炭のことで、現在もヘブリディーズ諸島などでは家庭の燃料として利用されています。スコットランドでは、古くから麦芽の乾燥時にこのピートが熱源に用いられ、そのためスコッチ特有のスモーキーフレーバーやピート臭がもたらされたのです。

ピートは、4月から5月にかけてピートボグ（ピート湿原）から切り出され、3～4カ月かけて天日乾燥させます。ピートは15㎝堆積するのに約1,000年かかるともいわれ、堆積する植物によって麦芽に付与されるピートフレーバーも異なります。そのため、ラフロイグやハイランドパークなどの蒸留所では独自のピートボグを所有しています。

【除根】

乾燥した麦芽が水分を再吸収することを防ぐため、根を取り除く作業を除根といいます。麦芽の根は乾燥させると容易に取り除くことができます。この工程では、モルトスクリーナーと呼ばれる脱根機が使用される場合や、麦芽の選別作業（スクリーニング）の際に実施される場合があります。取り除かれた幼根はモルトカム（麦芽根）と呼ばれ、栄養分が豊富なため、ペレット状に加工して家畜の飼料などに利用されます。

【製麦業者】

モルトスターは、スコットランド産大麦に革命をもたらした1960年代後半のゴールデンプロミス種の登場以来、起業する会社が相次ぎ、スコットランドでも産業として発展しました。モルトスターでは近代的な設備を導入し、大量生産と品質の安定、低価格化を実現させています。燻香をつけるためのピートの焚き込み方の指定など、各蒸留所の細かなスペックに合わせた麦芽を供給しています。

②糖化／マッシング

麦芽から発酵に必要な麦汁（糖液、ウォート、ワート）を抽出する工程が糖化

（仕込み）です。この工程では、麦芽自体の酵素を作用させることで麦芽中のデンプンがアルコール発酵可能な糖類（発酵性糖類）に、そしてタンパク質がアミノ酸などに分解されます。その工程は以下の通りです。
①麦芽の粉砕→②マッシュタンへの投入（糖化）→③麦汁の抽出と冷却

【麦芽の粉砕】

麦芽の粉砕は2本のローラーがセットになったモルトミルで行います。多くの蒸留所では、ローラーが2組あるタイプのものが使われ、ローラーの幅や回転速度を調整して麦芽の挽き分けを行います。粉砕された麦芽のことをグリスト（grist）といいますが、グリストは粒の大きさによってハスク（husk）、グリッツ（grits）、フラワー（flour）の3部位に分けられます。粒径はハスクが1.4㎜超、グリッツが1.4～0.2㎜、フラワーが0.2㎜未満で、その比率は通常2：7：1となっています。ハスク（殻）を2割程度残すのは、麦汁を濾す際に天然の濾過材として用いるためです。

【マッシュタンへの投入】

グリストと約67～70℃に温めた仕込水をグリスト1：仕込水4の割合で混合機で混ぜておかゆ状（マッシュ）にして、マッシュタン（糖化槽）に投入します。マッシュタンの中では糖化酵素が最も反応する65℃程度に温度を調整し、レイキと呼ばれる熊手状の機械でゆっくりと攪拌します。マッシュは上下2層に分かれて、ハスクが濾過層を形成し、30分ほど静置しておくと、酵素反応が進行して麦芽中のデンプンが各種の糖に、タンパク質がアミノ酸に分解されます。

糖化を終えたワートをマッシュタンの底部から濾し出し、20℃前後に冷却します。こうして採取されたワートは一番麦汁と呼ばれ、その糖度は約20度ほどです。次に75℃程度に温度を上げた仕込水をシャワー状に上から注ぎ（スパージング）、同じ手順を繰り返します。これが二番麦汁で糖度は約5度、同様に三番麦汁は5度未満となります。

マッシュタンはロイタータンとも呼ばれ、回転するレイキに加え、底部に小さなスリットが入ったロイター板（濾し器）を備えた構造になっていて、麦汁の濾過やドラフ（麦芽の搾りカス）の掻き出しをスムーズに行うことができます。ステンレス製で蓋のついたものが主流ですが、スコットランドのブルックラディやエドラダワー、スプリングバンク、ディーンストンなど一部の蒸留所では鋳鉄製で蓋のない、昔ながらのオープンスタイルのものも使われています。セミロイタータンとフルロイタータンの違いは、セミロイターのレイキが上下に動かないのに対し、フルロイタータンはレイキが上下に動き、ハスクの沈殿がスムーズに行われる利点があることです。
　また、麦芽が持つ糖化酵素やタンパク質分解酵素は、75℃を超える温水を加えた時点で失活して、働かなくなってしまいます。そのため糖化工程においては、仕込水の温度管理に細心の注意が必要となります。

【糖化のメカニズム】

　糖類には大きく分けて発酵性糖類と非発酵性糖類がありますが、酵母はそれらのうちの発酵性糖類だけを食べて、アルコール（エタノール）と二酸化炭素に分解します。酵母が糖をアルコールと二酸化炭素に分解する作用を資化と呼びますが、非発酵性糖類を酵母が資化できないのは、簡単にいえば分子的に大きすぎるからです。
　酵母が資化できる発酵性糖類は、単糖類（ブドウ糖）から二糖類（麦芽糖）、四糖類程度の大きさの糖までです。たとえば大麦の主成分であるデンプンは、構造的にみるとグルコース（ブドウ糖）が多数結合したもので、そのグルコースがさらに繋がったアミロースやアミロペクチンなどが混在した複雑な多糖類です。こうした多糖類をデンプン分解酵素のアミラーゼなどの力で分解し、酵母が食べられる大きさの発酵性糖類に変えるのが、糖化工程の大きな目的です。

【麦汁の冷却】

　糖化を終えた直後の麦汁の温度は約60～70℃になり、そのまま次の発酵工程で酵母を投入すると、酵母が死滅してしまいます。そのため麦汁の温度を、酵母が働きやすい20℃前後に冷やす必要があります。その際、冷水などとの熱交換によって麦汁を冷却するヒートエクスチェンジャー（熱交換機）などが使用されます。かつては水平式のオープンワーツクーラーなども用いられてきましたが、現在では垂直型のラジエーター方式が主流となっています。

【麦汁の組成と清澄麦汁】

　糖化工程によって得られた麦汁には、さまざまな糖類やアミノ酸、脂質、ビタミン、ミネラル、ポリフェノール、ピートの燻煙成分や麦芽に由来する香味成分などが含まれています。ウイスキー造りではビールと違って糖化後に煮沸殺菌を行わないため、微生物や酵素類なども麦汁中に残り、次の発酵工程で多くの香味成分を生じさせる要因ともなります。また、近年の研究では麦汁の清澄度と酒質の関係も明らかにされてきています。清澄度の高い麦汁からは香気成分であるエステルの量が多い、軽やかでフルーティな酒質のニューポットができ、濁った麦汁からはエステル量の少ない、重みのある、モルティ酒質のニューポットができるとされています。

■麦汁中の糖類の構成例

（○…グルコース単位を表す）

炭水化物名（糖質）	通称	構造	構成比（%）
グルコース glucose	ブドウ糖	○	10
フルクトース　fructose	果糖	○	1
マルトース　maltose	麦芽糖	○-○	46
スクロース　sucrose	ショ糖	○-○	5
マルトトリオース　maltotriose	麦芽三単糖	○-○-○	15
マルトテトラオース　maltotetraose	（四糖類）	○-○-○-○	10
マルトペンタオース及びデキストリン maltopentaose、 dextrin	（多糖類）	○-○-○-○-○ ○-○-○-○…○	13

③発酵／ファーメンテーション

発酵とは、糖化工程で得られた麦汁に含まれる糖類を、酵母（イースト菌）の働きによってアルコールと二酸化炭素に分解し、最終的にアルコール度数7～9%ほどの発酵液（モロミ）を造る工程です。その手順は、①麦汁を冷却→②ウォッシュバック（発酵槽）に移す→③酵母を投入→④麦汁の糖類がアルコールと二酸化炭素に分解→⑤発酵液の完成、となります。

発酵液は、英語ではウォッシュと呼ばれ、主成分のエチルアルコールのほかに、高級アルコールやカルボニル化合物、酸、エステル類などの成分が含まれます。できあがるウイスキーの香味に影響する、こうした多様な成分をつくり出すことも、発酵の目的のひとつです。発酵時間の長短やウォッシュバック（発酵槽）の材質、さらにはどのような酵母を使用するかといった酵母の選択などによって、蒸留所ではそれぞれ個性豊かな発酵液を造り分けているのです。

【発酵のメカニズム】

酵母は麦汁中の糖やアミノ酸を食べて増殖し、エタノールや炭酸ガスのほか、さまざまな香味成分を生成します。通常、発酵開始から15〜18時間ほどがピークで、発生する炭酸ガスによって発酵液は激しく泡立ちます。そのため、ウォッシュバックの上部にはスイッチャーと呼ばれる回転するヘラ状の装置が取り付けられていて、このスイッチャーによって泡をつぶしながら作業を行います。そうしないと噴きこぼれてしまうからです。

発酵に要する時間は48時間程度で、蒸留所によっては70〜120時間というところもあります。アルコール発酵終了後のモロミの熟成期になると、酵母は死滅していきますが、代わって乳酸菌などの働きが活発になり、酵母が食べ残した糖類（非発酵性糖類）の一部を分解します（乳酸菌発酵）。すべての発酵工程が完了した時点で、発酵液はウォッシュチャージャーと呼ばれるモロミタンクに移されて、次の蒸留工程へとまわされます。

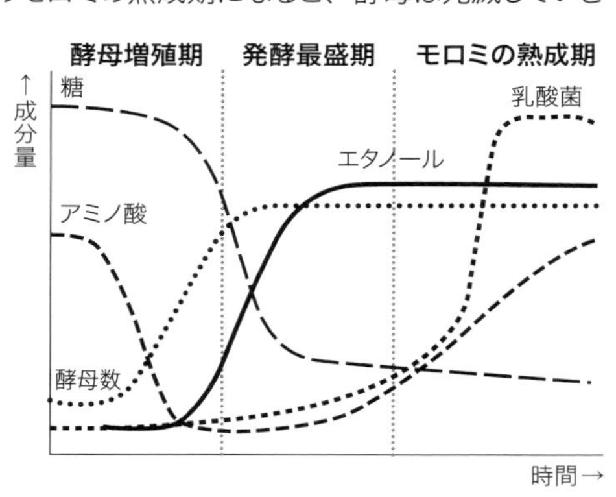

■発酵の進行状況

発酵期	特徴
酵母増殖期 （開始〜15時間）	酵母がアミノ酸、糖を食べて増殖する。 アミノ酸、糖は減少する。 酵母数は4〜10倍程度に増加する。 酵母は2億個/mℓ程度となり液面は濁って見える。
発酵最盛期 （15〜40時間）	モロミ温度が上昇し30〜34℃となる。 糖が減少し、酵母の炭酸ガス、エタノールの生成量が増加する。 ウイスキーの性質を形成するさまざまな物質が生じる。 アミノ酸の減少とともに、酵母の増殖も止まる。
モロミの熟成期 （酵母死滅期） （40〜48…120時間）	アルコール発酵が終了し、死滅酵母の数が増える。 非発酵性糖類を栄養源として乳酸菌が増加する。 酵母菌体内の成分（アミノ酸・脂肪酸）が流出し、乳酸菌の栄養となり、乳酸が生成される。

【発酵で生じる香気成分】

ウイスキーはビールの製造などとは違い、糖化後の麦汁の煮沸を行いません。そのため発酵中の麦汁には多種多様な微生物が存在します。それらの微生物よりも酵母の働きを優位に保つために、ウイスキー造りにおける発酵では、他の酒類に比べて酵母の添加量を多くする必要があります。

発酵のおもな目的は麦汁中の糖からアルコールを生成することですが、同時に液中の微生物が酵母と競争しながらさまざまな香気成分を生み出していきます。なかでも、エステル類をはじめとする数百種類の多様な揮発性成分は、次の蒸留工程で得られるニューポット（ニュースピリッツ）の特徴に大きく影響を与え、最終的にできあがるウイスキーの香味を左右します。

【発酵槽の容量と材質】

ウォッシュバックのサイズは蒸留所の規模などによって異なりますが、発酵時の泡立ちを考慮して内部に余裕空間（デッドスペース）が必要になるため、容量1万ℓから10万ℓと巨大なものとなります。形状は円筒形で、上部に炭酸ガスの泡を切るためのスイッチャー（泡切り装置）が取りつけられています。

ウォッシュバックの材質には、伝統的にダグラスファーやオレゴンパイン（どちらも米松（べいまつ））などの木桶が使用されてきましたが、最近では近代的なステンレス製のものを使用する蒸留所も増えています。ステンレス製は清掃や衛生管理が容易なのに対して、木製の場合は木桶に棲みつく乳酸菌などの微生物の影響により、より複雑な風味が得られるという特徴があります。近年はミズナラ材やオーク、アカシア、杉などを使用する蒸留所も現れました。

【乳酸菌発酵】

乳酸菌とは、乳糖やブドウ糖などの糖類を分解して乳酸を生む微生物のことです。乳酸飲料やチーズなどの乳製品、味噌醤油類、漬物の発酵などにも深い関わりを持ち、ウイスキー造りにおいても、酵母以外に活躍する微生物の代表的な存在となっています。乳酸菌は、発酵後期に酵母が食べ残した糖類を資化し、好ましい香味を生み出します。そのため、こうした乳酸菌発酵を利用することも、ウイスキー造りにおいては重要とされています。

④蒸留／ディスティレーション

発酵工程で得られたアルコール度数7〜9%のモロミを、度数の高い酒へと変えるのが蒸留工程です。水は1気圧のもとでは100℃で沸騰して気体となりますが、アルコールは78.3℃で沸騰します。酒類の蒸留では、こうした水とアルコールの沸点の違いを利用し、アルコール分を含む溶液からアルコールを分離・濃縮します。ウイスキーの場合、「モロミを蒸留器に移して加熱→気体となったアルコールを冷却して液体へと戻す」という作業を繰り返すことで、よりアルコール濃度の高い蒸留液（スピリッツ）が得られるのです。

【蒸留器の構造と材質】

ウイスキー造りで使用される蒸留器には、作業のたびに新たなモロミを充填する単式蒸留器（ポットスチル）と、モロミを連続的に投入する連続式蒸留機があり、モルトウイスキーの場合は単式蒸留器が使われます。ポットスチルは銅製ですが、その形状や大きさは蒸留所によって異なります。スコッチでは2回蒸留が基本で、1回目の蒸留を行うスチルを初留釜（ウォッシュスチル）、2回目の蒸留を行うスチルを再留釜（スピリッツスチル、あるいはローワインスチル）といいます。

ポットスチルのサイズや形状はさまざまですが、その構造はどれも同じです。ポットスチルはいわゆる「湯沸かし装置」であり、モロミを入れて加熱する釜の部分（ポット）と、蒸気のたまる空間部分のヘッド（またはネック）、蒸気が伝わっていく渡り部分のラインアーム、そして蒸気を再び液体へと戻す冷却部分であるコンデンサーによって構成されます。

初留釜と再留釜に大きな形状の違いはありませんが、泡立ちを目視するための覗き窓（サイトグラス）が初留釜には取りつけられています。材質はすべて銅製ですが、これは銅が手に入りやすいうえに加工しやすく、熱伝導にも優れていることが理由です。さらに、近年では蒸留中に銅を触媒としてさまざまな香味成分が形成されるほか、硫黄化合物などの不快な香気成分を除去・分離する効果が銅にあることもわかっています。

覗き窓のついた初留釜（プルトニー蒸留所）。

■ポットスチルの各部名称

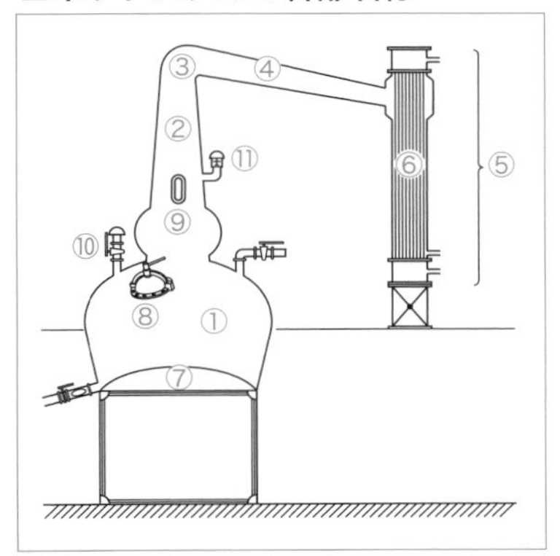

①ポット(釜部) pot/②ヘッド(ネック) head(neck)/③スワンネック swan neck/④ラインアーム lyne arm またはライパイプ lye pipe /⑤コンデンサー(シェル&チューブ式)condenser(shell & tube type)/⑥クーリングチューブ cooling tubes/⑦クラウン(底部、加熱部) crown/⑧マンホール manhole/⑨サイトグラス sight glass/⑩セーフティ・リリーフ・バルブ safety relief valve またはエアーバルブ air valve/⑪アンチ・コラプス・バルブanti-collapse valve またはシールポット seal pot

【蒸留器のサイズと形状】

ポットスチルの形状には、ボディとヘッドが直線的に結ばれているストレート型や、ボディとネックを繋ぐ部分にくびれがあるランタン型、ボディとネックの間に球体のようなふくらみを持つバルジ(ボール)型などがあります。モロミの性質や加熱方法による影響が大きいため、スチルの形状による影響の検証は難しいといわれますが、一般的にはストレート型で蒸留されたスピリッツは力強く重厚な味わいに、バルジ型やランタン型は軽くすっきりとした味わいの酒質になるとされています。

また、形状や加熱方法だけでなく、ポットスチルのサイズやネックの高さ、ラインアームの取付角度などによっても、できあがるウイスキーの酒質は異なってきます。

左がランタン型で右がバルジ型(クラガンモア蒸留所)。

【加熱方法】

ポットスチルの加熱方法は、直火焚きと間接加熱に大きく分けられます。直火焚きとは、ガスや石炭を熱源として釜の下から直接加熱する方法で、間接加熱とは、パイプなどを釜の内部に設置し、130℃前後の蒸気を通して加熱する方法です。最も伝統的なのは石炭による直火焚きですが、現在は日本の余市(よいち)蒸溜所くらいでしか行われていません。ガスによる直火焚きも、スコットランドのグレンフィディックやグレンファークラス、日本の白州（はくしゅう）や山崎（やまざき）など、ごく限られた蒸留所のみとなっています。

加熱方法による香味の違いは、直火焚きの場合、約1,000℃にもなる高温で加熱されることで熱反応が起き、香ばしいトースティーなフレーバーと、複雑な香味が生まれるとされます。それに対して間接加熱では、加熱温度が比較的低いため、軽くすっきりとしたフレーバーになるとされます。なお、間接加熱には蒸気を通すスチームパイプの形状によって、スチームコイルやスチームケトル、コイル&パンなど、いくつかのタイプがあります。さらにモロミや留液を外部に取り出し、熱交換によって加熱するエクスターナルヒーティングという、エネルギー効率に優れた方法もあります。

【コンデンサー（冷却器）】

コンデンサーは、ラインアームを伝わってきたアルコール蒸気を冷却して液体へと戻す役割をもっています。材質は銅製で、スコットランドの蒸留所では伝統的に、水を張った桶に通した蛇管（ワーム）をアルコール蒸気が通るワームタブ方式を採用してきました。しかし現在は、冷水が通る無数の管の表面でアルコール蒸気を冷やすシェル&チューブ式が主流となっています。こうした冷却装置のタイプによっても得られるスピリッツの酒質は異なります。

【初留の手順と役割】

モロミを初留釜に移し、直接または間接加熱によって蒸留を行います。初留はモロミ中のアルコール分をすべて取り出す全留方式で、アルコール濃度は約3倍に高められます。通常、作業は約4時間～8時間かけて行われ、流れ出る蒸留液の度数が1%以下になった時点で終了し、平均約22～25%の初留液（ローワイン）が採取されます。ローワインは初留釜のコンデンサーを通ってローワインレシーバーに貯められ、再留にまわされます。初留釜に残った廃液（スペントウォッシュ、ポットエール）は取り出されて麦芽の搾りカス（ドラフ）と混ぜ合わせ、ダークグレインと呼ばれる家畜の飼料などに加工されます。

【再留の手順と役割】

初留で得られたローワインを再留釜へと移し、2度目の蒸留を行います。再留では、アルコールや香味成分の濃縮と、香味を選択・分離することがおもな目的となります。そのため、スピリッツセイフという機器によって、ミドルカットと呼ばれる作業を行います。最初に流れ出るアルコール度数が高い前留分（フォアショッツまたはヘッズ）と、蒸留の終わりに近い後留分（フェインツまたはテール）がカットされ、最も好ましい中間の本留分（ミドルまたはハーツ）だけが次の熟成工程へとまわされるのです。

フォアショッツやフェインツには、有毒なメタノールや不快成分などが含まれているため、このミドルカットの幅ができあがるスピリッツの質に大きな影響を与えます。ミドルカットはスピリッツセイフと呼ばれる鍵付きのアルコール検度器で行われ、一般的にアルコール度数73〜63%程度までがハーツとして次の熟成工程へまわされ、ハーツ以外のフォアショッツやフェインツは、次のローワインと混ぜて次回の再留へとまわされます。

【3回蒸留】

通常、スコッチのモルトウイスキーでは2回蒸留を行いますが、スコットランドのオーヘントッシャン蒸留所やヘーゼルバーン（スプリングバンク蒸留所）などでは例外的に3回蒸留を行います。3回蒸留はアイリッシュの伝統といわれ、初留釜と再留釜の間に後留釜（中留釜）を設置する場合と、同じポットスチルを使って蒸留を繰り返す場合があります。3回蒸留ではアルコール度数80%以上のスピリッツが得られ、そのため雑味が少なくライトでクリーン、熟成が早く進むといった傾向があります。

⑤熟成／マチュレーション

できたばかりのニューポット（ニュースピリッツ）は、加水してアルコール度数を63%前後にしたうえで、樽に詰められて熟成に入ります。熟成の大きな目的は、刺激が強く荒々しい酒をまろやかで美味しいものへと変えることにあります。その期間は数年から10数年、ときには20〜30年以上にもおよび、セルロースやリグニン、ポリフェノールといった樽材から溶出する成分や、外気との接触によってさまざまな香味がウイスキーに付与されます。

ニューポットに加水して、樽詰めする。

【熟成のメカニズム】

ウイスキーの熟成では、よく「樽が呼吸する」という表現が使われます。具体的には、外気の温度が上がると樽と液体（ウイスキー）が膨張するため、樽内の気圧が外界に比べて高くなり、ウイスキー原酒に含まれるエタノールや揮発成分の蒸散が進みます。反対に、外気の温度が下がると樽とウイスキーが収縮して、樽内には外気が取り込まれます。こうして樽が「呼吸」することで、ウイスキー原酒から蒸留したての不快な香味成分が取り除かれ、同時に、わずかに樽内に取り込まれる酸素によって穏やかな酸化熟成やエステル化が進み、まろやかで複雑な味わいのウイスキーとなるのです。

また、熟成中に樽材成分であるリグリンやタンニン、ポリフェノールなども溶け出し、ウイスキー原酒へと溶け込んでいきます。樽熟成の進み方は3段階に分けることができます。初期段階では低沸点成分である硫黄化合物などが揮発し、第2段階では酸化・還元反応により香味成分の生成などが進みます。そして、第3段階ではアルコールと水の分子が結合して細かな分子塊（クラスター）を形成し、ウイスキー原酒の円熟味や旨みを増加させることがわかっています。

■樽材成分の溶出例とその香り

由来成分	生成物	香りの特徴
セルロース	グルコース 糖類	チャー（内面の加熱処理）により炭化層を形成 熟成香味成分の形成 チャーによるカラメル化で甘やかな香り
ヘミセルロース	多糖類	木香、熟成香、香味、甘味 チャーによるカラメル化でカラメル香、コーヒー香、アーモンド香、ココナッツ香、バター香など
リグニン	芳香族アルデヒド フェノール類	バニリン香（バニラ）、スパイシーな香り スモーキー、タール様、薬品臭
タンニン		熟成感強調、渋味、成分由来の香り
ラクトン		ボディ感、甘い香り

【樽の構造と特徴】

ウイスキーの熟成に使用される樽は、おもに専門の樽製造会社（クーパレッジ）で作られます。クーパレッジでは専門の樽職人たちが、手作業で樽を組み上げていきます。樽作りでは釘などの金属は使わず、材には液体の漏れを最小限に抑えるために柾目板(まさめ)のみが使われます。また、側板(がわいた)は熱処理によって曲げ加工が施され、樽の中央部がふくらみを持つ形状となっています。こうしたアーチ状の構造は、樽を転がして運ぶことと、強度を考慮したものです。

■樽の構成部分とその名称

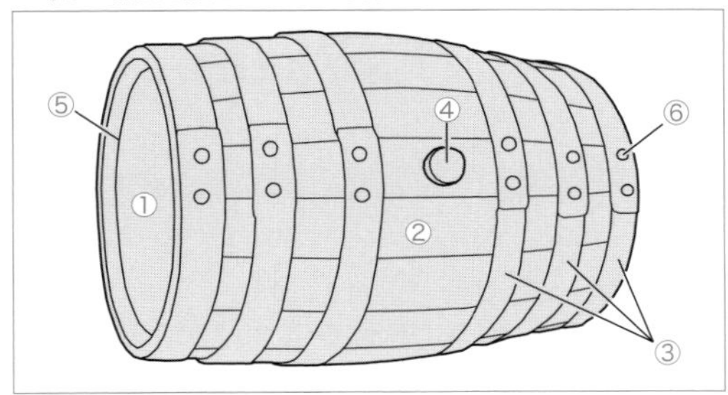

①鏡(circle heading)
②側板(stave)
③帯鉄(hoop)
④だぼ栓(bung)、だぼ穴(bung hole)
⑤アリ溝(croze)
⑥リベット(rivet)

【樽材としてのオーク】

ウイスキーの香味に大きな影響を与える樽には、すべてオーク(oak)が使われます。全世界に300種類以上が存在するオークの中でも、おもにホワイトオークとコモンオークが使用されます。アメリカンホワイトオークとも呼ばれる北米産のホワイトオークは、バーボンやシェリー、ワインなどの熟成に広く使用され、現在のスコッチウイスキーでは約95%がホワイトオークだといわれています。

それに対して、ヨーロッパ産オークの代表格であるコモンオークは、伝統的にコニャックやブランデー、ワインなどの熟成に利用されてきました。コモンオークの中でもウイスキーの熟成にはおもにスペイン産のシェリー樽が使われますが、需要増で入手が年々困難となっています。そのためマッカランなど一部の蒸留所では、自前でスパニッシュオーク樽を製造してスペインのボデガ(シェリー酒のメーカー)へ持ち込み、指定のシェリーを詰めた後でウイスキーの熟成に使用するという手法を取っています。

また、ウイスキーの樽材となる他のオークとしては、ワイン樽に使用されるセシルオークや日本固有のミズナラなどがあり、特にミズナラ樽で熟成されたウイスキーは、白檀(びゃくだん)や伽羅(きゃら)に通じるオリエンタルな香りを纏(まと)うとして、世界的にも注目を集めています。

【樽のサイズ】

樽は、その容量や形状によって、小さなものから順にバレル、ホグスヘッド、パンチョン、バットなどに分類されます。オークの種類や樽の履歴だけでなく、こうした樽のサイズによっても、できあがるウイスキーの品質は異なってきます。一般的には、樽の容量が小さいほど原酒と樽の接触面積が大きくなるため、ダイナミックに熟成が進み、ウイスキーに対する樽の影響も大きくなります。それに対して容量が大きなものは樽の影響が比較的少なく、ゆっくりと時間をかけてウイスキーを熟成させるのに向くとされています。

■おもなウイスキー樽の種類

樽の名称と容量	概要
バレル(barrel) 180～200ℓ	フランス語の「樽」barilが語源。アメリカでホワイトオークを材料にバーホン、テネシー、カナディアン用として作られ、スコッチ、ジャパニーズ他各国で再使用樽が用いられている。アメリカでは200ℓが標準になってきている。
ホグスヘッド(hogshead) 250ℓ	昔はox-head(牛の頭)とも呼ばれたが、現在はウイスキーを詰めた樽が豚1頭の重さと同じことから、こう呼ばれるように。バーボンバレルを解体し、側板を増やして切り揃え、胴回りを大きく作り直した樽で、外見はやや寸胴。55UKガロン(250ℓ)が標準で、220～250ℓのものがスコッチ用に多用されている。
パンチョン(puncheon) 480～500ℓ	もともとビール用72UKガロン(327ℓ)とスピリッツ(ラム)用の120UKガロン(545ℓ)があったが、日本ではサントリーが480～500ℓのものをウイスキー熟成用に作っている。材は北米産ホワイトオークが主。スコッチではあまり見かけない。
バット(butt) 480～500ℓ	「大きい樽」を意味するラテン語に由来。シェリー樽を一般にシェリーバット(sherry butt)と呼び、標準は110UKガロン(500ℓ)で、480ℓ程度の樽も多い。シェリーの輸送用として、おもにヨーロピアンオークを材料として作られた。またウイスキー生産者が独自に作った樽を持ち込み、シェリーを一定期間充填(シーズニング)して使うことも増えている。

【樽の履歴】

バーボンウイスキーは、新樽での熟成が義務づけられています。それに対して、スコッチなどは新樽で熟成されるケースはほとんどなく、多くはアメリカンウイスキーの空き樽（バーボン樽）か、シェリーを詰めた後の空き樽（シェリー樽）で熟成されます。こうした樽の履歴がウイスキーの香味にもたらす影響は大きく、スコッチやジャパニーズにとっては最も重要な要素のひとつともいえます。

最近ではバーボン樽やシェリー樽のほかに、ポートやマデイラの熟成に使われた樽や、ラムやコニャック、ワイン樽など、多種多様な樽がウイスキーの熟成に使用されます。これらのバラエティ豊かな樽は、通常の熟成後に異なる樽に詰め替えて短期間の後熟を行うウッドフィニッシュなどに使用されることも多く、なかにはフランスの著名なシャトーなど、特別な樽が利用されるケースもあります。

【熟成庫のタイプ】

ウェアハウス（熟成庫）にはいくつかの方式があり、スコットランドやアイルランド、日本などではおもにダンネージ式かラック式が採用されています。他には、カナダやアイルランドの一部で見られるパラタイズ式などがあります。

ダンネージ式の熟成庫。

最も伝統的なダンネージ式は、土の床に直接木のレール（輪木）を敷いて樽を並べ、そのうえにまた輪木を渡して樽を並べます。ダンネージ式では、一般的に樽は3段までしか積みませんが、これはなるべく温度や湿度が同じになる高さに樽を並べ、熟成の度合いを一定に保つためです。近代的なラック式などに比べると広いスペースが必要になりますが、スコッチのほとんどの蒸留所では現在もダンネージ式が主流となっています。

ラック式の熟成庫。

それに対して、ラック式は鉄製の巨大な棚に樽を並べていく手法で、狭いスペースで大量の樽を貯蔵することができます。パラタイズ式はパレット板という板の上に樽を縦向きに並べる方法で、パレットごと数段に積み上げることで、ラック式よりもさらに省スペースで熟成を行うことができるようになっています。また、フォークリフトでパレットごと移動させることが可能で、作業効率もはるかに高いものがあります。

パラタイズ式の熟成庫。

【内面処理（チャー、トースト）】

ウイスキーの熟成を行う際には、樽の木質成分を活性化させるため樽内部の熱処理（チャー）を行います。この作業によって熟成中の樽材成分の溶出が促進されるのです。樽の内面処理には、ガスバーナーの強い火で木材を炭化させるチャーのほかに、遠赤外線などを使ってゆっくりと加熱を行うトースト（トースティング）などがあります。

チャーの大きな目的は、ウイスキー原酒と接する樽材の表面に甘い香味成分を生成させることです。チャーによって、リグニン由来のバニラ香をはじめ、さまざまな香味のもととなる成分が形成されます。また、ウイスキーの熟成では、何度か使用したあとに再度チャーを行い、樽材の成分を再活性化させます。こうした再加熱処理はリチャーやリトーストと呼ばれ、樽はこの作業を行うことで、60〜70年にわたって熟成に利用されるのです。

ガスバーナーの火で両側から内部を焼く。

【後熟（マリッジ）】

ブレンデッドウイスキーでモルト原酒とグレーン原酒をブレンドした後、両者をなじませるために再び樽に詰め、数カ月から1年ほどの熟成を行うことを後熟といいます。後熟は結婚を意味するマリッジとも呼ばれ、本来はブレンデッドウイスキーの製法で使われる言葉でしたが、現在はシングルモルトをヴァッティングした後、再び樽に詰めて後熟させることもマリッジといいます。また、ホワイト&マッカイのように、モルト原酒同士とグレーン原酒同士をヴァッティングして後熟を行い、その後両者をブレンドしてさらに後熟を行う、ダブルマリッジという手法を取るところもあります。

【天使の分け前（エンジェルズシェア）】

長い熟成期間中にウイスキーは樽材を通して少しずつ蒸発し、樽の中身は減っていきます。この目減り分を、スコットランドなどではエンジェルズシェア（天使の分け前）と呼び、一般的には「天使が飲んだ分だけウイスキーが美味しくなる」といいます。

エンジェルズシェアの量は、樽材や樽が置かれた位置、ウエアハウス内の温度や湿度などに影響されますが、スコットランドでは平均して年間2〜3%ほどだといいます。同時にアルコールも蒸散するため、通常は原酒の量が減少することと並行してアルコール度数も下がっていきます。しかし、乾燥して気温が高いアメリカなどの場合、水分の蒸発量がアルコールの蒸発量を上回り、樽に詰めた時点よりもウイスキーのアルコール度数が高くなるケースもあります。

⑥瓶詰め／ボトリング

熟成を終えた樽は、一般的には①払い出し（樽からウイスキーを出して瓶詰装置に送る作業）→②フィルタリング（フィルターにかけて不純物を取り除く）→③ボトリング（精製水で加水し、アルコール度数を40〜46%程度に調整したうえで瓶詰め）、という手順で商品化されます。

【冷却濾過とノンチル】

ウイスキーの成分中には、低温下で白濁の原因となる発酵由来の脂肪酸やエステル類、樽由来のβ-シトステロールなどが含まれています。これらもウイスキーのフレーバー成分ではありますが、白濁は消費者によいイメージを与えないので、あらかじめ除去されるのが一般的です。そのために行われるのが冷却濾過（チルフィルタリング）で、具体的にはウイスキーをマイナス4℃〜プラス5℃くらいの温度で冷却し、しばらく放置したうえでフィルターによる濾過を行います。

こうした冷却濾過を行うウイスキーに対して、冷却濾過を行わずにボトリングされるウイスキーはノンチル（ノンチルフィルター）と呼ばれ、ボトラーズブランドがリリースするカスクストレングスやシングルカスクの商品で多く見られます。

【カスクストレングスとシングルカスク】

ボトリングに際して加水を行わず、樽出しのままのアルコール度数で瓶詰めしたものをカスクストレングスと呼びます。対してシングルカスクとは、ひと樽だけをボトリングしたウイスキーを意味し、通常はカスクストレングス、ノンチルフィルターで瓶詰めされることが多くなっています。一般的に、各蒸留所がリリースするオフィシャルのスタンダード品は、品質の均一化を図るために数百樽をヴァッティングしてボトリングされます。そうしたスタンダード品に比べ、カスクストレングスやシングルカスクでボトリングされたウイスキーは、より個性が強く、より嗜好性の高い商品といえるかもしれません。

【カラメル】

スコットランドや日本では、ボトリングに際して、水以外に色調整のためのカラメル添加が許されています。カラメルは糖類を加熱処理して褐色の色素を生成したもので、デンプンを糖化した麦芽糖を水に溶かし、水あめ状にしたものを煮詰めて作ります。もともとブレンデッドウイスキーの色調整のために使われていましたが、オフィシャル物のシングルモルトに使われるケースもよくあります。ただし、最近ではカラメルを使用したウイスキーに対し、カラメルを一切使用しないノンカラーリング、ノンカラメルをセールスポイントにする製品も増えています。

2 グレーンウイスキー

【グレーンウイスキーとは】

大麦麦芽のみから造られるモルトウイスキーに対して、トウモロコシや小麦、ライ麦など、それ以外の穀物も使用するのがグレーンウイスキーです。グレーンウイスキーもモルトウイスキーと同様に、大麦麦芽の糖化酵素を利用して原料の穀物を糖化し、発酵、蒸留を行いますが、蒸留の際には単式のポットスチルではなく、おもに連続式蒸留機が使用されています。

モロミを連続的に投入し、アルコール度数を95%近くまで上げることができる連続式蒸留機は、短時間で大量の蒸留酒を造ることが可能です。しかし、原料や発酵・蒸留に由来する香味成分は乏しくなるため、グレーンウイスキーはそのほとんどがブレンデッドウイスキーの原酒として使用され、単体で商品化されることはほとんどありません。

また、蒸留液のアルコール度数が高くなりすぎると香味が感じられないため、スコッチは「アルコール度数94.8%以下で蒸留」といった具合に、各国で蒸留する時のアルコール度数の上限が規定されています。熟成の際には、モルトウイスキーと同じか、やや高いアルコール度数に加水して樽詰めされます。ただしグレーンウイスキーの場合は樽からの成分を引き出すことはあまり期待されておらず、一般にはモルトウイスキーの熟成に繰り返し使われた古樽が用いられます。

【グレーンウイスキーの原料】

グレーンウイスキーではさまざまな原料が使用されますが、一般的に主原料として使われるのは未発芽の大麦や小麦、トウモロコシなどであり、それらの穀類を糖化するために、副原料として大麦麦芽を5〜10%程度使用します。この時に用いられる大麦麦芽は、より酵素力の強い六条大麦が主流となっています。

【グレーンウイスキーの製造工程】

グレーンウイスキーの製造は、①粉砕→②煮沸（クッキング）→③糖化→④発酵→⑤蒸留→⑥熟成、という流れで行われます。

まず①の粉砕では、ハンマーミルや、モルトウイスキー同様のローラーミルで穀類を細かく砕きます。次に②の煮沸工程で、粉砕した穀物と40℃の湯を混合し、クッカー（煮沸機）と呼ばれる巨大な圧力釜に移し、120〜130℃に加熱します。こうして加熱したモロミは65〜75℃に冷やされてから大麦麦芽を加えて、③の糖化工程へと移ります。

糖化工程はモルトウイスキーの場合とほぼ同じですが、多くの蒸留所では糖化後の濾過を行わず、糖化を終えた糖化液（ワート、ウォート）の温度を18〜20℃に下げて、発酵槽へと移し、酵母を添加して、④の発酵が始められます。

発酵の時間は、モルトウイスキーの場合よりも少し長めの5〜6日で、得られるモロミのアルコール度数も少し高めの8〜11%ほどになります。続いての⑤の蒸留工程では、連続式蒸留機で蒸留を行い、アルコール度数90%以上の蒸留液を連続的に取り出します。そして最後に、⑥の熟成工程で蒸留液のアルコール度数を65〜70%に調整して樽詰めし、比較的短期間の熟成を行います。

【連続式蒸留機の構造】

連続式蒸留機とは、モロミを連続的に投入して蒸留を行い、同時に蒸留液を連続的に得る蒸留装置です。巨大な塔状の蒸留機の内部には、10数段から数十段の棚段が設置され、各棚でアルコールの蒸留が連続的に繰り返されることで、90%以上の蒸留液を得ることができるのです。また、どの棚位置からも自由に蒸留液を取り出せる構造を持っていて、望む酒質やアルコール度数の留液を得ることができるようになっています。

現在の連続式蒸留機はおもに、モロミ塔、抽出塔、精留塔、メチル塔などからなる多塔式のものが使われていますが、その構成は各蒸留所によって異なり、それぞれの塔が役割を果たすことで多様なスピリッツの蒸留を可能にしているのです。

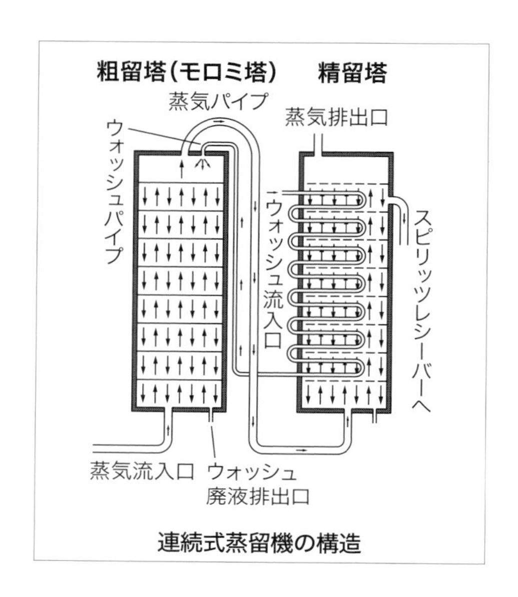

連続式蒸留機の構造

【連続式蒸留機の種類】

中世にアラブの錬金術師たちが用いた蒸留器から発展した伝統的なポットスチル（単式蒸留器）に対し、連続式蒸留機は1800年前後より研究が盛んになり、発明された蒸留装置です。発明者のひとりといわれるのは当時の蒸留業界の中心人物であったスコットランド人のロバート・スタインでしたが、現在の装置を開発したのは、アイルランドの収税官だったイーニアス・コフィーでした。

コフィーのスチルは1831年にアイルランドにおいて14年間の特許を取得したことから、パテントスチル、またはコフィースチル（カフェスチル）と呼ばれています。その後、連続式蒸留機はアメリカを中心に石油産業と結びついて発展を遂げ、イルゲス式やギョーム式、アロスパス式などに改良が進められていきました。現在はほとんどの蒸留所で、アロスパス式を独自に改良・発展させた連続式蒸留機が使用されていますが、日本の宮城峡（みやぎきょう）蒸溜所や白州蒸溜所のように、伝統的なコフィー式（カフェ式）にこだわるところもあります。

第8章 ウイスキーの楽しみ方

WHISKY KENTEI

How to enjoy whisky

ウイスキーの楽しみ方はいろいろありますが、ウイスキーを使ったカクテルも、そのひとつ。ミントジュレップやマンハッタン、ラスティネイルなど、そのスタイルもさまざまです。

ここではウイスキーをベースに使った代表的なカクテルや、ストレート、水割り、ロックといった飲み方のスタイルについて知りましょう。カクテルや飲み方のスタイルを知れば、ウイスキーがもっと身近なものになります。

1 ウイスキーを使ったカクテル

シングルモルトをストレートで味わうのもいいですが、時には気分を変えてカクテルで楽しめば、ウイスキーの世界がより広がります。ここではウイスキーをベースに使った、代表的なカクテルをご紹介します。

【スコッチウイスキーベースのカクテル】

❶ ロブロイ *Rob Roy*

ロンドンの名門ホテル「サヴォイ」のバーで生まれたカクテル。ロブロイとは17～18世紀に実在した義賊ロバート・マクレガーの愛称で、〝赤毛のロバート〟の意味。別名スコッチマンハッタンとも呼ばれます。

〈材料〉
スコッチウイスキー…3/4　スイートベルモット…1/4　アンゴスチュラビターズ…1ダッシュ
〈つくり方〉
材料をステアしてカクテルグラスに注ぎ、カクテルピンに刺したマラスキーノチェリーを飾り、最後にレモンピールを絞りかける。

❷ ラスティネイル *Rusty Nail*

ラスティネイルとは「錆びた釘」の意味。ハチミツやハーブをウイスキーに混ぜたリキュール「ドランブイ」と、香り高いスコッチが調和したカクテルです。

〈材料〉
スコッチウイスキー…30mℓ　ドランブイ…30mℓ
〈つくり方〉
氷を入れたオールド・ファッションド・グラス（ロックグラス）にスコッチウイスキーとドランブイを注ぎ、ステアして完成。

❸ オールドアライアンス *Auld Alliance*

スコッチウイスキー協会（SWA）オリジナルカクテル。カクテル名は「昔の仲間・同盟関係」という意味で、具体的にはフランスを指しています。

〈材料〉
スコッチウイスキー…25mℓ　レモンジュース…1/2個
コアントロー…15mℓ　シュガーシロップ…数ダッシュ
レモネード…適量
〈つくり方〉
レモネード以外の材料をシェークして、氷を入れたタンブラーに注ぎ、レモネードを浮かべる。

❹ バノックバーン *Bannockburn*

こちらもスコッチウイスキー協会のオリジナルカクテル。名称の由来は、スコットランド軍がイングランド軍に勝利した1314年の「バノックバーンの戦い」から。

〈材料〉
スコッチウイスキー…45mℓ　トマトジュース…適量
レモンジュース…1/2個　ウスターソース…1ダッシュ
タバスコソース…1ダッシュ　塩…1つまみ
〈つくり方〉
材料をシェークして氷を入れたタンブラーに注ぎ、飾りに黒胡椒を振りかける。トマトジュースの赤は、イングランド軍の血だとか。

❺ ボビーバーンズ *Bobby Burns*

18世紀に活躍したスコットランドの国民詩人ロバート・バーンズに由来するとされ、ロバートバーンズと呼ばれることも多いカクテルです。

〈材料〉
スコッチウイスキー…2/3　スイートベルモット…1/3　ベネディクティン…1ティースプーン
〈つくり方〉
材料をステアしてカクテルグラスに注ぎ、レモンピールを絞りかける。

❻ フライングスコッチマン *Flying Scotchman*

フライングスコッチマン（スコッツマン）とは、1862年の開通から現在まで、ロンドンとエジンバラ間を運行する特急列車の名称。まろやかな味わいと豊かな香りが楽しめるカクテルです。

〈材料〉

スコッチウイスキー…2/3　スイートベルモット…1/3　ビターズ…1ダッシュ
シュガーシロップ…1ダッシュ

〈つくり方〉

材料をシェークしてカクテルグラスに注ぐ。

❼ ブラッド＆サンド *Blood and Sand*

闘牛士を描いたスペインの小説を原作に、1922年に公開されたアメリカ映画『血と砂（ブラッド＆サンド）』をモチーフに創作されたというカクテル。やや甘めで優しくフルーティな口あたりが特徴。

〈材料〉

スコッチウイスキー…1/4　チェリーブランデー…1/4　スイートベルモット…1/4
オレンジジュース…1/4

〈つくり方〉

材料をシェークしてカクテルグラスに注ぐ。

❽ ホット・ウイスキー・トディー *Hot Whisky Toddy*

トディーとは、スピリッツに甘みを加えて水やお湯で割ったスタイルのこと。古くから親しまれてきたウイスキーカクテルのひとつで、ナツメグやクローブ、シナモンを使うレシピもあります。風邪の特効薬ともいわれます。

〈材料〉

スコッチウイスキー…45mℓ
角砂糖…1個　熱湯…適量

〈つくり方〉

温めたタンブラーに角砂糖を入れて湯に溶かし、ウイスキーと熱湯を注ぐ。仕上げにナツメグやクローブ、シナモンスティックを好みで添える。

【バーボンウイスキーベースのカクテル】

⑨ ミントジュレップ *Mint Julep*

南北戦争の頃から飲まれていたといわれるアメリカ南部生まれの古典的なカクテル。世界3大ダービーのひとつとされる、ケンタッキーダービーのオフィシャルドリンクとしても有名。

〈材料〉
バーボンウイスキー…60mℓ
砂糖…2ティースプーン
水またはソーダ…30mℓ
ミントの葉…4〜6枚
〈つくり方〉
ウイスキー以外の材料をタンブラーに入れ、砂糖を溶かしながらミントの葉をつぶす。そこにクラッシュドアイスを詰めてバーボンを注ぎ、ステアしてからミントの葉を飾る。

⑩ ニューヨーク *New York*

その名の通り、大都会ニューヨークをイメージして考案された色鮮やかなカクテル。20世紀前半の禁酒法時代には、すでに広く飲まれていたという世界的にも有名なスタンダードカクテルです。

〈材料〉
バーボンウイスキー（またはライウイスキー）…3/4
ライムジュース…1/4
グレナデンシロップ…1/2ティースプーン
砂糖…1ティースプーン
〈つくり方〉
材料をシェークしてカクテルグラスに注ぎ、オレンジピールを絞りかける。

【カナディアン（ライ）ウイスキーベースのカクテル】

⑪ マンハッタン *Manhattan*

カクテルの王と称されるマティーニに対し、「カクテルの女王」として世界中で愛されるマンハッタン。ベースをスコッチウイスキーに変えると、ロブロイ（スコッチマンハッタン）になります。

〈材料〉
ライウイスキー…3/4　スイートベルモット…1/4
アンゴスチュラビターズ…1ダッシュ
〈つくり方〉
材料をステアしてカクテルグラスに注ぎ、カクテルピンに刺したマラスキーノチェリーを飾り、レモンピールを絞りかける。

【アイリッシュウイスキーベースのカクテル】

⑫ アイリッシュコーヒー *Irish Coffee*

一年を通して寒冷なアイルランドで、空港（シャノン空港）のラウンジに勤務するバーテンダーのジョー・シェルダンが考案。濃いめに淹れたホットコーヒーを使い、やや甘めに仕上げるのがおすすめ。

〈材料〉
アイリッシュウイスキー…30mℓ
砂糖（赤ざらめ、またはコーヒーシュガー）…1ティースプーン
コーヒー…適量
生クリーム…適量
〈つくり方〉
グラスか温めたコーヒーカップに、適量の砂糖とコーヒーを7分目程度まで注ぎ、ウイスキーを加えて軽く混ぜ、生クリームをフロートする。

カクテル監修：谷嶋元宏
※材料の分量について
分数の表示は、グラスの容量またはできあがるカクテルの全体量に対する分量。たとえば「スコッチウイスキー…3/4」なら、できあがるカクテルの全体量に対して3/4の量。
「ダッシュ」は、ビターズひと振りで出る量のことで、1ダッシュで5〜6滴、1mℓ程度が目安。
「ティースプーン」は、5mℓ程度が目安。

ウイスキー検定　受験に向けて

ウイスキー検定では、レベルごとに１級～３級に分かれており、そのほか特別級の設定もあります。ご自身の学習の到達度によって受験する級をお選びください。各級のレベルについては、以下の内容を参考にしてください。

ウイスキー検定の累計の受験者は２万 4,000 人を超えています。これまでの合格率は、３級は 87%、２級は 66%、１級は 29%となっています（2024 年１月現在）。

【各級のレベルと出題内容】

級	難易度	認定基準	内容
１級	★★★	100 問中 80 問以上正解で合格	２級を合格していて、ウイスキーの文化や歴史、製法や時事問題などを深く理解した方。もしくはウイスキーコニサー資格保有者を対象とした上級レベル。「ウイスキー検定公式テキスト」と参考図書などから出題。
２級	★★	100 問中 70 問以上正解で合格	ウイスキーの文化や歴史、製法を理解し、ウイスキー通になりたい方を対象とした中級レベル。「ウイスキー検定公式テキスト」からおもに出題。テキストを深く学習、理解すれば合格可能。
３級	★	100 問中 60 問以上正解で合格	ウイスキーが好きで、ウイスキーの基礎知識を持つ方を対象とした初級レベル。「ウイスキー検定公式テキスト」からスコッチを中心に出題。本書を学習すれば合格可能。

特別級

級	難易度	認定基準	内容
JW級	★★★	100 問中 65 問以上正解で認定	ジャパニーズウイスキーの文化や歴史、製法などを深く理解した方を対象とした上級レベル。「ウイスキー検定公式テキスト」と、参考図書などから出題。
SM級	★★★	100 問中 65 問以上正解で認定	世界中のシングルモルトウイスキーについて、文化や歴史、製法などを深く理解した方を対象とした上級レベル。「ウイスキー検定公式テキスト」と参考図書などから出題。
JC級	★★½	100 問中 75 問以上正解で認定	日本のクラフト蒸留所の知識や時事問題などを中心に出題。ジャパニーズクラフトウイスキーを理解する中級レベル。
IW級	★★½	100 問中 75 問以上正解で認定	アイリッシュウイスキーの文化や歴史、製法や時事問題などアイリッシュ通になりたい方を対象とした中級レベル。
BW級	★★	50 問中 35 問以上正解で合格	バーボンの文化や歴史、製法や時事問題などを理解し、バーボン通になりたい方を対象とした中級レベル。「ウイスキー検定公式テキスト」と「ウイスキー完全バイブル」などから出題。

※特別級は不定期実施です。JW 級と SM 級は初段（65 ～ 74 点）、二段（75 ～ 84 点）、三段（85 ～ 94 点）、師範（95 点以上）の４段階認定。※ 2024 年４月現在の情報です。

【累計受験者／合格者／合格率】

※ 2024 年 1 月現在

	受験者数	合格者数	合格率
1 級	1,232 名	364 名	29%
2 級	11,922名	7,817 名	66%
3 級	9,192 名	7,962 名	87%

	受験者数	合格者数	合格率
JW級	467 名	316 名	68%
SM級	385 名	145 名	38%
JC級	656 名	495 名	75%
IW級	364 名	197 名	54%
BW級	340 名	179 名	53%

	受験者数	合格者数	合格率
合計	24,558名	17,475名	71%

【合格者特典】

検定の全受験者には合否結果と得点ランキングを送付しますが、合格者には無料の特典として合格認定証をお送りします。またウイスキーに関するユニークなトピックや検定合格者インタビュー、イベント情報などを掲載したニューズレター『Whisky Life』（不定期発行）をお届けします。

また有料の特典として、合格認定カード、名刺、バッジの購入権や、ウイスキー検定ロゴ入りテイスティンググラスの購入権、オリジナルボトルの購入権などがあります。そのほか、受験者全員にウイスキー検定〝オリジナルグッズ〟も進呈されます。

合格者に送付される認定証

オリジナルテイスティンググラス（有料）

※認定カード、認定名刺は合格発表後の期間限定受付（完全受注生産）となるため、予約期間が終了した後は次回検定終了後まで販売はございません。
※特典内容は一部予告なく変更となる場合があります。あらかじめご了承ください。

さらにステップアップを目指す人には…

【ウイスキーコニサー資格認定試験】

ウイスキー検定の合格を経て、さらにステップアップを目指す人にはウイスキーコニサー資格認定試験があります。コニサーとは「鑑定家」の意味で、ウイスキーに関するあらゆる基礎・専門知識を問う資格制度です。資格には３段階あり、第一段階の「ウイスキーエキスパート」（WE）から始まり、「ウイスキープロフェッショナル」（WP)、そして最終段階の「マスター・オブ・ウイスキー」（MW）と段階を踏んで取得していきます。上位資格に進むにつれ、試験の難易度も上がります。

3rd

マスター・オブ・ウイスキー（MW）
プロフェッショナル資格保有者を対象にした最高レベルの資格。一次試験のオリジナル論文審査と、二次試験の筆記試験、口頭試問、官能試験を経て認定。

2nd

ウイスキープロフェッショナル（WP）
エキスパート資格保有者を対象にした、より深い知識を問う試験。記述を含む筆記試験と４種類のブラインド試験を実施。

1st

ウイスキーエキスパート（WE）
第一段階にあたる試験で、20 歳以上でウイスキーに興味があり、専門知識を身につけたい人のための基礎知識を問う試験。筆記試験のみ。

教本として、『ウイスキーコニサー資格認定試験教本』上・中・下巻や、エキスパート試験、プロフェッショナル試験それぞれの過去問題集が発売されています。試験開催にあたっては、一日集中対策講座が会場受講とオンラインで行われ、講座では試験の傾向や、勉強のポイントを解説するとともに、ウイスキーの最新情報も聞くことができます。

また、ウイスキープロフェッショナル資格所有者で、2017 年よりウイスキー文化研究所が主宰しているウイスキースクールの講師養成講座を受講し、認定試験に合格された方を「ウイスキーレクチャラー」として公式に認定しています。レクチャラーとして認定された方々は、現在全国のカルチャーセンターなどで活躍しています。

【ウイスキーコニサー資格認定試験教本】

『ウイスキーコニサー資格認定試験教本』。左の 2018 上巻（2,970 円・税込）は酒類・ウイスキーの定義から製造、テイスティング、単位について解説。中央の 2020 中巻（3,300 円・税込）はスコッチ編、右の 2021 下巻（3,850 円・税込）はアイリッシュ・アメリカン・カナディアン・ジャパニーズ・ワールド編。

発行：ウイスキー文化研究所　　Ａ４判
ウイスキー文化研究所オンラインショップにて販売。
http://www.scotchclub-shop.org/
Amazon でも購入可能。

【合格認定者特典】

合格者には認定証と認定バッジ、盾（MW のみ）を授与します。

用語解説

インデペンデントボトラー *independent bottler*
蒸留所から樽でウイスキーを仕入れ、自社で瓶詰めして販売する業者。独立瓶詰業者のこと。

ヴァッテッドモルト *vatted malt*
グレーンウイスキーを混ぜずに複数の蒸留所のモルトウイスキーだけを混ぜたもの。ブレンデッドモルトに同じ。Vatは大きな樽のことで、混ぜることはヴァッティングという。

ウエアハウス *warehouse*
樽を貯蔵し、原酒を熟成させる倉庫のこと。倉庫内は免税となっているため、保税倉庫とも呼ばれる。伝統的なダンネージ式、近代的なラック式、パラタイズ式などがある。

ウォッシュ *wash*
発酵モロミのこと。7～9%のアルコール度数がある。

ウォッシュスチル *wash still*
1回目の蒸留に使用するスチル。初留釜、初留器。モロミ（ウォッシュ）を蒸留することからウォッシュスチルと呼ばれる。

ウォッシュバック *wash back*
発酵槽。木製のものやステンレス製のものなどがある。日本では木製のものを木桶発酵槽と呼んでいる。アメリカではファーメンターという。

ウッドフィニッシュ *wood finish(finished)*
通常の熟成後に、さらに別の樽（ウッド）に移して新たなフレーバーを付与すること。通常は数カ月、長いもので2年程度の追加熟成を行う。後熟、エクストラマチュアードともいう。おもにワイン樽などを用いるが、ワインの種類や銘柄にこだわることも多く、有名なシャトーものなどを使って希少性を高めた製品も多い。

エンジェルズシェア *angel's share*
天使の分け前。熟成期間中に蒸発するウイスキーのこと。スコッチの場合、最初の年に3～4%、それ以降は毎年1～2%ずつ蒸発して樽の中身が減っていく。

オクタブ *octave*
ウイスキーの熟成に使用される小樽のこと。バット樽（480～500ℓ）の8分の1、45～68ℓの容量のものをいう。

オーク *oak*
樽の材料となるブナ科コナラ属の樹木。ウイスキーを長期間保存するのに適した機密性を持ち、その抽出成分はウイスキーに特有の芳香を与える。そのためオーク樽は、ウイスキーの生産に欠かせない要素となっている。

カスクストレングス *cask strength*
樽出しの状態のアルコール度数。通常は水を加えて40～46%で瓶詰めするが、カスクストレングスのボトルは加水せず、そのまま詰めたもの。

キルン *kiln*
麦芽乾燥塔（棟）。屋根がパゴダ状になっていて、これがシンボルとなっている。ヴィクトリア期（19世紀）の著名な建築家チャールズ・ドイグが、当時流行していた東洋趣味を取り入れ、設計したのが始まり。

クーパー *cooper*
樽職人。樽だけでなくウォッシュバックなどの製造・修理も行う。作業所をクーパレッジ（cooperage）という。

クォーター *quarter*
熟成用の樽。バットの4分の1、110～159ℓの容量がある。

グリスト *grist*
粉砕麦芽のこと。ハスク、グリッツ、フラワーの3つの部位からなり、その比率は2：7：1に保たれる。グリストを蓄える容器をグリストホッパー（grist hopper）という。

グレーンウイスキー *grain whisky*
トウモロコシや小麦などを主原料に連続式蒸留機で蒸留したウイスキー。モルトウイスキーに比べてマイルドでクリーンだが、個性に乏しく、大部分はブレンド用に出荷される。

コフィースチル *Coffey still*

1831年にアイルランド人のイーニアス・コフィーが発明した連続式蒸留機のことで、パテントスチル、コンティニアススチルともいう。日本ではカフェスチルと呼んでいる。

コンデンサー *condenser*

気化したアルコールを再び液化させる冷却装置で、室内垂直型、屋外垂直型、屋外水平式などいくつかのタイプがある。

サワーマッシュ *sour mash*

バーボン独特の製法で、仕込みの際に蒸留廃液（バックセット、スティレージ）をクッカー（糖化槽）や発酵槽にもどすこと。これにより酸度を上げ、酵素をよりよく働かせたり、雑菌の繁殖を防ぐ目的がある。

シェリーカスク *sherry cask*

シェリー酒の熟成に使用された樽で、おもにスパニッシュオーク（コモンオーク）でできている。この樽で寝かせたウイスキーには濃厚な果実風味があり、色も濃いものが多い。容量は500ℓが主で、シェリーバットとも呼ばれる。

シングルカスク *single cask*

たったひとつの樽から瓶詰めしたもので、シングルバレルともいう。

スチルマン *stillman*

蒸留作業を受け持つ職人。蒸留所の職人の中で、最も経験と熟練を要する。

スティープ *steep*

浸麦槽。大麦を発芽させるために2～3日水に浸けるが、その容器をスティープという。

スピリッツスチル *spirit still*

2回目の蒸留に使用するスチル、再留釜、再留器。ローワインスチルともいう。

スピリッツセイフ *spirit safe*

2回目の蒸留の際に、アルコールを測定し、熟成に回すスピリッツをカット（回収）する装置。セイフ（金庫）と呼ばれるのは、この段階で課税の対象となっていて、ガラスケースに大きな錠前が取り付けられているため。

スペントウォッシュ *spent wash*

1回目の蒸留後にウォッシュスチル内に残った廃液のこと。ドラフとともに家畜の飼料に再利用される。ポットエール、バーントエールともいう。

スペントリース *spent lees*

2回目の蒸留後、スピリッツスチル内に残った廃液のこと。土壌改良剤などに加工される。

ダークグレイン *dark grain*

麦芽の搾りカス（ドラフ）とポットエールからつくられる家畜用の飼料。乾燥させてペレット状に加工する。

ダブラー *doubler*

バーボンで使用する精留器のこと。連続式蒸留を行い、通常はビアスチルとセットになっている。

ダンネージ *dunnage*

伝統的な樽の積み方で、輪木積みのこと。土の床に輪木という木製のレールを敷き、その上に樽を並べていく。2段から3段まで樽を積み重ねる。

タンルーム *tun room*

糖化と発酵を行う建物、あるいは作業所。両方一緒にタンルームと呼ぶことが多いが、糖化の作業所を特別にマッシュハウスと呼ぶこともある。

チャージャー *charger*

蒸留に回すウォッシュやローワインを一時的にためておくタンクのこと。ここからポットスチルに充填する。ウォッシュチャージャー、ローワインチャージャーなどがある。

チルフィルタレーション *chill filtration*

チルドフィルター、低温（冷却）濾過処理のこと。瓶詰めの前にマイナス4～プラス5°Cくらいに冷却し、白濁の原因となる脂肪酸などを除去すること。これを施さないものをノンチル、アンチルという。

ディスティラーズ・カンパニー・リミテッド *The Distillers Company Limited*

通称DCL社。1877年にローランドのグレーンウイスキー業者6社が集まって結成された会社で、次々と蒸留所やブレンド会社を買収することで大きくなった。UD社、UDV社を経て、現在はディアジオ社となっている。

ディスティラリーキャット *distillery cat*
原料の大麦を食い荒らすネズミや小鳥を退治するため、蒸留所で飼われているネコのこと。ウイスキーキャットともいう。EUの規制で現在は飼うのが難しくなっている。かつてグレンタレット蒸留所にいたタウザーは、生涯に2万8,899匹のネズミを捕まえ、ギネスブックにも載った。

トップドレッシング *top dressing*
ブレンダー用語で、ウイスキーに深みと奥行きを与える最上のモルトをいう。マッカランやロングモーンなどは昔からトップドレッシングであった。

ドラフ *draff*
糖液（麦汁）を抽出した後の麦芽の搾りカス。高タンパクで栄養価が高いため、そのまま家畜の飼料として利用されてきたが、近年ではダークグレインに加工されることも多い。

ニート *neat*
水を加えずに飲むこと。ストレートと同じ。

ニューポット *new pot*
蒸留されたばかりのニュースピリッツのこと。アルコール度数67〜72%くらいの無色透明のスピリッツ。

ノンチル *non-chilled*
低温濾過処理を施さないこと。「チルフィルタレーション」参照。

バット *butt*
スコッチで使用する最大の樽。500ℓ前後の容量がある。ほとんどはシェリー樽だが、最近はポート酒、マデイラ酒の樽も見かけるようになった。ポート樽の場合はパイプ（pipe）という。

バーボンカスク *bourbon cask*
アメリカンホワイトオークでできたバーボン樽のこと。バーボンウイスキーの熟成には内側を焦がした新樽しか使えないため、スコッチがその廃樽を利用する。180〜200ℓのバレル樽が主流。

パテントスチル *patent still*
グレーンウイスキーの蒸留に使われる連続式蒸留機。1831年に、イーニアス・コフィーがパテントを取ったことから、こう呼ばれる。コフィースチルに同じ。

パラタイズ *palletaise*
パレットと呼ばれる板（荷台）の上に樽を縦に並べて熟成させる方法で、アイリッシュやカナディアン、スコッチのグレーンウイスキーなどで採用されている。通常4〜6樽を一緒にして、倒れないよう全体をバインディングする。フォークリフトなどを使って荷台ごと移動ができるのと、ダンネージやラック式に比べて狭いスペースに置くことが可能で、非常に効率的。縦置きにすることで熟成が早くなるが、漏れやすいという弱点もある。

バレル *barrel*
熟成用の樽で容量は180ℓだったが、最近は200ℓに統一されるようになってきた。

パンチョン *punchen*
熟成用の大樽のことで、バットに比べて胴が太くずんぐりとしている。容量は480〜500ℓくらい。

ビアスチル *beer still*
バーボンで使われる1塔式の連続式蒸留機のこと。モロミ（ビアー）を蒸留することから、こう呼ばれる。

ヒートエクスチェンジャー *heat exchanger*
熱交換機。おもに糖液を冷却する装置で、ワーツクーラーともいう。最近はそれ以外にも、モロミのプレヒーティング、エクスターナルヒーティングなどにも使われる。

ピート *peat*
ツツジ科エリカ属の低木ヒース（ヘザー）や草、樹木などが堆積してできた泥炭、草炭のこと。スコッチ特有の燻香はこのピートの燻煙によるもの。

ピュアリファイアー *purifier*
精留器。ポットスチルと冷却装置を結ぶラ

インアームの中間に取り付けられている、小型の補助冷却装置。還流を増加させ、純度の高いクリーンなアルコールを得るために考案された。

フェノール *phenols*
ピートの燻煙に由来するフェノール化合物のことで、ppmの単位で表す。数値が高いほどピーティでスモーキーなウイスキーということになる。フェノール値は、麦芽について用いられることが多い。

フェインツ *feints*
2回目の蒸留のとき、最後のほうで出てくる留液のこと。アルコール度数が低く、不快な香味成分があるため熟成に回さず、次のローワインに混ぜ再び蒸留する。テール（しっぽ）、後留液ともいう。

フォアショッツ *foreshots*
同じく2回目の蒸留のとき、最初に流れ出す留液。こちらは逆にアルコール度数が高すぎ、さらに不純物が混入しているので次回のローワインに混ぜ、フェインツと一緒に再び蒸留する。ヘッズ（頭）、前留液ともいう。

ブレンデッドウイスキー *blended whisky*
モルトウイスキーとグレーンウイスキーをブレンド（混和）したもの。8割近くのスコッチはこれである。

ブレンデッドモルト *blended malt*
複数の蒸留所のモルトウイスキーを混ぜたもので、ヴァッテッドモルトに同じ。

フロアモルティング *floor malting*
伝統的な製麦法。大麦をコンクリートの床に広げて発芽させることからこう呼ばれる。通常7日から10日くらいの日数を要する。

ホグスヘッド *hogshead*
容量250ℓ前後の樽のこと。180～200ℓのバーボン樽を分解し、側板を増やしてホグスヘッドに組み直すのが一般的。スコッチの熟成には大きめの樽のほうが向いているというのがその理由。ホグスヘッドとは「豚の頭」のことで、ウイスキーを詰めた樽が豚1頭分の重さだったから、こう呼ばれたとの説がある。

ポットエール *pot ale*
初留で蒸留後に残った廃液のこと。スペントウォッシュ、バーントエールと同じ。

ポットスチル *pot still*
モルトウイスキーの蒸留に使用する単式蒸留器のこと。材質はすべて銅でできている。

マッシュタン *mash tun*
糖化槽、仕込槽のこと。粉砕した麦芽に熱湯を加え麦汁を採り出す巨大な金属の容器で、ステンレス製、銅製、鋳鉄製などがある。

ミドルカット *middle cut*
2回目の蒸留の際、フォアショッツとフェインツを取り分け、中間の部分のみを熟成に回すこと。ハーツ（心臓）、本留液と同じ。カットの幅が狭い（時間が短い）ほど、上質でデリケートなウイスキーになるといわれる。

モスボール *mothballed*
生産調整などで操業をしばらく休止すること。あるいはそういう状態の蒸留所をさす。サイレントも同義だが、サイレントシーズンというと、通常は夏季休業のことをいう。

モルト *malt*
モルトウイスキーの原料となる大麦麦芽のこと。モルトウイスキーの略語として使われることもある。

モルトウイスキー *malt whisky*
大麦麦芽を原料に単式蒸留器で蒸留したウイスキー。単一の蒸留所で造られたモルトウイスキーだけを瓶詰めしたのが、シングルモルトだ。

モルトスター *maltster*
麦芽を専門に製造する工場、あるいはその業者のこと。ドラム式モルティングなどで、一度に大量の麦芽を生産することができる。

モルトミル *malt mill*
麦芽をグリストに挽く機械のこと。通常はローラー式で、イギリスのポーティアス社のものが有名。

ライムストーンウォーター *limestone water*
バーボンなどの仕込水で、ライムストーンは石灰岩のこと。カルシウムなどが豊富に含まれていて、硬度300～350の硬水である。

ラインアーム *lyne arm*
ポットスチルの上部（ネックの部分）と冷却装置とを結ぶパイプ。ライアーム、ライパイプともいう。気化したアルコールはこのパイプを通って冷却装置に運ばれる。

ラメジャー *rummager*
直火焚きのポットスチル（初留）は内部が焦げつきやすい。そのためラメジャーと呼ばれる銅製、鉄製の鎖が内部に取り付けられていて、蒸留作業中ゆっくりと回転する仕組みになっている。鍋の底が焦げつかないよう、しゃもじでかき回すのと同じ原理だ。

リフィルカスク *refill cask*
バーボン樽やシェリー樽の再々使用樽のこと。樽の寿命は60～70年といわれ、その間数回ウイスキーの熟成に用いることができる。ファーストフィル、セカンドフィル、サードフィルとその度に呼び方を変え区別している。リフィルカスクは一般的にはセカンドフィル以降の樽のことをいう。

レシーバー *receiver*
モルトウイスキーの製造過程で各段階の液体を一時的にためておくタンクのこと。ウォッシュ、ローワイン、フェインツ、スピリッツの4つのレシーバーがある。

ローモンドスチル *Lomond still*
ハイラムウォーカー社が開発した特殊なスチルで、ヘッドの部分が円筒形をしていて、その中に3段の仕切り板があり、それぞれの仕切り板には無数の穴が開けられていた。これは連続式蒸留機のシーブトレイという棚と似た仕組みで、さらに仕切り板そのものが可動式で、アルコール蒸気の流れをコントロールできたという。インヴァリーブン、グレンバーギ、ミルトンダフなどに導入されたが、現在は残っていない。スキャパのものは内部の3段の仕切り板が取り外されている。

ローワイン *low wines*
1回目の蒸留で得られた留液。この段階ではまだアルコール度数は22～25%くらいしかない。これを2回目の蒸留に回す。

ローワインスチル *low wines still*
再留釜。スピリッツスチルと同じ。ローワインを蒸留することからこう呼ばれている。

ワート（ウォート） *wort*
マッシュタンの中で粉砕麦芽に熱湯を加えて抽出した糖液（麦汁）のこと。発酵に必要な原材料で、これに酵母（イースト菌）を加えると発酵が始まる。

ワーム *worm*
蛇管。コイル状をした銅製のチューブで、先端に行くにしたがって細くなっている。冷水を張った巨大な桶（タンク）の中に設置してあり、ワームの中のアルコール蒸気が冷却されて再び液化される。現在はシェル&チューブ式のコンデンサーが主流で、このワームを使った冷却装置はあまり見られなくなった。

ワームタブ *wormtub*
ワーム管を通るアルコール蒸気を冷却する巨大な桶のこと。木製のものと金属製のものとがある。大きなスペースと、大量の冷却水を必要とするためコンデンサーに比べると効率は悪いが、時間をかけて液化させることで、香り豊かなスピリッツになるという。

ワンバッチ *one batch*
バッチとは生産や処理過程の1回分、1群のことを指す。仕込みでワンバッチというと、マッシュタンに投入する1回分の麦芽（グリスト）の量のことをいう。1回ごとに中身を入れ替える単式蒸留のことも、バッチ蒸留という。

検定参考図書として特におすすめの本

ウイスキー検定 過去問題集7〜9
ウイスキー検定 公式問題集1級 Vol.1
ウイスキー検定 公式問題集2級 Vol.2
ウイスキー検定 公式問題集3級 Vol.2
ウイスキー検定 公式問題集JW級 Vol.1
ウイスキー検定 公式問題集SM級 Vol.1
ウイスキー検定 公式問題集JC級 Vol.1
ジャパニーズウイスキーイヤーブック2024
(以上ウイスキー文化研究所)
ブレンデッドウィスキー大全　土屋 守　小学館　2014
竹鶴政孝とウイスキー　東京書籍　土屋 守　東京書籍　2014
完全版 シングルモルトスコッチ大全　土屋 守　小学館　2021
最新版 ウイスキー完全バイブル　土屋 守(監修)　ナツメ社　2022

◆参考文献

The Whisky Distilleries of the United Kingdom　*Alfred Barnard Edinburgh 1887(2000)*
malt whisky　*Charles MacLean London 1997*
Classic Irish Whiskey　*Jim Murray London 1997*
Blended Scotch　*Jim Murray London 1999*
The Making of Scotch Whisky　*John R.Hume & Michael S.Moss Edinburgh 2000*
The Whisk(e)y Treasury　*Walter Schobert Glasgow 2002*
Malt Whisky Companion(8th)　*Michael Jackson London 2022*
Malt Whisky Year Book 2024　*Ingvar Ronde(Ed.) Shrewsbury*
ヒゲのウヰスキー誕生す　川又一英　新潮社　1982
スコットランド旅の物語　土屋 守　東京書籍　2000
世界ウイスキー大図鑑　チャールズ・マクリーン(監修)、清宮真理・平林 祥(訳)　柴田書店　2017
ウイスキーコニサー資格認定試験教本2018上巻　土屋 守(監修)　スコッチ文化研究所　2018
ビジネス教養としてのウイスキー なぜ今、高級ウイスキーが2億円で売れるのか　KADOKAWA　2020
ビジネスに効く教養としてのジャパニーズウイスキー　土屋 守　祥伝社　2020
ウイスキーコニサー資格認定試験教本2020中巻　土屋 守(監修)　スコッチ文化研究所　2020
ウイスキーコニサー資格認定試験教本2021下巻　土屋 守(監修)　スコッチ文化研究所　2021
人生を豊かにしたい人のためのウイスキー　土屋 守　マイナビ出版　2021
土屋守のウイスキー千夜一夜①〜②　土屋 守　ウイスキー文化研究所　2021
土屋守のウイスキー千夜一夜③〜⑤　土屋 守　ウイスキー文化研究所　2022
Whisky Galore vol.1〜44　ウイスキー文化研究所

索引

＊「蒸留所・銘柄・社名」と「人名」は別に項目立てしています
＊ 頻出語や目次からたどれる言葉は一部省略しています

蒸留所・銘柄・会社名

人名

その他

スタッフ・関係者一覧

監修・執筆／土屋 守（ウイスキー文化研究所）
執筆／小林安菜子・西田嘉孝・小川裕子・植竹明彦・五十嵐順子・真野秋綱
写真／土屋 守・渋谷 寛・藤田明弓　編集協力／ウイスキー文化研究所
カバー撮影／土屋 守　地図製作／蓬生雄司　イラスト／芝野公二　デザイン／スタジオビート（竹歳明弘）

土屋 守(つちや・まもる)
1954年新潟県佐渡生まれ。学習院大学文学部卒業。
週刊誌記者を経て1987年から93年までイギリスに滞在。日本語情報誌の編集に携わる。作家、ジャーナリスト、ウイスキー評論家。ウイスキー文化研究所代表、(一社)ウイスキー検定実行委員会代表。2005年からはウイスキー専門誌『The Whisky World』、そして2017年からは『Whisky Galore』の編集長を務める。
おもな著書に、『完全版 シングルモルトスコッチ大全』『ブレンデッドウィスキー大全』(小学館)、『竹鶴政孝とウイスキー』(東京書籍)、『最新版 ウイスキー完全バイブル』(監修・ナツメ社)、『ビジネス教養としてのウイスキー なぜ今、高級ウイスキーが2億円で売れるのか』(KADOKAWA)、『ビジネスに効く教養としてのジャパニーズウイスキー』(祥伝社)、『人生を豊かにしたい人のためのウイスキー』(マイナビ出版)、『土屋守のウイスキー千夜一夜①〜⑤』『ジャパニーズウイスキーイヤーブック2024』(ウイスキー文化研究所)など多数。2014年から15年にかけて放送されたNHK連続テレビ小説「マッサン」では、ウイスキー考証として監修も務めた。

ウイスキー検定のお問い合わせ先

(申込や最新情報について)☞ウイスキー検定公式サイト
https://whiskykentei.com
(テキストの内容について)☞ウイスキー文化研究所
〒150-0012 東京都渋谷区広尾1-10-5 テック広尾ビル5F
☎03-6277-4103 https://scotchclub.org/

ウイスキー文化研究所放送局(WBBC)ウイスキー検定対策 無料セミナー開催中!
https://scotchclub.org/wbbc/

増補新版 ウイスキー検定公式テキスト

2024年 5月 1日 初版第1刷発行

執筆・監修 土屋 守
発行者 小坂眞吾
発行所 株式会社 小学館
〒101-8001 東京都千代田区一ツ橋2-3-1
電話(編集)03-3230-5535
(販売)03-5281-3555
印刷所 大日本印刷株式会社
製本所 株式会社若林製本工場

造本には十分注意しておりますが、印刷、製本など製造上の不備がございましたら
「制作局コールセンター」(フリーダイヤル0120-336-340)にご連絡ください。
(電話受付は、土・日・祝休日を除く9:30〜17:30)

 ISBN978-4-09-311571-1